SCIENCE
TECHNOLOGY
AND ENVIRONMENTAL HEALTH

科学技术与环境健康

赵和平　高超超 ■ 编著

ZHEJIANG UNIVERSITY PRESS
浙江大学出版社

图书在版编目（CIP）数据

科学技术与环境健康／赵和平，高超超编著．—杭州：浙江大学出版社，2016.1

ISBN 978-7-308-14657-9

Ⅰ.①科… Ⅱ.①赵… ②高… Ⅲ.①科学技术—关系—环境影响—健康—研究 Ⅳ.①G301②X503.1

中国版本图书馆 CIP 数据核字（2015）第 092141 号

科学技术与环境健康

赵和平　高超超　编著

责任编辑　蔡圆圆

责任校对　金佩雯

封面设计　续设计

出版发行　浙江大学出版社

（杭州市天目山路 148 号　邮政编码 310007）

（网址：http://www.zjupress.com）

排　　版　杭州中大图文设计有限公司

印　　刷　杭州杭新印务有限公司

开　　本　710mm×1000mm　1/16

印　　张　15.75

字　　数　283 千

版 印 次　2016 年 1 月第 1 版　2016 年 1 月第 1 次印刷

书　　号　ISBN 978-7-308-14657-9

定　　价　39.00 元

前　言

通识教育是大学教育中的重要一环，以“通过学习基本知识培养健全的人格，使受教育者成为健全的人”为理念，激励大学生掌握基础性、综合性、多样化的基础知识与技能，强调培养知识面宽、适应性强、视野开阔的通才。但综观全国高校，普遍缺乏通识课教材，因此编写面向本科生的通识课教材非常有必要。

在浙江大学大力发展本科生通识教育的背景下，《科学技术与环境健康》获得了“浙江大学本科生特色教材计划”的资助。本书以通识课的教育理念为指导，通过全面介绍当今世界所面临的多种污染等问题和环境健康危机，以及新概念、新技术等在环境污染治理及修复中的应用，辅以世界发展史中典型的环境污染及修复案例，通过阐述科学技术与环境污染及环境健康之间的辩证关系，以达到传授环境学领域基础核心知识的目标，并鼓励学生以辩证的眼光看待事物的发展。

本书由赵和平博士主笔（第一、二、四、五、六、七章），高超超博士参与编写（第三、八、九章），赵和平博士负责统稿。浙江大学教务部和浙江大学出版社对本教材的出版给予了热心的支持，在此深表感谢。由于编者的水平及时间有限，教材中仍难免有错误及不妥之处，恳请广大读者、有关专家、老师和同学批评指正。因阐述需要，部分图片来源于网络，如牵涉版权问题，请及时与作者联系（E-mail：hopechoil@hotmail.com）。

编著者

2016 年 1 月

目　录

第一章 绪论

随着工业、农业、经济，特别是科学技术的高速发展，人类所处的环境受到前所未有的干扰和挑战，气候变暖、臭氧层破坏、酸雨蔓延、生物多样性减少、森林锐减、土地荒漠化、资源短缺、环境污染等成为严重危害人类生存与发展的重大威胁。人们开始意识到保护环境对于人类社会可持续发展的重要性，并为此制定了相应的法律法规。

改革开放三十多年以来，我国经济迅速发展，成为世界工厂的同时，环境问题也变得十分严峻。世界卫生组织 2006 年的报告中显示，世界上污染最严重的 20 个城市中，有 16 个来自中国(WHO，2006)[①]。我国中东部地区，特别是珠三角、长三角、京津冀及东北地区成为我国环境污染重灾区。能源结构不合理，环境保护执法不严、监管不力及近年来私人交通工具发展迅猛，是我国环境恶化的主要原因。

严重的环境问题带来了许多次生的健康及社会问题，如秋冬季节全国大面积严重的雾霾天气直接导致了各地的呼吸道疾病发病率日益升高；土壤污染和水污染则直接影响着食品安全。环境问题不仅关系国家发展和安全，也成为迫切的民生问题。如何在经济快速健康发展的同时，优化产业发展结构，转变经济发展方式，通过直接治理、间接防治，不断改善环境质量，创造优美舒适的生活、工作环境，成为所有公民需要面对的课题。了解当前的环境污染现状、生态环境健康与环境污染的相互关系和科学技术在治理环境中的作用，将有助于我们加快环境改善的步伐。

① 注：因 2013 年 WHO 数据显示前 20 名中无中国城市，故用 2006 年数据。

第一节 环境现状

一、环境学研究对象

(一)环境定义

狭义的环境是指生物物理环境,即围绕在生物体周边的有生命的和无生命的所有介质,包括影响生物体生存、发展和进化的不同影响因素。简单来说,环境就是围绕人类的客观事物,是自然因素和社会因素的综合,人类生存和发展的基础。根据立法,每个国家对环境的定义略有不同。《中华人民共和国环境保护法》中,将环境定义为"影响人类生存和发展的各种天然的经过人工改造的自然因素的总体,包括大气、水、海洋、土地、矿藏、森林、草原、野生生物、自然遗迹、人文遗迹、自然保护区、风景名胜区、城市和乡村等"(环保部,1989)。

广义的环境,则包括整个社会经济文化体系,如生产力、生产关系、社会制度、社会意识和社会文化。在自然环境的基础上,人类通过长期有意识的社会劳动,加工和改造了自然物质,创造了物质生产体系,积累了物质文化,进而形成了与自然环境相对的环境体系概念(图 1-1)。社会环境一方面是人类精神文

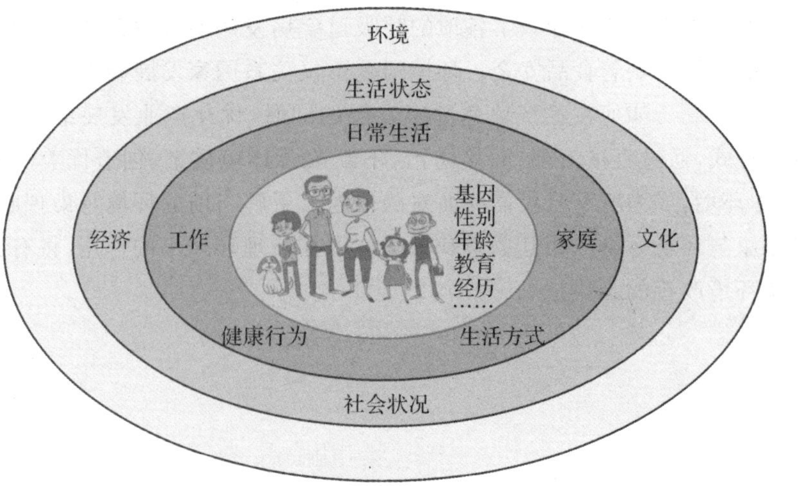

图 1-1 广义的环境系统(IASC,2010)

明和物质文明发展的标志，另一方面又随着人类文明的演进而不断地丰富和发展，所以也有人把社会环境称为文化—社会环境。广义的环境是人类生存及活动范围内的社会物质、精神条件的总和。

（二）环境的资源属性

环境作为一种资源，包含两种资源属性。一是指环境的单个要素（如土地、水、空气、动植物、矿产等）以及它们的组合方式（环境状态），是人类形成的必要条件，为人类的生存和发展提供了各种资源条件，如水、空气、土地、矿产等，具有自然资源属性；二是指与环境污染相对应的环境纳污能力，即“环境自净能力”，具有环境资源属性。环境资源作为人类赖以生存和发展的物质基础，它除了具有区域性、整体性、稀缺性、多用途性等特点外，还具有价值性、无阶级性、非排他、非竞争的公共商品性。

（三）环境的组成

环境包括自然环境和社会环境两部分。

自然环境指地球上一切生命与非生命的自然条件和自然资源的总和。一是完整的生态单位，即没有受到人为大规模干扰下自我运作的自然系统，包括所有植物、动物、微生物、土壤、岩石、大气，以及在其范围内发生的自然现象；二是不受人类活动影响的普遍的自然资源和物理现象，如空气、水和气候，以及能源、辐射、电荷和磁性等。自然环境又可分为原生自然环境和次生自然环境。

原生自然环境是指未受人类活动影响的地域。如人迹罕至的高山、荒漠、原始森林、极地、大洋中心区等，又称天然环境或原始自然环境。随着人类活动范围的不断扩大，原生自然环境区域日益缩小。

次生自然环境是指自然环境中受人类活动影响较多而发生了景观和功能变化的地域，如耕地、种植园、鱼塘、人工湖、牧场、工业区、城市、集镇等，是原生环境演变成的一种人工生态环境。次生自然环境形成过程中引起的人为环境问题，叫作次生环境问题。环境科学的研究对象即次生环境问题。

社会环境是与自然环境相对的概念，是人类在自然环境的基础上，为了满足生存和发展的需要，通过长期的经济和社会活动逐步创造和建立起来的人工环境。社会环境包括：物理社会环境，如建筑物、道路、工厂等；生物社会环境，如驯化、驯养的植物和动物；心理社会环境，如人的行为、风俗习惯、法律和语言等。人们有时将这些社会环境按功能分为村落环境、城市环境、工业环境、农业环境等。

（四）环境的分类

环境是一个复杂的开放系统，可以按不同分类原则进行多种分类。如按功能，可分为生活环境和生态环境；按组成要素，可分为大气环境、水环境、土壤环境等；按范围大小，可分为居室环境、院落环境、村落环境、城市环境、区域环境等；按人类影响程度，可分为自然环境和人工环境。

二、环境问题

环境问题，是指因为人类活动而引起的环境质量变化，以及这种变化对人类的生产、生活和健康造成的影响。人类与环境不断地相互影响和作用，产生环境问题。环境问题多种多样，归纳起来有两大类：一类是自然演变和自然灾害引起的原生环境问题，如地震、洪涝、干旱、台风、崩塌、滑坡、泥石流等。一类是人类活动引起的次生环境问题。次生环境问题一般又分为环境污染和环境破坏两大类。如乱砍滥伐引起的森林植被的破坏、过度放牧引起的草原退化、大面积开垦草原引起的沙漠化和土地沙化、工业生产造成大气与水环境恶化等。

（一）原生环境问题

原生环境问题是由自然界本身运动引起的、无法避免的客观事实，通常指自然灾害。原生环境问题包括：地质灾害，如地震、泥石流、地面塌陷、火山爆发等；灾害性天气，如台风、飓风、龙卷风、冰雹、旱灾等；水文灾害，如洪涝灾害等；生物灾害，如病、虫、草、鼠害等。原生的环境自然灾害按表现形式，可分为骤发性自然灾害，如地震、火山爆发、飓风等，以及长期性自然灾害，如沙漠化、水土流失等。

尽管原生环境问题有其自发性，不以人的意志为转移。但是人为的作用可以加速或延缓灾害的发生，加大或减轻灾害的影响和损失。如因人类活动愈加频繁，我国北方荒漠化面积在过去四十年间增加了近50%，沙尘暴现象加剧。

（二）次生环境问题

次生环境问题又称第二环境问题，包括环境破坏与环境污染两大类（图1-2）。环境破坏，即生态破坏，是人类不合理开发自然资源等造成的水土流失、土地荒漠化等生态系统失衡及功能退化。而环境污染指自然地或人为地向环境中排放某种物质或物理介质，因超过环境的自净能力而产生危害行为及结果。环境污染包括水污染、大气污染、土壤污染、噪声污染等。目前常见的环境污染来源有如下几个方面：(1)工业生产形成的“三废”，造成空气、水、土壤、食物等的污染；(2)农业生产中使用农药等造成农作物、畜产品的农药残留；(3)生活垃圾、污水、粪尿等生活废弃物造成的空气、土壤、水、食物及致病微生物污染；(4)交通运输过程中产生噪音、振动和各种废气；(5)电磁波通信设备所产生的微波和其他电磁波；(6)原子能和同位素机构所排放的放射性废弃物和飘尘等。

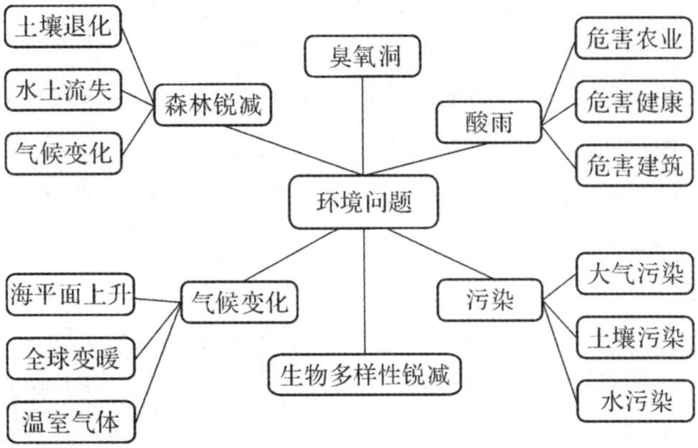

图 1-2　主要环境问题

（三）环境问题的产生和发展

环境问题的产生原因在发展中国家与发达国家不尽相同。在发展中国家，人口基数大、增长快是对其资源和环境造成压力的重要原因。发达国家的过度消费则是造成环境负担的主要根源。工业革命以来，发达国家一直走的是“先污染，后治理”的道路，给区域和全球环境造成了巨大的伤害，近几十年来的大力治理，资源的无害化利用使单位资源对环境的危害减小；而很多发展中国家目前正处在工业化进程中，由于人口的压力及技术、资金等因素的制约，单位资源的利用给环境造成的危害普遍比发达国家严重。

就全球而言，环境问题的产生有以下几个主要原因。(1)人口迅速增长的压力：庞大的人口基数和较高的人口增长率，对全球特别是一些发展中国家，形成了较大的人口压力。因为人口持续增长，对物质资料的需求和消耗随之增多，人们为了生存而滥垦滥伐、滥采滥捕、破坏生态平衡，进而出现种种资源和环境问题，反过来影响社会经济发展和生活质量的提高。(2)资源的不合理利用：几乎全部发展中国家及部分发达国家对非可再生资源的需求巨大，非可再生资源正迅速耗竭。(3)追求片面的经济增长，忽视可持续发展：传统的发展模式关注的只是经济领域的活动，其目标是产值和利润的增长、物质财富的增加。在这种发展观的支配下，为了追求最大的经济利益，人们认识不到环境本身所具有的价值，采取了以损害环境为代价来换取经济增长的发展模式。

环境问题是随着人类社会和经济的发展而发展的，到如今已发展到十分尖锐的地步。环境问题的历史发展大致可以分为以下三个阶段。

生态环境的早期破坏:该阶段从人类出现开始直到产业革命结束,是一个相当漫长的时期。在该阶段,随着种植、养殖和渔业的发展,人类的种群开始迅速扩大,需要更多的资源来扩大物质生产规模,便开始出现烧荒、垦荒、兴修水利工程等改造活动,引起严重的水土流失、土壤盐渍化或沼泽化等生态退化问题。这一阶段的人类活动对环境的影响还是局部的,没有达到影响整个生物圈的程度。如中国的黄河流域,曾经森林广布,土地肥沃,是文明的发源地,而西汉和东汉时期的两次大规模开垦,虽然促进了当时的农业发展,可是由于森林骤减,水源得不到涵养,造成水旱灾害频繁,水土流失严重,沟壑纵横,土地日益贫瘠,给后代造成了不可弥补的损失。

近代城市化阶段:该阶段从工业革命开始到20世纪80年代(南极臭氧洞被发现)为止。工业革命大大提高了人类社会的生产力,能源和其他自然资源的开采和消耗达到空前的规模,欧美迅速进入工业化社会,并高度城市化。由于人口和工业密集,燃煤量和燃油量剧增,发达国家的城市饱受空气污染之苦,城市周围继而出现日益严重的水污染和固体废弃物污染。20世纪中期,发达国家开始对这些城市环境问题进行大力治理,并把重污染工业转移到发展中国家,较好地解决了国内的环境污染问题。20世纪末至21世纪初,部分发展中国家开始工业化和城市化,城市环境问题日益突出。

全球化阶段:从1984年英国科学家发现、1985年美国科学家证实南极上空出现的"臭氧洞"开始,人类环境问题发展到全球化阶段。酸雨、臭氧层破坏和全球变暖三大全球性大气环境问题成为阻碍人类生存和发展的重大环境问题。与此同时,生态破坏、水资源短缺、资源耗竭等信号表明,生物圈这一生命保障系统对人类社会的支撑已接近它的极限。

第二节 环境健康危机

一、环境污染

自然环境本身有一定的自净功能。当污染物进入环境后,由于大气、水、土壤等的扩散、稀释、氧化还原、生物降解等作用,污染物质的浓度和毒性会自然降低,这种现象叫作环境自净。如果排放的物质超过了环境的自净能力,环境质量就会发生不良变化，危害人类健康和生存，这时就造成了环境污染。

环境污染有多种分类方法。按环境要素可分为大气污染、水污染、土壤污染；按人类活动可分为工业污染、城市点源污染、农业面源污染；按污染物性质可分为化学污染、生物污染、物理污染（噪声污染、放射性污染、电磁波污染）、固体废物污染等。

（一）大气污染

大气污染是指由于人类活动和自然过程引起某些物质进入大气中，呈现出足够的浓度，达到了足够的时间，并因此危害了人体的舒适、健康和福利，或危害了环境。大气污染按所涉及的范围可分为：(1)局部地区污染，即由某个点污染源造成的较小范围的污染；(2)地区性污染，如工矿区或整个城市的大气污染；(3)广域污染，即超过行政区域的广大地域的大气污染，如近年来覆盖中国东部地区的雾霾；(4)全球性污染，如大气中硫氧化物等造成的酸雨和全球气候变暖等。

大气污染按污染物种类可分为以下四类：(1)煤烟型，即由煤炭燃烧放出的烟尘、氧硫化物等造成的污染，以及这些污染物基础上因化学反应而生成的硫酸等构成的气溶胶污染；(2)石油型，即在石油开采、冶炼及机动车发动机燃烧过程中排放的氮氧化合物、碳氢化合物（HC）等所造成的污染，以及这些污染物经过光化学反应形成的光化学烟雾二次污染；(3)混合型，即煤烟型和石油型混合污染；(4)特殊型，即由工厂排放的某些特定的污染物造成的局部污染或地区性污染，这种类型的污染特征由工厂所排放的污染物种类决定。

当前全球性的大气污染问题包括臭氧层破坏、气候变暖及酸雨加剧。臭氧层可吸收太阳光中高强度的紫外线而保护地球上人类和生物免遭紫外线伤害。一氧化二氮（N_2O）、甲烷（CH_4）、氟氯烷烃（CFC）等气体的大量排放导致了臭氧层面积的急剧缩小，进而严重影响了地球上人类的健康。

二氧化碳（CO_2）、CH_4、N_2O、CFC 等温室气体严重加剧了全球气候变暖。实际上地球的大气本来就存在着温室效应，也正是因为温室效应，地球才孕育了生命，并发展成一个适合生命存在的星球。不过随着人类活动加剧，人类向大气中排放过量的温室气体，在全球范围内引发了严重的气候变暖及随之而来的海平面上升和粮食生产危机。有研究表明，近百年来全球地表温度平均增加了 0.3～0.6℃，如果不减少排放温室气体，全球平均气温到 2050 年将上升 1℃。气候变暖同时引起了海平面的上升。在过去的一百年里，全球海平面平均上升了 14.4cm，目前仍保持着每年 6mm 的上升速度，到 2070 年全球的海平面将平均升高 65cm。气候变暖同时严重影响了世界粮食生产和分布，严重威胁人类的生产和生活。

而很多发展中国家在饱受全球性大气污染困扰的同时，还面临着严重的区域性大气污染问题。如我国城市大气环境中总悬浮颗粒物浓度普遍超标；二氧化硫污染保持在较高水平；机动车尾气污染物排放总量迅速增加；氮氧化物(NO_x)污染呈加重趋势；雾霾天气愈发频繁。

(二)水污染

水体是河流、湖泊、沼泽、水库、地下水、冰川和海洋等贮水体的总称。全世界的总水量约为$1.4\times10^9 km^3$，其中97.2%在海洋，淡水只占2.8%，这其中又多以两极的冰盖、冰川和深层地下水的形式存在，可供人类利用的水资源不到1%。而当前全世界每年多于$420km^3$的污水排入江河湖海，污染了约$5500km^3$的淡水，相当于全世界径流总量的14%以上。

水污染是指水体因某种物质的介入，而导致其化学、物理、生物或放射性等方面特征的改变，从而影响水的有效利用，危害人体健康或者破坏生态环境，造成水质恶化。水污染加剧了全球的水资源短缺，危及环境健康，严重制约了人类社会、经济与环境的可持续发展。世界卫生组织统计表明，世界上许多国家正面临着严重的水污染和资源危机。发展中国家约10亿人常饮用不清洁水，约1.7亿人常饮用被有机物污染的水，每年约2500万人死于饮用不清洁水源。

水污染按照污染物的性质可分为：(1)物理污染，主要指排入水中的泥沙、悬浮性固体颗粒物和有色物质等，包括放射性污染和热污染；(2)化学污染，即向水中排放的酸、碱、有机和无机污染物等；(3)生物污染，即通过不同途径排入水体的病原微生物造成的水体污染。

水污染的主要来源包括制造工业、农畜业和生活废水。工业废水是指工业生产过程中产生的废水和废液，包括工艺过程用水、机器设备冷却用水、烟气洗涤水和生产废液等。工业废水成分复杂，且时间和空间差异性大，所以工业污染源具有量大、毒性较大、难处理等特点，对自然界中各类水体都易造成较大危害。农业污染源来源于农作物栽培、畜牧饲养、食品加工和生产过程中排出的污水和废液。农业过程中大量施用的农药、化肥等，通过降雨、沉降和径流冲刷而进入地表水或地下水，造成水体污染。农业污染源的特点是污水中有机质、氮磷及病原微生物含量较高，水体污染面源广大而分散，治理难度较大。生活污水是人们日常生活中产生的各种污水的混合液，包括厨房和浴室排出的污水及卫生间排出的粪便污水，除了家庭生活污水外，还包括企事业单位日常生活工作中排出的废水。生活污水中悬浮固体颗粒物、好氧有机物、合成洗涤剂、氨氮和病原微生物含量非常高，并含有一定浓度的有毒有机物。生活废水的水质呈现规律性变化。

中国是一个水资源短缺、水灾害频繁的国家，水资源总量居世界第6位，人均占有量只有2500m^3，约为世界人均水量的1/4，居世界第110位，已被联合国列为13个贫水国家之一。多年来，中国水资源质量不断下降，水环境持续恶化，由于污染所导致的缺水和事故不断发生，严重地威胁了社会的可持续发展和国计民生安全。调查显示，我国辽河、海河、淮河、黄河、松花江、长江和珠江等七大水系均受到不同程度污染，符合《地面水环境质量标准》Ⅰ、Ⅱ类标准的只占32.2%（河段统计），符合Ⅲ类标准的占28.9%，属于Ⅳ、Ⅴ类标准的占38.9%，如果将Ⅲ类标准也作为污染统计，则中国河流长度有67.8%被污染，约占监测河流长度的2/3。同时，我国地下水资源污染也不容乐观。中国北方五省区和海河流域地下水资源中，浅层水和深层水均遭到不同程度的污染，局部地区和部分城市的地下水污染比较严重，且污染呈上升趋势。

（三）土壤污染

土壤是指陆地表面具有肥力、能够生长植物的疏松表层，是岩石经风化发育而成的历史自然体，其厚度一般在2m左右。土壤不但为植物生长提供机械支撑能力，并能为植物生长发育提供所需要的水、肥、气、热等肥力要素，是植物进行光合作用、交换能量的重要场所。土壤包括固相（矿物质、有机质）、液相（土壤水分或溶液）和气相（土壤空气）三相物质。按质量计，矿物质可占固相部分的90%以上，有机质占1%～10%，土壤物质大多是以矿物质为主的物质体系。

土壤污染是指人类活动产生的污染物质，如有机废弃物或含毒废弃物通过各种途径进入土壤，并累积到一定程度，影响或超过了土壤的自净能力，引起土壤质量恶化和正常功能的退化，并进而影响植物的正常生长和发育的现象。土壤污染主要包括无机污染物和有机污染物两大类。无机污染物主要包括酸、碱、重金属、盐类、放射性元素、含砷、硒、氟的化合物等。有机污染物主要包括有机农药、酚类、氰化物、石油烃类、合成洗涤剂和由城市污水、污泥及厩肥带来的有害微生物等。

不同于水污染和大气污染比较直观的特点，土壤污染有较强的隐蔽性。土壤污染往往是通过农作物污染，再通过生物富集作用，经过较长时间才反映到对生物和人体健康的影响。土壤污染同时有较强的累积性。污染物质在土壤中并不像在大气和水体中很容易扩散和稀释，而是在土壤中不断累积，且会随着时间的推移而加剧污染，最终导致土壤不可逆地失去功能性。

我国环保部和国土资源部近期发布的数据显示（环保部，2014），我国土壤污染形势严峻,全国土壤总超标率为16.1%,其中重度污染点位比例为1.1%。耕地土壤点位超标率为19.4%,其中轻微、轻度、中度和重度污染点位比例分别为13.7%、2.8%、1.8%和1.1%,主要污染物为镉、镍、铜、砷、汞、铅、滴滴涕(DDT)和多环芳烃(PAHs)。镉、汞、砷、铜、铅、铬、锌、镍8种无机污染物点位超标率分别为7.0%、1.6%、2.7%、2.1%、1.5%、1.1%、0.9%、4.8%,其中镉重度污染点位比例为0.5%。六氯化苯(又称"六六六")、滴滴涕、多环芳烃3类有机污染物点位超标率分别为0.5%、1.9%、1.4%。

(四)其他污染

现代科学技术是把双刃剑,在推动人类文明进步的同时,也带来了一些危及人类自身生存的潜在危害。特别是近年来愈发引起人们关注的物理污染,如噪声污染、光污染、热污染、放射性污染、电磁辐射污染等。

噪音污染指人类在工业生产、建筑施工、交通运输和社会生活等活动中,产生的噪声干扰周围人类和动物生活环境的现象。噪声最主要来源于交通,包括汽车、飞机和火车产生的噪声。除此之外,工业噪声、建筑施工机械、娱乐扩音设施、某些办公设备,也是噪声的主要污染源。噪声按声音的频率可分为:低于400Hz的低频噪声、400~1000Hz的中频噪声及大于1000Hz的高频噪声。噪声污染具有主观性、不持久性、传播距离的有限性和无后效性等特点。

光污染即过量的光辐射对人类生活和生产环境造成不良影响的现象。包括可见光、红外线和紫外线。广义的光污染包括一些可能对人的视觉环境和身体健康产生不良影响的事物,包括生活中常见的书本纸张、墙面涂料的反光甚至是路边彩色广告。在日常生活中,人们常见的光污染多为镜面建筑的反射光。光污染问题最早于20世纪30年代由国际天文界提出,他们认为城市室外照明使天空发亮对天文观测造成负面影响。2009年,澳大利亚《宇宙》杂志报道:据美国一份最新的调查研究显示,全球70%的人生活在光污染中,夜晚的华灯造成的光污染已使世界上20%的人无法用肉眼看到银河系美景。在远离城市的郊外夜空,人们可以看到两千多颗星星,而在大城市却只能看到几十颗。

热污染是指日益现代化的工农业生产和人类生活中排放出的废热所造成的环境污染。热污染多发生在城市、工厂、火电站、原子能电站等人口稠密和能源消耗较大的地区。常见的热污染形式包括大气热污染即热岛效应和水体热污染。热岛效应是指因工业生产、机动车行驶、空调排热等形成的城市气温高于郊区和农村的一种高温效应,它是城市气候的典型特征之一,在一定程度上影响植物景观生长、城市空气湿度、云量和降水。水体热污染则是因热电厂、核电站、炼钢厂等冷却水所造成的水体温度升高,导致水体中溶解氧减少、水生生态环境遭到破坏的现象。

放射性污染是指由于人类活动造成物料、人体、场所、环境介质表面或者内部出现超过国家标准的放射性物质或者射线所造成的污染现象。在自然状态下，来自宇宙的射线和地球环境本身的放射性元素一般不会给生物带来危害。20 世纪 50 年代以来，人的活动使得人工辐射和人工放射性物质大大增加，环境中的射线强度随之增强，危及生物的生存，从而产生了放射性污染。放射性污染的来源包括三种。(1)原子能工业排放的放射性废物。原子能工业中核燃料的提炼、精制和核燃料元件的制造，都会有放射性废弃物产生和废水、废气的排放。当原子能工厂发生意外事故时，所造成的放射性污染是相当严重的。(2)核武器试验的沉降物。在进行大气层、地面或地下核试验时，排入大气中的放射性物质与大气中的飘尘相结合，由于重力作用或雨雪的冲刷而沉降于地球表面，这些物质称为放射性沉降物或放射性粉尘。(3)医疗、科研排出的含有放射性物质的废水、废气、废渣等。如进行一次肺部 X 光透视，约接受$(4\sim20)\times0.0001$Sv 的剂量(1Sv 相当于每克物质吸收 0.001J 的能量)；科研工作中广泛地应用放射性物质，除了原子能利用的研究单位外，金属冶炼、自动控制、生物工程、计量等研究部门几乎都有涉及放射性方面的课题和试验，在这些研究工作中都有可能造成放射性污染。

电磁辐射污染又称电磁波污染或射频辐射污染。由于电子技术的广泛应用，无线电广播、移动电话、电视及微波技术的迅速发展，射频设备的功率成倍提高，使地面上空的电磁辐射大幅度增加，直接危害人体健康，已成为人们非常关注的公害。

二、环境污染与健康危机

(一)环境污染与生态健康

生态平衡是指某个生物主体与其环境之间的综合协调性，是关于能量流动、物质循环和信息传递的一个动态过程。在自然条件下，生态系统总是朝种类多样化、结构复杂化和功能完善化的方向发展，直到生态系统达到成熟的稳定状态为止。一个健康的生态系统同时也是一个稳定的平衡的生态系统。生态系统平衡反映出生物主体与环境之间良好的稳定性、协调性和自我修复能力。当人类活动干预超过生态系统的生态阈值和容量导致生态系统无法自我调节并修复时，生态系统将出现衰退或崩溃，即“生态系统失衡”，又称“环境退化”。

环境污染会给生态系统造成直接的破坏和影响，如沙漠化、森林破坏、湖泊海洋富营养化等，给生态系统和人类社会造成直接的危害。有些环境污染衍生出的环境效应如大气污染造成的温室效应、酸雨、臭氧层破坏等，对生态系统造成更大范围和深远意义的破坏性影响。这种由环境污染衍生的环境效应具有滞后性，往往在污染发生的当时不易被察觉或预料到，然而一旦发生，就表示环境污染已经发展到相当严重的地步。

环境污染同时会造成生态系统中不同生物的生态位移，而造成生态失衡。如富营养化严重的水体中藻类等浮游生物过度繁殖生长，造成水中溶解氧下降，土著水生生物因缺氧窒息死亡，导致水生生态环境失衡。

(二)环境污染与生物健康

空气、水、土地和食物等，都是人类生存和健康的必要条件。人体在生命活动的过程中，不断地新陈代谢，同周围的环境进行物质与能量的交换，增强与环境的适应性。人们长期生活在被污染的环境中，当这种生理功能达到一定界限，超过人体耐受限度时，就会引起疾病，导致终身残疾或者死亡。

一般来说，当环境污染物进入人体后，人体对毒性的反应大致经历四个阶段：(1)潜伏期，人体对毒物还有抵抗能力，没有表现出疾病的症状；(2)病状期，在环境污染持续影响下，人体耐受毒素的能力下降，成为没有“症状”的病人；(3)显露期，环境污染再持续，出现了各种症状；(4)危险期，病症没有及时被发现和治疗，表现出毒性反应、发病、死亡等症状。

环境污染可以通过各种途径进入人体内。由于污染物的毒性、浓度和人体的个体差异，以及污染时间的长短、散发的快慢等条件的不同，会对人体健康造成不同类型和程度的危害。(1)急性危害，是指人们一次性摄入大量毒性较强的污染物，在短时间内就出现了明显的症状。如家庭燃煤或使用煤气不当，容易发生一氧化碳、二氧化碳的中毒事故。(2)慢性危害，是指人体在较长时间内摄入数量不多、危害程度不明显的污染物，过了相当长时间才显露其危害性，一般以大气污染对人体呼吸道的危害居多。例如，汽车使用的汽油中含铅，污染了大气，造成对人体的危害是普遍的、长期的。(3)远期危害，是指比慢性污染作用和发病潜伏的时间更长，甚至危及下一代才显露病症的危害。例如，长期从事镍冶炼的工人，患肺癌、鼻癌的发病率要比其他发病率高出 150 倍。

环境污染的致病因素主要包括以下三类。

1. 物理因素

物理污染直接或间接影响人类健康，可分为视觉污染、听觉污染、核污染等，污染源包括光线、噪音、电磁波、核辐射等方面。视觉污染，是指环境颜色太多、太杂乱、太艳、太眩所造成的视觉疲劳等问题，并进而影响人体健康。听觉污染也称噪音污染，会损伤听力，干扰睡眠，诱发多种疾病，影响心理健康。

核污染通过放射性物质的辐射作用或生物化学毒性造成人体损伤。辐射损伤是各种电离辐射作用于人体所引起的各种生物效应的总称，即电离辐射（如X或γ射线、β射线、α射线和中子束等）在电离、激发作用下将能量传递给机体，造成各组织器官的病理变化。放射性沉降物还可以通过食物链进入人体，在体内达到一定剂量时就会产生有害作用。人会出现头晕、头疼、食欲不振等症状，发展下去会出现白细胞和血小板减少等症状。如果超剂量的放射性物质长期作用于人体，就能使人患上肿瘤、白血病及遗传障碍。

2.化学因素

人体中含有大量的化学元素。在这些元素中，除碳、氢、氧、氮能形成各种体内的有机物质以外，其他元素都以一定的化学形态和结构形成各种生物配合体、功能蛋白质、酶等，并存在于人体组织中，或作为组成人体结构的材料，或作为血氧运输的载体，或作为酶的激活剂，或作为体液中电解质平衡的调节剂，或作为人体细胞间的信息传递的通讯员，这些元素协同作用，共同完成人体的新陈代谢功能。其中有些元素是人体必需的，有些是非必需的，任何一种化学元素超过一定的标准都会对人体产生伤害。例如，铁是人体必需的元素，具有造血、组成血红蛋白、传递电子和氧、维持器官功能的作用，但人体摄入过量的铁，就会损伤胰腺和性腺，甚至引起心衰、糖尿病和肝硬化。氟也是人体的必需元素，氟对防龋齿、促进牙的生长有积极作用，氟还参与人体内各种氧化还原反应和钙、磷代谢，但是，过量的氟会引起氟斑牙、氟骨症和骨质增生。

来源于大气、水体和土壤中的化学污染物多通过直接的刺激性作用或间接的生物富集作用影响人类健康（图1-3）。气态污染物多通过对人体感官或呼吸道等生物刺激作用影响健康，如甲醛对人体的眼睛、嗅觉、呼吸道的刺激影响较为严重，吸收过量甲醛容易造成嗅功能减退、嗅敏感降低。

大多数其他的化学性污染物则通过生物富集作用严重危害人类健康。生物富集作用又叫生物浓缩，是指生物体通过对环境中某些元素或难以分解的化合物的积累，使这些物质在生物体内的浓度超过环境中浓度的现象。科学家发现，人体对环境中某些元素具有惊人的富集作用。如大气中滴滴涕浓度很低，但经过食物链放大，进入浮游生物、小鱼、大鱼、水鸟和人体的滴滴涕浓度分别可达大气中浓度的1.3万倍、14.3万倍、57.2万倍、85.8万倍和1000万倍。高浓度的化学污染物在人体内富集，会对人体健康造成严重影响。如铅污染造成人体造血、神经系统和肾脏的损伤；汞污染破坏神经系统和脑细胞的功能；二噁英污染则有严重的致癌性、致突变性和致畸变性。

图 1-3 化学污染对人体健康的影响(Eco Solutions)

3.生物因素

未经处理的生活污水、医院污水、工厂废水、垃圾和人畜粪便排入水体或土壤,可使环境中寄生虫、细菌、病毒和虫卵等数量增加,威胁人体健康。如 1997 年 6 月,北京因大气生物污染造成某写字楼暴发军团病,患者出现浑身疼痛,部分人还扁桃体发炎、腹泻、高烧。军团病是嗜肺军团杆菌所致的急性呼吸道传染病,军团菌可在自来水中存活约 1 年,在河水中存活约 3 个月。军团病的潜伏期 2~20 天不等。主要症状表现为发热,伴有寒战、肌疼、头疼、咳嗽、胸痛、呼吸困难,病死率高达 15%~20%,对人体健康威胁极大。

第三节 科学技术与环境健康

一、环境健康诊断

随着新材料、新产品、新技术和新工艺的不断涌现,化学品在工业中的应用已经变得越来越普遍。化学品的大量使用,在赋予产品更多功能性、提高加工性能和效率的同时,也不可避免地带来了一些环境和生态安全问题。这些物质最初以较低浓度被排放到环境中，由于不易在自然环境中降解，会越积越多，通过水源、大气、食物链威胁人类的健康，而如果在产品上残留，则会通过接触直接影响人体健康。这些健康威胁涉及致癌、致畸、致突变和生殖毒性等。因此，如何在污染物排放初期了解环境中化学污染物现状，包括污染物种类和水平，对于后期的环境风险评价、环境修复有着重要的意义。

（一）污染物检测技术

空气中的主要污染物包括颗粒物（PM2.5 和 PM10）、挥发性有机物、半挥发性有机物（SVOCs）、SO_2、氮氧化物、CO、氟化物、臭氧、重金属、非甲烷总烃、CH_4、油烟、苯系物等，分为气态、颗粒态和两态共存三种情况。气态污染物的采样方法有直接采样、动力采样和被动采样等多种方式，采集后的样品主要通过气相色谱（GC）或气相色谱—质谱联用（GC－MS）等方式直接测定。颗粒态污染物主要通过自然沉降和滤料法采集。自然沉降法主要用于采集颗粒粒径大于 30μm 的颗粒物，而滤料法则多用于采集粒径更小的颗粒污染物，如 PM2.5、PM10 等。滤膜经过提取、净化、浓缩等处理步骤后，进入 GC、GC－MS、高效液相色谱（HPLC）、HPLC－MS、原子吸收光谱（AAS）或电感耦合等离子体发射光谱（ICP－AES）进行分析。至于两态共存污染物，则多用两相分离的方法，如玻璃纤维滤膜拦截大气颗粒物后用聚氨基甲酸乙酯泡沫采集吸附气态污染物的方法采集样品，再分别做进一步的测试分析。

水体中的常见化学污染物可分为有机污染物和无机污染物两大类。有机污染物包括多环芳烃、挥发酚、石油类、动植物油、总氰化物、悬浮物、可吸附有机卤素（AOX）等。这类污染物样品通常需要进行如萃取、吹扫捕集等样品前处理工作，以排除类似物的测定干扰，再利用 GC、HPLC、GC－MS、HPLC－MS 等方法进行测定。而硫化物、氨氮、硝酸盐、亚硝酸盐、氟化物、阴离子表面活性剂等无机物通常通过分光光度法和离子色谱法（IC）等进行分析测定。重金属则多利用原子吸收法、原子荧光法或 ICP－MS 等进行定量分析。

土壤中的污染物主要包括各种金属离子、VOCs、SVOCs、PAHs、多氯联苯（PCBs）、有机磷和有机氯农药、总石油烃类和苯系物等。不同于水样的测试分析，土壤样品需要通过加热消解法、密闭消解法、微波消解法、熔融法等前处理，对土壤中以不同形式存在的金属或重金属污染物进行消解、熔融；或通过萃取抽提、超声萃取等进行前处理，对土壤中以不同形式存在的有机污染物进行提取或溶解，再做进一步的分析和测定。

（二）污染物生物诊断

污染物的生物诊断是指系统地利用生物的反应测定一种或多种环境因素

单独或联合存在时所导致的环境影响或危害。生物诊断利用包括分子、细胞、组织、器官、个体、种群、群落、生态系统各级水平上的反应。

生物诊断包括一般的生物毒性测试法、分子和细胞水平测试法、三致效应测试法和微生物生态结构测试法。一般的生物毒性测试分为短期生物测试、中期生物测试和长期生物测试。短期生物测试用来快速估计污染物的毒性，评定几种不同毒物或废物对某种生物的相对毒性或评定不同生物对不同条件如温度、pH 的相对敏感性等。长期的生物测试则包括全生命周期测试(complete life-cycle bioassay)和部分生命周期测试(partial life-cycle bioassay)，主要检测在持续情况下不造成有害效应的毒物最大浓度或最大允许毒物浓度。

三致效应测试包括致突变、致癌、致畸变测试。致突变测试目的是为了检查受试物对机体遗传过程有无影响。经典的致突变实验为 Ames 测试，即利用一种微生物的营养缺陷型突变型菌株与受试物接触，若此化学物质具有致突变性，可使突变型微生物再发生一次突变，重新成为野生型微生物。这种突变叫作回复突变。

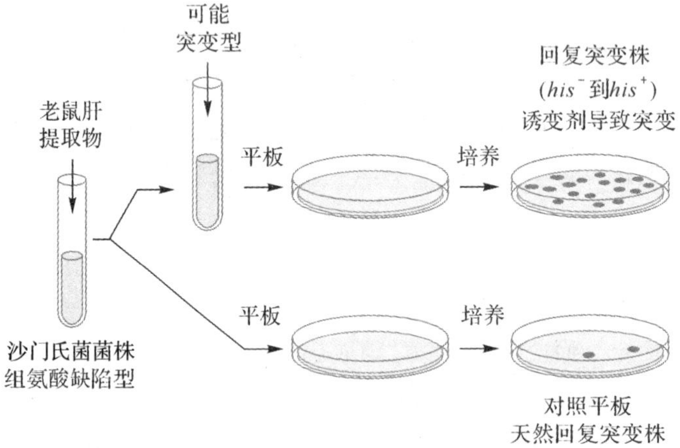

图 1-4 经典 Ames 检测流程(McGraw-Hill)

分子和细胞水平的测试包括分析污染物对微生物或供试动植物的细胞水平、酶水平及基因水平的干扰及病理影响。即通过细胞生物学和分子生物学的手段，如显微镜观察、酶联免疫测试分析、蛋白质组学、基因组学技术，分析不同污染物种类及水平对供试微生物及动植物细胞结构、细胞功能、功能酶活性、基因序列所造成的影响，如发光菌测试法、荧光定量 PCR 分析功能基因法等。

不同于物理或化学方法只能测定污染物的种类和浓度，生物不但可通过剂量学研究测定污染物浓度，而且能够测定污染物对生物机体的影响。

二、环境污染修复技术

修复(remediation)是工程上的一个概念，是指借助外界作用力使某个受损的特定对象部分或全部恢复到原初状态的过程。严格说来，修复包括恢复、重建、改建等三个方面的活动。恢复(restoration)是指使部分受损的对象向原初状态发生改变；重建(reconstruction)是指使完全丧失功能的对象恢复至原初水平；改建(renewal)则是指使部分受损的对象进行改善，增加人类所期望的“人造”特点，减少人类不希望的自然特点。环境意义上的修复是指对被污染的环境采取物理、化学与生物学技术措施，使存在于环境中的污染物质浓度减少或毒性降低或完全无害化。狭义的环境修复对象包括污染大气、污染水体和污染土壤。环境修复技术指人类修复环境时所采用的手段，包括物理技术、化学技术与生物技术等三类基本技术。

(一)传统物理修复

环境物理修复技术是一项借助物理手段污染物从环境中提取分离出来的技术，工艺简单，费用低，选择性低。通常情况下，物理分离技术被视为后期修复的前期工作，经过物理分离技术修复后的环境通常达不到环境修复的要求。如水污染治理中的物理稀释技术、机械除藻技术和底泥样疏浚技术，以及土壤污染中的客土回填、物理淋洗及纳米材料吸附技术。

(二)化学修复

化学修复技术相对于其他修复技术来讲发展较早，也相对成熟。目前，化学修复技术主要涵盖化学淋洗、化学氧化—还原修复、化学深沉等几方面的技术类型。相比较而言，化学修复技术是一种快捷、积极、对污染物类型和浓度不是很敏感的修复方式。但化学修复通常只是改变污染物在水体或土壤中的化学形态，并不能真正将污染物从水体或土壤中完全去除。随着环境的改变，污染物的生物有效性可能会再发生变化，从而再度危害环境。

(三)生物修复

环境生物修复技术是一门由现代生物技术与环境工程相结合的新兴技术，是直接或间接利用完整的生物体，或生物体的某些组成部分或某些机能，建立降低或消除污染物产生的生产工艺，或者能够高效净化环境污染以及同时生产有用物质的人工技术系统。生物技术主要是利用微生物，少部分利用植物作为环境污染控制的生物，目前已是环境保护中应用最广的、最为重要的单项技术，其在水污染控制、大气污染治理、有毒有害物质的降解、清洁可再生能源的开发、废物资源化、环境监测、污染环境的修复和污染严重的工业企业的清洁生产等环境保护的各个方面，发挥着极为重要的作用。特别是现代生物技术的发展，尤其是基因工程、细胞工程和酶工程等生物技术的飞速发展和应用，大大强化了上述环境生物处理过程，使生物处理具有更高的效率、更低的成本和更好的专一性，为生物技术在环境保护中的应用展示了更为广阔的前景。

生物修复技术的费用少、消耗低、效率高，过程稳定、操作简便、副产物少，与化工过程相比，反应条件大大简化。利用生物方法处理污染物通常可避免污染物的多次转移，不但避免二次污染，而且为污染物的资源化提供了新的思路。如大部分有机污染物可作为生物过程底物，其中一些有机污染物经生物过程处理后可转化成沼气、酒精、生物蛋白等有用物质，即有机废物资源化过程。

二、科学技术是把双刃剑

现代科学技术是把双刃剑，在推动人类文明进步的同时，也带来了一些危及人类自身生存的潜在危害。科学的发展和现代科学技术的产业化，一方面创造了极大的物质财富，满足了人们的物质需求，丰富了人类的生活，提高了人类的生活质量，有力地推动了物质生产、经济结构、社会关系、生活方式等方面的变革，另一方面也因向自然界直接排泄、抛弃废物或将科技用于军事等目的，而造成生态、环境和资源危机，严重地危害人类的健康与生存。

科学技术的发展，也为人类解决当前的环境污染和健康危机提供了新的手段，在空气污染、水污染和土壤污染修复中得到了广泛应用。如纳米态复合稀土化物粉体还原性能极强，可快速还原空气中一氧化碳和氮氧化物。而在汽车发动机汽缸内应用新一代的纳米催化剂后，汽油在燃烧后将无须进行尾气净化处理；纳米氧化锌（ZnO）、二氧化钛（TiO_2）颗粒因可加速重金属氧化—还原反应，迅速修复重金属污染土壤，在污染土壤的修复治理应用中效果显著。

新技术、新材料在修复环境中某种污染物的同时，有时会带来新的污染。如纳米材料在改善土壤环境中重金属污染的同时，自身又会带来难以回收、纳米材料毒性等问题。

如何在发展科学技术的同时，避免科技对环境造成新的干扰和污染，并最大限度地利用科技为环境健康所用，真正地服务人类，形成良性、健康的可持续发展，将成为摆在我们面前的一道现实难题和艰巨任务。

参考文献

[1] Wikipedia. Environment[EB/OL]. http://en. wikipedia. org/wiki/Envirovment, 2015-04-02.

[2] Eco Solutions. Pollution: How long have we got? 2013[P/OL]. http://kabook-i. com/pollution, 2014-12-20.

[3] IASC. Environmental change and social, cultural, and mental health in the Arctic, 2010[P/OL]. http://www. eoearth. orgviewarticle/152609, 2014-12-20.

[4] McGraw-Hill. The Ames test for mutagenicity[P/OL]. http://slideplayer. com/slide/2816043/,2015-11-24.

[5] Wikipedia. Air pollution[EB/OL]. http://en. wikipedia. org/wiki/Air_pollution, 2014-12-02.

[6] Wikipedia. Environment[EB/OL]. http://en. wikipedia. org/wiki/Environment_(biophysical), 2014-10-20.

[7] Wikipedia. Global warming[EB/OL]. http://en. wikipedia. org/wiki/Global_Warming. 2014-10-20.

[8] Wikipedia. Noise pollution[EB/OL]. http://en, wikipedia. org/wiki/Noise-pollution, 2014-10-20.

[9] Wikipedia. Genotoxicity[EB/OL]. http://en. wikipedia. org/wiki/Genotoxicity, 2014-10-20.

[10] WHO, Air pollution forcasting, 2006[EB/OL]. http://uk-air. defra. gov. uk/assets/documents/reports/cat12/0701241100_APF_episode_JunJul06_FINAL_low. pdf, 2014-10-20.

[11] 环保部. 中华人民共和国环境保护法,1989[EB/OL]. http://www. zhb. gov. cn/ztbd/rdzl/2010sdn/zcfg/201001/t20100113_184209. htm, 2014-10-20.

[12] 环保部. 全国土壤污染状况调查公报,2014[EB/OL]. http://www. mep. gov. cngkmlhbb/qt/201404/W020140417558995804588. pdf, 2014-10-20.

[13] 中国政府网. 中华人民共和国环境噪声污染防治法,1996[EB/OL]. http://www. gov. cn/ziliaoflfg2005-08/05/content_20921. htm, 2014-10-21.

第二章 大气污染及其对环境健康的危害

第一节 大气污染类型及成因

一、大气及大气污染

(一)大气定义

大气(atmosphere)是指环绕地球的全部空气的总和(ISO)。大气层是指因地球引力而围绕在地球表面的质量巨大的气体层,厚度大约在1000km以上,但没有明显的界线。整个大气层从地表往上分别为对流层(troposphere)、平流层(stratosphere)、中间层(mesosphere)、热层(thermosphere)和散逸层(exposure)(图2-1)。大气的总质量约为5.3×10^{15}t,约占地球总质量的百万分之一,大气密度随着高度增加而迅速下降,98%的空气集中在地表以上30km的空间内(郝吉明等,2009)。

空气是指人类、植物、动物和建筑物暴露于其中的室内外气体,是大气的狭义概念。

大气中的二氧化碳、甲烷、臭氧以及水汽等既能吸收来自太空的长波辐射,又能拦截地表向外放出的长波辐射,从而使大气下层和地表温度升高,这种保温作用又称作大气效应。同时,大气层还能保护地表避免太阳辐射直接照射,尤其是紫外线的照射,以避免这类射线对地球生物的伤害。

(二)大气的组成

自然状态下,大气是由干洁空气、水汽和杂质组成。干洁空气是除去水汽和杂质的混合气体,主要成分为氮(78.09%)、氧(20.94%)、氩(0.93%),这三

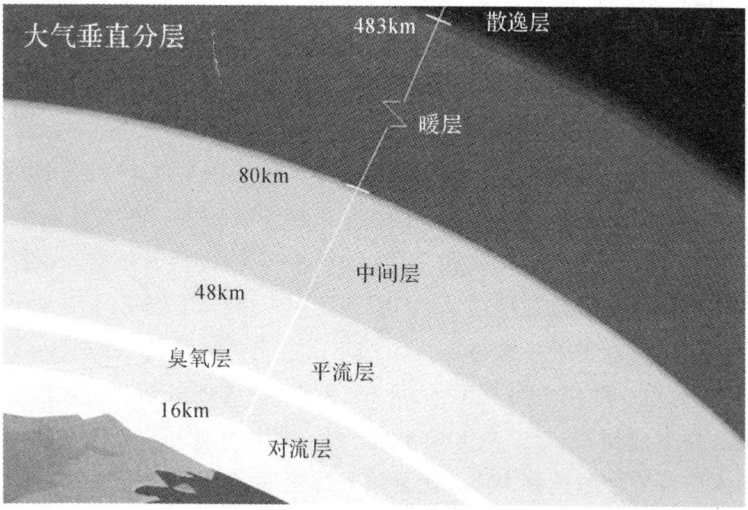

图 2-1　大气层的组成(Pinterest)

种气体占气体体积总量的 99.96%,其他各项气体含量总计不到 0.1%,这些微量气体包括氖、氦、氪、氙等稀有气体。在近地层大气中上述气体的含量几乎可认为是不变化的,称为恒定组分。干洁空气在 85km 以下的大气层中,除了二氧化碳、臭氧和水汽以外,组成比例基本上保持不变,又被称为均质层。干洁空气中的各种气体的临界温度都比较低,在常温下不会液化,一般以气态存在。

氧气(O_2)和氮气是大气中的恒定气体成分。其中氧是维持人类和动植物生命极为重要的气体。氧气是氧元素最常见的单质形态,是一种无色、无嗅、无味的气体,密度比空气大,在标准状况(0℃ 和大气压强 101kPa)下密度为 1.429g/L,微溶于水(1L 水中约溶 30mL 氧气)。在压强为 101kPa 时,氧气在约 −180℃ 时变为淡蓝色液体,在约 −218℃ 时变成雪花状的淡蓝色固体。氧气对地球上绝大多数生物都至关重要,是它们维持生命、保持生物活性的最基本需求。

氮气(N_2)在标准状况下是一种无色、无味、无嗅、无毒的气体。气体密度是 1.25g/dm^3,难溶于水。氮气在标准大气压下,冷却至 −195.8℃ 时,变成没有颜色的液体,冷却至 −209.86℃ 时,液态氮变成雪状的固体。由于氮气分子中存在三键 N≡N,所以 N_2 分子非常稳定。

臭氧(O_3)是氧气的同素异形体,在常温下,它是一种有特殊臭味的淡蓝色气体。臭氧是大气的微量成分之一,总质量约为 3.3×10^9 t,不到大气质量的百万分之一,体积不到大气总体积的万分之一。臭氧的含量随时间和空间变化很大。在10km以下，含量非常低；在10～25km高度，含量随高度增高而增加；在20～25km高空处，密度达到最大值；在25km以上高空，臭氧浓度随高度增加而再次下降。臭氧在水平方向上的分布，一般由赤道向两极逐渐增加，并随季节变化，春季臭氧浓度最高，而夏季浓度最低。

虽然臭氧在大气中的含量非常低，但臭氧可吸收对人体有害的短波紫外线，防止其到达地球，保护地球表面生物不受紫外线侵害。在大气层中，氧分子因高能量的辐射而分解为氧原子，而氧原子与另一氧分子结合，即生成臭氧。臭氧又会与氧原子、氯或其他游离性物质反应而分解消失，由于这种反复不断的生成和消失，臭氧含量可维持在一定的均衡状态。

二氧化碳是一种在常温下无色、无味、无嗅、无毒的气体，密度比空气略大，微溶于水，并生成碳酸。二氧化碳不能供给动物呼吸，在空气中含量通常为0.03%(体积)，若含量达到10%，就会使人呼吸逐渐停止，直至窒息死亡。固态二氧化碳俗称干冰，升华时可吸收大量热，因而常用作制冷剂或人工降雨剂，也常在舞美中用于制造烟雾。

地球上的二氧化碳气体浓度在工业革命之前一直维持较恒定的水平。近百年来，由于工业的发展，大气中二氧化碳浓度逐年增加。石油和煤的燃烧，每年约向大气中输入约50亿t二氧化碳，且大多集中在20km以下的大气层中。二氧化碳能吸收地表和低层的热辐射，从而使地球维持在一定的温度，这对地球早期的生命形成极为重要。但如果二氧化碳浓度持续升高，会使温室效应加剧，加速全球气候变暖，严重威胁到人类的生存。

除了干洁空气外，大气中还含有水汽和悬浮颗粒物。水汽在大气中的平均含量不到0.5%，且随空间、时间和气象条件而变化。在沙漠或极地区域，水汽占大气的体积比不到0.1%，而在热带多雨区，其体积比可达4%。低纬度地区的水汽含量通常高于高纬度，下层水汽含量高于上层，夏季水汽含量高于冬季。水汽是大气中唯一能在自然条件下发生相变的成分。地表和大气之间以及大气内部的水汽、热和能量通过水汽相变进行输送和交换。水汽对地面长波辐射吸收能力较强，对于保持地面温度非常重要。

悬浮颗粒物为大气中沉降速率非常小的一部分固体和液体微粒，是低层大气的重要组成部分。大气中的悬浮颗粒物粒径一般在$10^{-4}\mu m$到$10^{-1}\mu m$之间。悬浮颗粒物包括固体微粒、水汽凝结成的水滴和冰晶。其中固体微粒包括植物花粉、微生物、粉尘、灰分等。颗粒物的含量及成分组成也随时间、地点和气象条件而变化，通常是陆地多于水面，城市多于乡村，冬季多于夏季。颗粒物会吸收地表辐射与散射，同时对云雾及降水的形成至关重要。

（三）空气质量标准

环境空气质量标准规定了环境空气质量功能区划分、标准分级、污染物项目、取值时间及浓度限值，采样与分析方法及数据统计的有效性规定（马建锋等，2013）。我国于1982年首次发布《环境空气质量标准》，并于1996年、2000年和2012年分别进行了三次修订（环保部，2012），最新标准中增加了PM2.5值监测。该标准将环境空气质量功能区分为三类：一类区为自然保护区、风景名胜区和其他需要特殊保护的地区；二类区为城镇规划中确定的居住区、商业交通居民混合区、文化区、一般工业区和农村地区；三类区为特定工业区。将环境空气质量按标准分为三级：一级标准即在长期接触下对自然环境和人群及动植物不产生任何危害性影响的空气质量要求；二级标准即在长期和短期的接触情况下对人和动植物不发生伤害的空气质量要求；三级标准即为保护人群不发生急、慢性中毒和城市一般动植物正常生长的空气质量要求。不同级别标准规定了不同污染物的污染水平（表2-1，表2-2），并规定了一类区执行一级标准，二类区执行二级标准，三类区执行三级标准。

表2-1　环境空气污染物基本项目浓度限值

序号	污染物项目	平均时间	浓度限值/$\mu g \cdot m^{-3}$	
			一级	二级
1	二氧化硫（SO_2）	年平均	20	60
		24小时平均	50	150
		1小时平均	150	500
2	二氧化氮（NO_2）	年平均	40	40
		24小时平均	80	80
		1小时平均	200	200
3	一氧化碳（CO）	24小时平均	4	4
		1小时平均	10	10
4	臭氧（O_3）	日平均8小时	100	160
		1小时平均	160	200
5	颗粒物（粒径小于等于10μm）	年平均	40	70
		24小时平均	50	150
6	颗粒物（粒径小于等于2.5μm）	年平均	15	35
		24小时平均	35	75

表 2-2 环境空气污染其他项目浓度限值

序号	污染物项目	平均时间	浓度限值/$\mu g \cdot m^{-3}$	
			一级	二级
1	总悬浮颗粒物(TSP)	年平均	80	200
		24 小时平均	120	300
2	氮氧化物(NO_x)	年平均	50	50
		24 小时平均	100	100
3	铅(Pb)	年平均	0.5	0.5
		季平均	1	1
4	苯并[a]芘(BaP)	年平均	0.001	0.001
		24 小时平均	0.0025	0.0025

大气污染物排放标准是以实现《环境空气质量标准》为目标而对污染源排入大气的污染物浓度或数量的限度。它是控制污染物排放量和进行净化装置设计的依据。因此，制定大气污染物排放标准要以《环境空气质量标准》为依据，综合考虑控制技术的可行性、经济性、地区差异性，并尽量做到简明易行。

二、空气质量的影响因素

空气质量即空气中的污染物浓度水平，受污染源排放、气象条件和地形地貌等多重因素影响。

(一)污染源排放的影响

大气污染物的来源包括工业排放、农业废弃物燃烧、居民生活排放、交通运输排放等(刘清等，2012)。工业生产过程中排放的二氧化碳、二硫化碳、硫化氢、氟化物、氮氧化物、一氧化碳、硫酸(雾)铅汞、烟尘及生产性粉尘等是大气污染的主要来源。北方城市冬季取暖过程中燃煤排放出的大量氮氧化物及硫化物对空气污染影响巨大。这也是我国北方城市空气污染普遍较南方更为严重的主要原因。随着我国经济发展，家庭用汽车的大量普及，汽车尾气排放也日益成为我国城市空气污染的重要来源。

(二)气象条件的影响

污染物排放到大气中后逐步积累，能否消散则由气象状况决定，也就是说，气象条件是决定一个区域或城市大气自净能力即环境容量的根本客观因素。污染物在水平方向上的扩散由风速决定，风速越大，污染物越容易扩散；风速小甚至静风时，污染物难以扩散，浓度累积达到高值。污染物在垂直方向的扩散受到垂直方向上温度的分布状况控制，当地面空气温度高于高空中大气温度时，大气是“不稳定的”，在热力对流的作用下污染物向上扩散，地面污染物浓度降低；当高空中大气温度高于地面空气温度时，就形成了所谓的“逆温”现象，这时热力对流减弱甚至消失，大气状况变得“稳定”，污染物的垂直扩散受到抑制，地面污染物浓度累积升高。“静风”“逆温”是造成污染物累积达到高值的气象条件（图 2-2）。

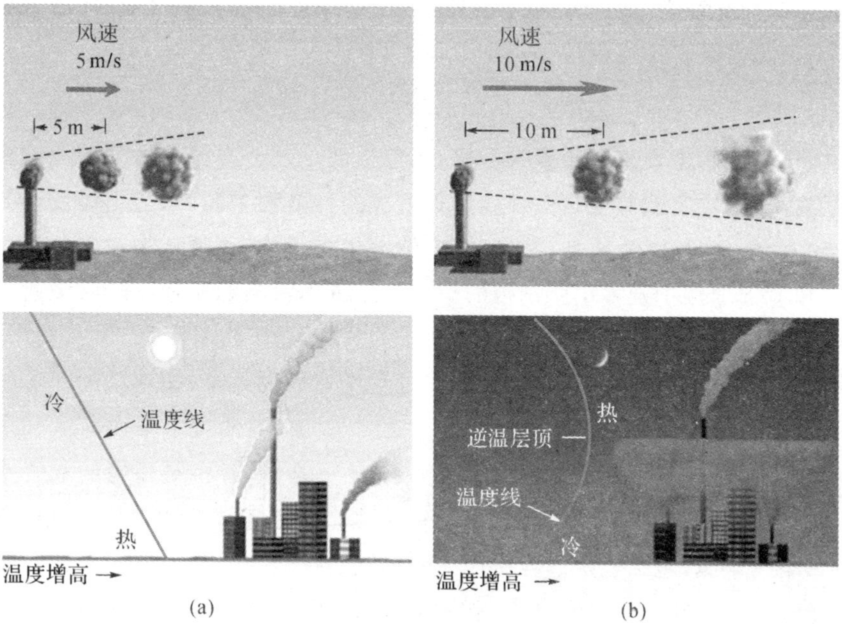

图 2-2　风速与逆温层对空气质量的影响

（三）地形地貌的影响

地形特征也是影响空气质量的重要客观因素之一。地形或地面状况复杂的地区，会形成局部地区的热力环流，如山区的山谷风，滨海地区的海陆风，以及城市的热岛效应等，都会对该地区的大气污染状况产生影响。烟气运行时，碰到高的丘陵和山地，在迎风面会发生下沉作用，引起附近地区的污染。烟气如越过丘陵，在背风面出现涡流，污染物聚集，也会形成严重污染。在山间谷地和盆地地区，烟气不易扩散，常在谷地和坡地上回旋。特别在背风坡，气流做螺旋运动,污染物最易聚集,浓度就更高。夜间,由于谷底平静,冷空气下沉,暖空气上升,易出现逆温,整个谷地在逆温层覆盖下,烟云弥漫,经久不散,易形成严重污染。位于沿海和沿湖的城市,白天烟气随着海风和湖风运行,在陆地上易形成“污染带”。

三、大气污染类型及来源

通常情况下,大气中都会存在一些污染物质,但因含量低,并不影响空气质量和人类正常生产和生活。但是当污染物浓度和持续时间超过大气本身的稀释、扩散和净化能力,或正常大气中的痕量气体浓度超过正常含量,并进而给人类和动植物带来直接或间接的不良影响时,即构成了大气污染。

(一)大气污染源

大气污染物主要来源于人为污染,也包括部分天然来源的污染源。天然污染源是由自然灾害或其他自然环境过程造成的污染物来源,如火山爆发所产生的火山灰、二氧化硫等,自然山火所产生的大量硫化物、氮氧化物和碳氢化合物等,大风刮起的沙尘及沙尘所携带的病菌等。天然污染源所造成的污染通常是暂时的、局部的,相对于人为污染源所造成的污染,属于次要污染。

人为污染源是指由人类活动和生产过程所造成的污染,按污染物产生的类型分为:(1)生活污染源,即人们在日常生活中燃烧煤、油或木柴而向大气中排放的污染物来源,生活污染源排放量大、分布广、总量较高,对环境的危害不容忽视;(2)工业污染源,即人类在工业生产中因燃烧或粉碎等物理化学过程所造成的污染物来源,包括燃烧过程所产生的烟气、氮氧化物、硫氧化物及各种粉尘等,工业污染源排放量大、种类多、排放较集中,且污染物的排放种类和数量日益增加,是大气污染的最主要来源;(3)交通污染源,即由于各种交通工具运行所产生的尾气污染源,目前全世界因汽车尾气所造成的一氧化碳和碳氢化合物的年排放量分别为 2 亿 t 和 5000 万 t(USEPA,2012),已逐渐成为大气污染的主要污染源之一,除此之外,飞机、火车、海轮等造成的大气污染也不容小觑。

大气污染源按存在的形式可分为固定污染源和移动污染源,按污染物的排放方式则可分为点源污染、线源污染和面源污染,按污染物排放时间则可分为连续污染源、间断污染源和瞬时污染源。由于直接排放而形成的大气污染物称为一次污染源,因一次污染物在环境中与空气中原有成分发生反应或污染物之间相互反应而生成的新型污染物,则被称为二次污染源。

(二)大气污染物

大气污染物即造成大气污染的物质,包括很多不同污染物种类。在我国大气环境下,污染最严重、危害最大的是烟粉尘、硫氧化物、碳氧化物、氮氧化物和碳氢化物。

烟粉尘包括烟尘和粉尘。烟尘是指伴随燃料和其他物质燃烧过程所产生的炭黑、飞灰等粒状悬浮物。粒径大于10μm的烟尘在大气中易于沉降,又称为降尘;而粒径小于10μm的烟尘不易沉降,则称为飘尘。通常把粒径在10μm以下的颗粒物称为PM10,又称为可吸入颗粒物或飘尘,直径小于或等于2.5μm的颗粒物称为PM2.5。而粉尘则是指煤或其他矿石等固体物料在加工、运输等机械处理过程中所产生的灰尘,也包括城市建筑工地等所产生的扬尘。

硫氧化物是硫的氧化合物的总称,包括二氧化硫(SO_2)、三氧化硫(SO_3,硫酸酐)、三氧化二硫(S_2O_3)、一氧化硫(SO),七氧化二硫(S_2O_7)和四氧化硫(SO_4)等多种硫氧化物,其混合物用SO_x表示。其中SO_2是目前大气污染中数量最大、影响范围最广的一种气态污染物。全球每年人为排放的SO_2约1.8亿t,在各种污染物中的排放量仅次于CO,我国是世界上排放量最大的国家。

SO_2主要来自电力、冶金、化工等行业中含硫染料的燃烧和含硫矿物的冶炼。煤中硫的含量为5～50g/kg,石油中的硫含量为5～30g/kg。可燃性的硫在燃烧时,主要生成SO_2,即使在氧气很充足的情况下,只有1%～5%氧化生成SO_3。SO_2是一种无色、具有刺激性气味的不可燃气体,具有较强的腐蚀性,可损害植物的叶片,并刺激人体的呼吸系统。

碳氧化物包括一氧化碳(CO)和二氧化碳。CO是含碳物质不完全燃烧的产物,本身也可以作为燃料使用,是无色、无臭的有毒气体,化学性质较稳定,主要来源于矿物燃料燃烧、石油炼制、钢铁冶炼、固体废物焚烧等,是排放量最大的大气污染物。据估计,目前每年人为排放CO总量为3亿～4亿t,其中一半以上来自汽车废气。过去曾认为大部分CO来自人类活动。近来的研究表明,CO的自然排放量比人为排放量大好几倍,主要来自森林火灾、海洋和陆地生物的腐烂等过程。大气中CO的本底浓度,在北半球平均为0.17mg/m³,在南半球则低得多。大城市大气中CO含量较农村普遍高。

CO_2是大气的正常组分,是无色、无毒气体,对人无害,一般不列为环境污染物。CO_2也是主要的温室气体,由于大气中CO_2浓度不断上升,可能引起地球气候的变化,因而受到人们的关注。据估计,现在每年排入大气中的CO_2总量为100亿～200亿t,几乎全部来自矿物燃料的燃烧。植物生长、森林火灾和火山爆发也会产生CO_2排放,但数量很少。据估计,每年火山爆发释放约130

万～230 万t CO_2 到大气中。人类活动是 CO_2 排放的主要来源(表 2-3)。

表 2-3 2010 年世界主要国家 CO_2 排放量

国家	CO_2 排放量/t	面积/km^2	人口/人	人均排放量/t・人$^{-1}$
全球	33508901	148940000	6852472823	49
中国	8240958	9640821	1339724852	62
美国	5492170	9826675	312793000	176
印度	2069738	3287263	1210193422	17
俄罗斯	1688688	17075400	142946800	118
日本	1138432	377944	128056026	89
德国	762543	357021	81799600	93
韩国	563126	100210	48875000	115
加拿大	518475	9984670	34685000	149
英国	493158	243610	62262000	79
墨西哥	466131	1972550	112322757	41
意大利	407924	301338	60681514	67
澳大利亚	365513	7617930	22794166	160
法国	362556	674843	65821885	55

2007 年,我国 CO_2 排放量为 60 亿 t,占全球排放量的 21%,超过美国成为世界上 CO_2 排放第一大国。2011 年,中国 CO_2 排放量更是达到 89 亿 t,继续名列世界第一。从 1990 年到 2011 年,我国 CO_2 排放几乎增长 4 倍,尤其是近年来增长更快。直到 2030 年,我国的 CO_2 排放量仍将以 2.9%的年增长率缓慢增长。因基数大,届时我国的 CO_2 排放量约是 2007 年的两倍。

由于各国能源结构不同,CO_2 排放量也不同。我国等发展中国家多以燃煤为能源和燃料,而发达国家主要以石油为燃料,排放的 CO_2 量较大,人均排放量往往是发展中国家的好多倍。如美国人口占世界 5%,但 CO_2 排放量占世界 16%,人均排放量是我国的 3 倍。

发表在《自然气候变化》杂志的分析结果显示,为保证实现将全球变暖控制在 2℃以内,全球 CO_2 排放量在 2020 年之前必须大幅削减。即便没有气候政策的驱使,比利时、丹麦、法国、瑞典和英国的能源结构调整,也使得 CO_2 排放量在过去的 10 年中每年减少了 5%。

氮氧化物包括多种化合物，如一氧化二氮、一氧化氮（NO）、二氧化氮（NO_2）、三氧化二氮（N_2O_3）、四氧化二氮（N_2O_4）和五氧化二氮（N_2O_5）等。除NO_2以外，其他氮氧化物均极不稳定，遇光、湿或热变成NO_2及NO，NO又变为NO_2。因此，环境中接触的是几种气体混合物，常称为硝烟（气），主要为NO和NO_2，其中以NO_2为多。氮氧化物都具有不同程度的毒性。

NO在标准状况下为无色气体，液态、固态呈蓝色。由于NO带有自由基，化学性质非常活泼。通常情况下，NO对人体无害，但进入大气后可被缓慢氧化成NO_2，而NO_2具有腐蚀性和生理刺激作用。大气中的NO_x主要来源于煤与石油燃料的燃烧、汽车尾气、肥料使用和工业生产过程。

空气中的NO_x，主要来源于火力发电。据统计，2005年，我国氮氧化物排放总量超过1900万t，其中火力发电是最大来源，燃煤电厂排放700万t，其次是工业和交通运输部门，分别贡献了23%和20%。机动车排放的尾气也是氮氧化物的重要来源。截至2014年年底，我国机动车保有量达到2.64亿辆。在北京、上海、广州等机动车保有量位于前40名的城市中，约50%的氮氧化物污染来自于机动车尾气的排放。2013年，深圳市机动车排放的氮氧化物占到了全市排放量的60%。而在民用车辆里，其中大型客车和重型货车排放的氮氧化物约占机动车排放氮氧化物总量的70%。采暖燃烧的锅炉也是氮氧化物的一个主要来源。如在冬季采暖季节，北京大气中的氮氧化物浓度是夏天的10倍，因此，冬季大气的氮氧化物污染问题显得更严重。

碳氢化合物包括烷烃、烯烃和芳香烃等复杂多样的含碳和氢的化合物。大气中大部分的碳氢化合物来源于石油燃料的不充分燃烧、机动车尾气等过程。多数烷烃和芳烃都具有一定的致癌性、致畸性和致突变性等三致效应。碳氢化合物一般还会参与大气中的光化学反应，生成危害更大的光化学烟雾。

光化学烟雾是汽车、工厂等污染源排入大气的碳氢化物和氮氧化物等一次污染物与其在阳光（紫外光）作用下发生光化学反应生成二次污染物的混合污染物所形成的烟雾污染现象。光化学烟雾多发生在阳光强烈的夏秋季节，随着光化学反应的不断进行，反应生成物不断蓄积，光化学烟雾的浓度不断升高。约在午后1～2小时达到最大值。光化学烟雾可随气流漂移数百千米，不但会对大气质量造成严重污染，对人类健康、动植物生长、建筑材料安全及交通安全也会产生严重的影响。

除了上述的几种主要污染物以外，大气中还包括有毒重金属、放射性尘埃、氯代烃化合物等污染物。放射性尘埃是指大气中具有放射性的气溶胶性质的固体颗粒，主要来源于核武器爆炸、核电站事故及一些自然现象。放射性的粉尘和水汽在大气中随着气流传播，污染范围较广。

四、大气污染综合防治

（一）大气污染综合防治的含义

大气污染的综合防治即防与治的结合，旨在把一个城市或地区的大气环境看作一个整体，统一规划能源的消费、工业发展、运输、城市建设等。综合运用各种人为防治污染的措施，如减少或防止污染物的排放，治理排出的污染物，充分利用环境的自净能力（如充分利用环境容量、种植绿化植物等）消除或减轻各种污染物对大气的污染。

大气污染综合防治是一个十分复杂的问题，它涉及的范围比较广，如能源的合理利用与改革、城市的布局、工业的布局和工艺改革、治理设备的费用和效率、治理技术的发展水平等。为了使城市或地区的某一种或几种大气中有害物质降到环境允许的标准或者目标值，必须从实际出发，对各种能减轻环境污染的方案进行经济分析、技术比较，并根据城市或地区的特点、经济能力和管理水平，确定一个在规定时间内能实现的最佳方案。只有从整体的大气污染状况出发，进行综合防治，才能有效地控制大气污染。如果缺乏整体观念，只是各单位自己采取治理措施，可能造成花钱多而整个地区的大气污染状况改善不大的局面。

（二）大气污染综合防治措施

大气污染防治重在防与治的结合，包括预防和治理措施。预防措施包括以下5个方面。

（1）优化产业结构和布局。研究建立各地区资源环境承载能力预警机制，严格控制高耗能、高排放项目。综合运用法律法规、产业政策、节能减排、安全生产等手段，着力化解产能严重过剩矛盾。加快淘汰落后产能，大力发展节能环保产业，制订重大节能、环保、资源循环利用等技术装备产业化工程实施方案。

（2）优化能源结构，推进清洁生产。加快发展水电、核电、风电、太阳能、生物质能，推动分布式能源发展，优先发展可再生能源。控制煤炭消费量，制订重点区域煤炭消费总量控制方案。

（3）大力推进节能减排。改进燃烧装置和燃烧技术，以提高燃烧效率并降低有害气体排放量。对燃料进行预处理（如燃料脱硫、煤的液化和气化），以减少燃烧时产生污染大气的物质。实行能源消费总量和能耗强度“双控”考核。推进工业、建筑、交通和公共机构等重点领域节能，鼓励企业开展节能低碳行动，加快重点用能单位能耗在线监测系统建设。加强能效标准制定工作，完善节能监察执法机制，依法查处违法用能行为。

(4)加强各地方、部门协调合作。鼓励地方政府支持配合环保等部门加强大气污染防治工作，加强中央与地方的沟通协作、综合协调、组织实施、监督检查等。加强企业管理，减少事故性排放和逸散。

(5)积极宣传，动员全社会参与。深入推进节能减排全民行动，动员全体社会成员积极主动参与节能减排、防治雾霾。引导消费者购买和使用节能绿色产品、节能省地型住宅。倡导简约适度、绿色低碳、文明健康的生活方式和消费模式，践行绿色低碳交通出行，反对各种形式的奢侈浪费。

除了预防措施以外，对已经发生的污染，要加强治理。如：利用各种除尘器去除烟尘和各种工业粉尘；采用气体吸收塔处理有害气体（如用氨水、氢氧化钠、碳酸钠等碱性溶液吸收废气中二氧化硫和用碱吸收法处理排烟中的氮氧化物）；应用其他物理的（如冷凝）、化学的（如催化转化）、物理化学的（如分子筛、活性炭吸附、膜分离）方法回收利用废气中的有用物质，或使有害气体无害化。

大气环境自身通过物理、化学和生物作用有一定的自净功能。在排出的污染物总量恒定的情况下，污染物浓度在时间上和空间上的分布同气象条件有关，认识和掌握气象变化规律，充分利用大气自净能力，也可以降低大气中污染物浓度，避免或减少大气污染危害。例如，以不同地区、不同高度的大气层的空气动力学和热力学的变化规律为依据，可以合理地确定不同地区的烟囱高度，使经烟囱排放的大气污染物能在大气中迅速地扩散稀释。

第二节　全球性大气污染问题与其生态影响

一、温室效应

（一）温室气体与温室效应

温室气体指的是大气中能强烈吸收地面反射的长波辐射，并重新发射辐射的一些气体，如水汽（H_2O）、二氧化碳、一氧化二氮、甲烷、大部分制冷剂等。这些气体吸收的长波辐射部分被反射回地球，从而减少了地球向外层空间散发的能量，使空气和地球表面变暖，这种类似于温室截留太阳辐射并加热温室内空气的作用被称为"温室效应"（图 2-3）。

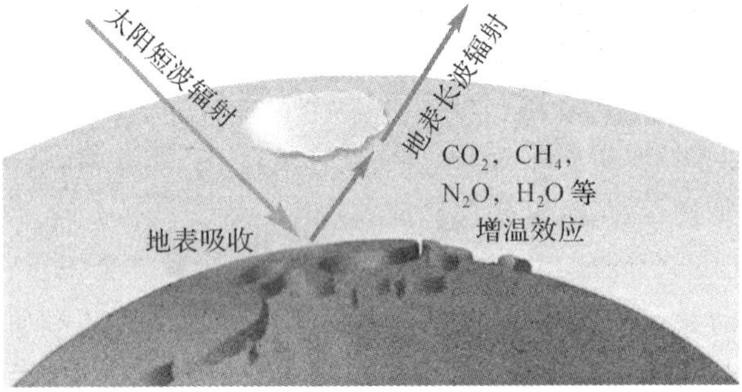

图 2-3 温室效应示意图（USEAP，2012）

温室气体的共同点，就在于它们能够吸收红外线。由于太阳辐射以可见光居多，这些可见光可直接穿透大气层，到达并加热地面。而加热后的地面会发射红外线从而释放热量，但这些红外线不能穿透大气层，因此热量就保留在地面附近的大气中，从而造成温室效应。

地球的大气中重要的温室气体包括水蒸气（H_2O）、臭氧、CO_2、N_2O、CH_4、氢氟氯碳化物类（CFCs、HFCs、HCFCs）、全氟碳化物（PFCs）等。水蒸气是最主要的温室气体，但与 CO_2 不同，水蒸气可以凝结成水。因此大气中的水蒸气含量基本稳定，不会出现其他温室气体的累积现象。因此，现在讨论温室气体时并不考虑水蒸气。

CO_2 对光辐射没有阻碍，但是能吸收红外线并阻挡红外线通过，可以防止地表热量辐射到太空中，具有调节地球气温的功能。如果没有 CO_2，地球的年平均气温会比目前降低 20℃。但是，CO_2 含量过高，就会使地球仿佛捂在一口锅里，温度逐渐升高，造成严重的温室效应。CO_2 对温室效应的贡献率占50％～60％。

CH_4 的温室效应能力远远强于 CO_2。如以 100 年来分摊计算 CH_4 暖化作用的平均值，每吨 CH_4 造成全球暖化的能力约为 CO_2 的 25 倍；如以 20 年（CH_4 在大气中停留时间最大值）来分摊计算 CH_4 暖化作用的平均值，每吨 CH_4 造成全球暖化的能力约为 CO_2 的 72 倍。CH_4 除了来自大自然过程如海洋、永冻层和湿地排放，也来自人为的污染，包括生质燃烧（biomass burning，意指在开垦土地或改变土地用途时燃烧土地上的草木）和畜牧业。CH_4 对温室效应的贡献率为 15％～20％。

CH_4 不仅是一种强烈的温室气体，而且会增加地面上的 O_3 浓度，危害人体健康。若大气中 CH_4 浓度升高，会使氧气浓度下降，并与空气混合形成高度易燃并具有爆炸性的气体，从而危害人体健康。

N_2O 是一种无色有甜味气体，又称笑气，早期被用于牙科手术的麻醉，现用于外科手术和牙科。N_2O 的温室效应约为 CO_2 的 300 倍，是一种更为强大的温室气体。它对温室效应的贡献率为 6%～7%。

(二)温室效应对全球气候的影响

工业革命以来，人类燃烧化石燃料而使 CO_2 含量急剧增加，特别是第二次世界大战以后，CO_2 年均排放量增加更为迅速。人为排放的 CO_2 不断增加和森林植被的大量破坏，打破了 CO_2 产生和吸收的自然平衡，大气中的 CO_2 体积分数从 1750 年的 280ppm，增加到 2013 年的 395ppm(图 2-4)，预计到 21 世纪中叶，大气中的 CO_2 体积分数将达到 600～900ppm。

人类活动也造成了 CH_4 和 N_2O 排放量的大幅增加，200 年前大气中 CH_4 的体积分数约为 8×10^{-7}，1992 年增加到 17×10^{-7}。工业革命以前，大气中 NO 的体积分数约为 2.85×10^{-7}，1992 年已增加到 3.10×10^{-7}。

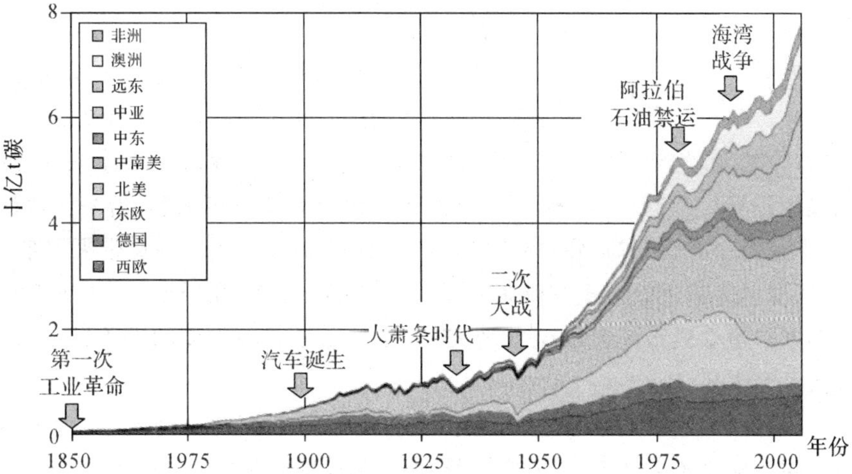

图 2-4　1850 年以来的全球碳排放量(Huttenbach,2010)

大气中的气溶胶和云能够吸收和放射地球的长波辐射，也能反射太阳辐射，因此它们会使地表温度下降，它们的冷却效应与温室气体所产生的温室效应相抵消，总体上保持地表温度的稳定。但当大气中温室气体增加时，它们吸收来自地表的长波辐射增多，而地球大气向外层空间散发的能量减少，长期形成的能量平衡被打破，造成地表及大气温度升高，全球气候变暖(图 2-5)。在 20 世纪时，全球接近地面的大气层温度平均上升了 0.74℃。普遍来说，科学界发现过去 50 年可观察的气候改变的速度是过去 100 年的 2 倍。

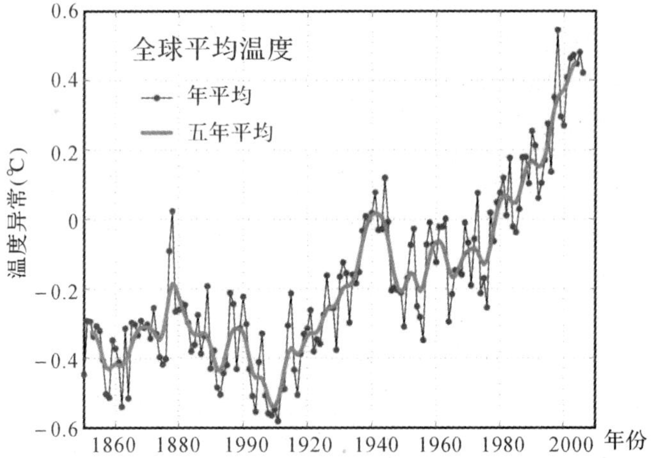

图 2-5 全球气温变化(Horwitz，2004)

(三)温室效应对自然和人类的影响

温室效应所造成的全球气温升高，会带来各种各样的环境和生态问题，进而危害人类生存与发展。全球变暖所带来的主要问题包括以下 6 个方面。

(1)全球变暖会导致冰川消融，海平面升高，进而引起海岸滩涂湿地、红树林和珊瑚礁等生态群丧失，海岸侵蚀，海水入侵沿海地下淡水层，沿海土地盐渍化等，造成海岸、河口、海湾自然生态环境失衡，给海岸带生态环境带来灾难。

(2)全球变暖将改变全球降雨格局。水分蒸发增多，雨季延长，水灾变得越来越频繁。遭受洪水泛滥的机会增大、遭受风暴影响的程度和严重性加大，水库大坝寿命缩短。

(3)全球变暖会造成大型甚至超大型台风、飓风、海啸、火灾等气候灾难。台风海啸等灾难不单直接破坏建筑物和威胁人类生命安全，也会带来次生灾难，尤其是台风、飓风等灾难所带来的大量降雨，会导致泥石流、山体滑坡等，严重威胁交通安全和居民生活安全。

(4)全球变暖会造成内陆地区大面积干旱，从而造成粮食减产，并影响饮用水供应，威胁社会稳定和人类生存。全球变暖导致冰山冰雪的积累速度远低于融化速度，甚至有些冰山已停止积雪，进而导致淡水循环出现紊乱。在气温平衡正常时，冰山的冰雪循环系统为：夏天冰山融化，流向山下，流入地下，给平原地区积累淡水,并起到过滤作用;冬天水分以水蒸气的形式回到山上,通过大量降雪重新积累冰雪,也是过滤过程。整个循环过程使得我们的淡水有了稳定的保障,而如今,全球变暖导致淡水危机。

(5)全球变暖使得自然界食物链逐渐断裂。大气中 CO_2 含量上升,会导致水体酸化,食物链中某级出现崩溃从而影响整个食物链的断裂。食物链的断裂会影响生态失衡,加速全球变暖,形成恶性循环。

(6)气温升高会给人类生理机能造成影响,各种生理疾病将快速蔓延,甚至滋生出新疾病。温度升高,会影响人的生育,精子的活性随温度升高而降低。病菌通过极端天气和气候事件(如厄尔尼诺现象、干旱、洪涝、热浪等),扩大疫情的流行,危害人体健康。

二、臭氧层破坏

(一)臭氧平衡

臭氧层是指大气层的平流层中臭氧浓度相对较高的部分,其主要作用是吸收短波紫外线。大气层的臭氧主要来自于紫外线照射双原子的氧气分子后将其分为两个原子,然后每个原子和没有分裂的氧气分子合并,生成臭氧(图2-6)。臭氧分子不稳定,紫外线照射之后又分解为氧气分子和氧原子,形成一个连续的过程——臭氧氧气循环,因而产生臭氧层。

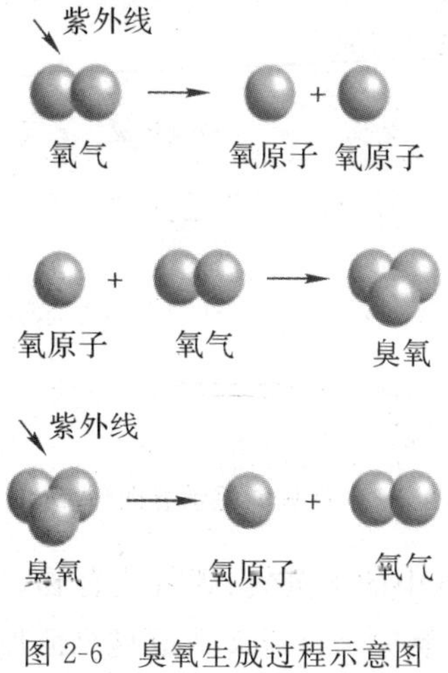

图 2-6 臭氧生成过程示意图

臭氧层主要有以下三个作用。(1)保护地球免受紫外辐射。臭氧层能够吸收太阳光中波长306.3nm以下的短波紫外线，保护地球上的人类和动植物免遭短波紫外线的伤害。透过臭氧层的长波紫外线对生物细胞的伤害要比中波紫外线轻微得多。(2)地球大气的加热作用。臭氧吸收太阳光中的紫外线并将其转换为热能从而加热大气。由于这种作用，地球大气在地表上空15～50km存在着升温层，正是由于存在着臭氧才有平流层的存在，大气的温度结构对大气循环具有重要的影响。而地球以外的星球因不存在臭氧和氧气，所以也就不存在平流层。(3)温室效应。在对流层上部和平流层底部，即在气温很低的这一高度，如果臭氧减少，则会导致地面气温下降。因此，臭氧的高度分布及变化是极其重要的。

(二)臭氧破坏

20世纪70年代中期，科学家发现南极上空臭氧层有变薄的现象。1984年，英国科学家首次发现南极上空出现臭氧洞。1985年，英国科学家法尔曼等人在南极哈雷湾观测站发现：在过去10到15年间，每到春天南极上空的臭氧浓度就会减少约30％，有近95％的臭氧被破坏。在地面上观测，高空的臭氧层已极其稀薄，与周围相比像是形成了一个“洞”，直径达上千千米，“臭氧洞”由此而得名。卫星观测表明，此洞覆盖面积有时比美国的国土面积还要大。到1998年，臭氧洞面积比1997年增大约15％，几乎相当于三个澳大利亚的面积。

人类生产和使用过程中向环境大气排放大量氢氟氯碳化物类(CFCs等)，这类化合物化学稳定性好，在对流层下不易被分解而进入平流层。到达平流层的CFCs受到短波紫外线的照射，分解为氯代自由基(—Cl)，氯代自由基则直接引起臭氧的消耗与分解(图2-7)。

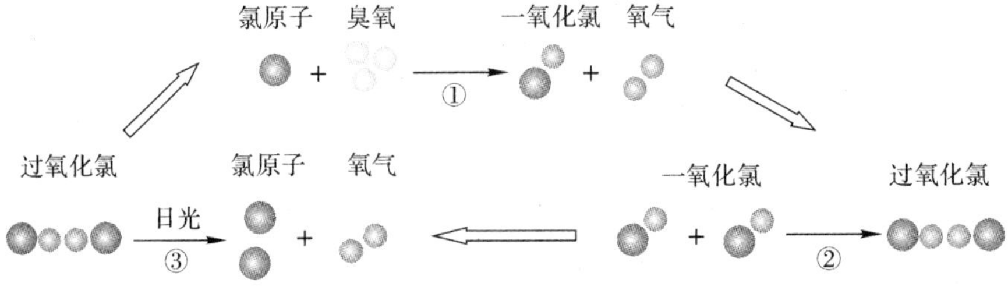

图2-7 臭氧消耗示意图(AOOD)

除了CFCs以外，大气中的水蒸气、碳氢化合物、氮氧化物及卤代烃类也可与经紫外光激发后生成的氧原子反应而造成臭氧消耗与破坏。

（三）臭氧破坏所造成的环境危害

臭氧层的破坏对环境生态和人体健康造成了巨大的影响，主要包括以下方面。

1. 短波紫外线的增加严重危害人类健康

实验证明紫外线会损伤角膜和眼晶体，如引起白内障、眼球晶体变形等。据分析，平流层臭氧减少1%，全球白内障的发病率将增加0.6%～0.8%。紫外线UV-B段的增加能显著地诱发常见皮肤疾病。最新的研究结果显示，若臭氧浓度下降10%，非恶性皮肤瘤的发病率将会增加26%，同时也会增加恶性黑瘤发病率。紫外线照射会减少人体对皮肤癌、传染病及其他抗原体的免疫反应，进而导致对重复的外界刺激丧失免疫反应。研究表明，长期暴露于强紫外线的辐射下，会导致细胞内的DNA改变，人体免疫系统的机能减退，人体抵抗疾病的能力下降。

2. 影响陆生植物生长

研究表明，UV-B对豆类、瓜类、土豆、番茄、甜菜等作物会有明显的生理抑制作用。同时，中短波紫外线可能会改变森林和草地的物种组成，进而影响不同生态系统的生物多样性。

3. 影响水生生态系统

研究证明，南极地区UV-B辐射增加，导致了冰川边缘地区的浮游植物及生物生产力下降了6%～12%，由于浮游生物是海洋食物链的基础，浮游生物种类和数量的减少会影响鱼类和贝类生物的产量，进而影响整个水生生态系统的平衡。同时有研究表明，UV-B辐射对鱼、虾、蟹、两栖动物和其他动物的早期发育阶段都有危害作用。确凿的证据表明，UV-B辐射的增加对水生生态系统是有害的。

4. 影响地球生物化学循环

阳光紫外线的增加会影响陆地和水体的生物地球化学循环。UV-B的增加会影响水中的氮循环，它们不仅抑制硝化细菌的作用，而且可直接光降解硝酸盐类简单无机物。UV-B对海洋中硫循环的影响可能会改变含硫气体的水—气释放。对于陆生生态系统，增加的紫外线会改变植物的生成和分解，进而改变大气中重要气体的吸收和释放。当UV-B光降解地表的落叶层时，这些生物质的降解过程被加速。阳光紫外线促进水中溶解有机质的降解，使得所吸收的紫外辐射被消耗，同时形成可溶解无机碳，也可进一步矿化或者形成可被水中微生物利用的简单有机质等。

5. 影响材料的寿命与安全

紫外辐射增加会加速建筑、喷涂、包装及电线电缆等材料尤其是高分子材料的降解和老化变质。特别是在高温和阳光充足的热带地区，这种破坏作用更为严重。人工聚合物或天然聚合物材料中通常会添加稳定剂，以免受日光破坏。阳光中 UV-B 辐射的增加会加速这些材料的光降解，从而限制它们的使用寿命。

6. 影响对流层大气组成及空气质量

在污染地区如工业和人口稠密的城市，即氮氧化物浓度较高的地区，UV-B 的增加会促进对流层臭氧和其他相关的氧化剂如过氧化氢等的生成，使得一些城市臭氧超标率大大增加。而与这些氧化剂的直接接触会对人体健康、陆生植物和室外材料等产生各种不良影响。其次，紫外线增加会加大对流层中某些微量气体的光解速率，导致大气中重要自由基浓度如—OH 基的增加，进而使整个大气氧化能力增强。再者，对流层反应活性的增加还会导致颗粒物生成的变化。

三、酸雨

（一）酸雨形成机理

广义的酸雨是指酸性沉降，包括“湿沉降”和“干沉降”。湿沉降是指所有气状污染物或粒状污染物，随着雨、雪、雾或雹等降水形态而落到地面，也就是通常所说的酸雨。酸雨是雨、雪等在形成和降落过程中，吸收并溶解了空气中的二氧化硫、氮氧化合物等物质，形成了 pH 低于 5.6 的酸性降水。干沉降则是指在不下雨的日子，从空中降下来的落尘所带的酸性物质。

酸雨的形成是一种复杂的大气化学和大气物理现象。酸雨中含有多种无机酸和有机酸，以硫酸和硝酸为主。工业生产、民用生活燃烧煤炭排放出来的二氧化硫，燃烧石油以及汽车尾气排放出来的氮氧化物，以水汽凝结在硫酸根（SO_4^{2-}）、硝酸根（NO_3^-）等凝结核上，发生液相氧化反应，形成硫酸雨滴和硝酸雨滴（图 2-8）。这些含酸雨滴在下降过程中不断合并吸附、冲刷其他含酸雨滴和含酸气体，形成较大雨滴，最后降落在地面上，形成了酸雨。我国的酸雨以硫酸型酸雨为主。

酸雨的形成主要包括以下四个过程：(1)水蒸气冷凝在含有硫酸盐、硝酸盐等的凝结核上；(2)形成云雾时，SO_2、NO_x、CO_2 等被水滴吸收；(3)气溶胶颗粒物质和水滴在云雾形成过程中互相碰撞、凝聚并与雨滴结合在一起；(4)降水时

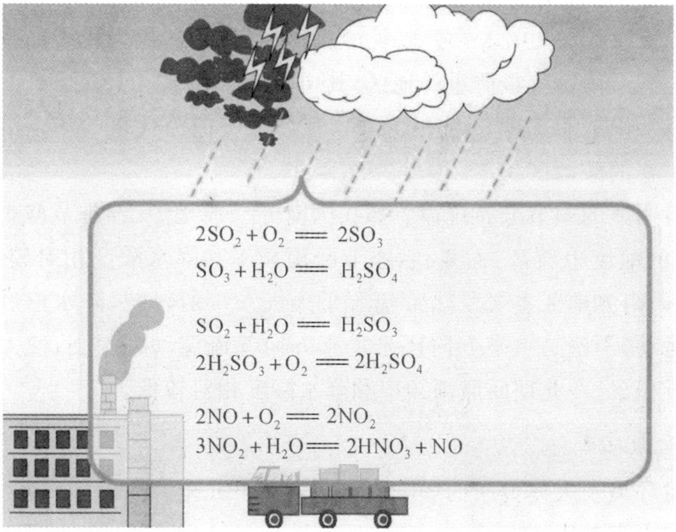

图 2-8　酸雨形成过程示意图(USEPA)

空气中的一次污染物和二次污染物被冲洗进雨中。

酸雨的形成主要受酸性污染物的排放及转换条件、颗粒物酸度及缓冲能力和天气形式等因素影响。

(二)酸雨污染现状

世界最严重的三大酸雨区是西北欧、北美和中国。北欧国家瑞典和挪威酸雨问题比较突出，在 20 世纪 70 年代，降水 pH 值曾低至 4.0～4.5。欧洲 SO_2 排放量分布与 SO_4^{2-} 含量分布趋势十分相似，东自东德工业区和西德鲁尔，西到法国东北部、比利时、荷兰南部，都曾是酸雨非常严重的区域。美国酸雨始于 20 世纪 50 年代初期，由于美国很早就在发电站和大企业采用 200～300m 高烟囱排放 SO_2，令 SO_2 等污染物大量扩散到远离排放口的地区，这使与其相邻的加拿大深受其害。加拿大境内的不少酸雨，都源自美国的污染源。美国和加拿大曾发现 pH 值达 3.2 的酸雨。自 20 世纪 80 年代开始，美国采取了一系列措施控制 SO_2 和 NO_x 排放量，使酸雨问题得以缓解。

20 世纪以来，全世界的酸雨污染范围日益扩大。原只发生在北美和欧洲工业发达国家的酸雨，逐渐向一些发展中国家和地区扩展，如印度、东南亚、中国等。同时酸雨的酸度也在逐渐增加。

我国是个燃煤大国，SO_2 的排放量也不断增长。20 世纪 80 年代，我国酸雨主要还只发生在以重庆、贵阳和柳州为代表的西南地区，酸雨面积约 1.7×

$10^6 km^2$。到 90 年代中期，酸雨已发展到长江以南、青藏高原以东的广大地区，酸雨面积扩大了约 $1\times10^6 km^2$。以长沙、赣州、南昌、怀化为代表的华中酸雨区现已成为全国酸雨污染最严重的地区，其中心区年降水 pH 值低于 4.0，酸雨频率高达 90%。以南京、上海、杭州、福州、青岛和厦门为代表的华东沿海地区也成为我国主要的酸雨区。

酸雨有明显的季节分布规律。如我国南方一般是冬、春季节酸雨出现频率较高，降水的酸度也较高，而夏、秋季节酸雨频率和降水酸度相对较低。在夏、秋季节，我国南方地区主要受热带辐合带天气系统的影响，降水前后伴随有较强的气流运动，不论是水平方向还是垂直方向气流湍动都很强，使大气中各种污染物很难积聚，在此期间酸雨频率和降水酸度相对较低。

(三)酸雨危害

酸雨对环境及人体健康的影响主要包括以下几个方面。

1. 影响人类健康

SO_2 和 NO_2 会引起例如哮喘、干咳、头痛以及眼睛、鼻子、喉咙的过敏。酸雨可使儿童免疫功能下降，慢性咽炎、支气管哮喘发病率增加，同时可使老人眼部、呼吸道患病率增加。

2. 酸雨可导致土壤酸化，改变土壤结构

我国南方土壤本来多呈酸性，再经酸雨冲刷，加速了酸化过程。土壤中含有大量铝的氢氧化物，土壤酸化后，可加速土壤中含铝的原生和次生矿物风化而释放大量铝离子，形成植物可吸收的铝化合物。植物长期和过量地吸收铝，会中毒甚至死亡。酸雨能加速土壤矿物质营养元素的流失，导致土壤贫瘠化。

3. 酸雨影响农作物正常发育

酸雨能诱发植物病虫害，使农作物大幅度减产，特别是小麦，在酸雨影响下，会大幅减产。大豆、蔬菜也容易受酸雨危害，导致蛋白质含量和产量下降。酸雨会将土壤中的金属元素溶解，造成矿物质大量流失，植物因无法获得充足的养分而枯萎、死亡。

4. 酸雨影响森林发育

研究表明，当降水 pH 值小于 3.0 时，可对植物叶片造成直接的损害，使叶片失绿变黄并开始脱落。叶片与酸雨接触的时间越长，受到的损害越严重。野外调查表明，在降水 pH 值小于 4.5 的地区，马尾松林、华山松和冷杉林等出现大量黄叶并脱落，森林成片地衰亡。酸雨还可使森林的病虫害明显增加，如四川重酸雨区的马尾松林的病情指数为无酸雨区的 2.5 倍。酸雨对中国森林的危害主要发生在长江以南的省份。

5. 酸雨影响建筑材料寿命和使用

酸雨能使非金属建筑材料(混凝土、砂浆和灰砂砖)表面硬化水泥溶解,出现空洞和裂缝,导致强度降低,从而损坏建筑物。建筑材料变脏、变黑,影响城市市容质量和城市景观,被人们称为"黑壳效应"。另外,酸雨也造成暴露在外的雕像受到侵蚀,导致文化遗产的损毁。同时,酸雨也会对金属建材产生影响。

第三节 典型大气污染物对环境健康的影响

一、氮氧化物

构成大气污染的氮氧化物,主要是NO、N_2O和NO_2。NO作为一种新型的细胞内信使分子,广泛参与机体心血管、神经和免疫系统的生理和病理调节(Koshland,1992)。它能舒张血管,降低血压,抑制血管平滑肌细胞的增殖和血小板黏附,并作为神经递质,在神经元的信息传递中具有重要作用。高浓度NO可致高铁血红蛋白血症。对于人体,其慢性毒性主要表现为神经衰弱综合征及慢性呼吸道炎症等。

NO不稳定,在空气中很快转变为NO_2,对人体产生刺激作用。NO_2是红棕色气体,不溶于水,具有特征性的甜味。许多职业均可接触到NO_2,包括电焊、电镀、金属清洗、油漆、印染及采矿业等。工人在较长时间(3～24小时)内接触高浓度(>150mg/m^3)的NO_2后,会出现各种呼吸道症状,如咳嗽、发热、气急、恶心和头痛等,甚至出现痰中带血丝、极度虚弱的症状。严重者甚至并发肺水肿、气管炎。另外,NO_2对心、肝、肾脏的造血系统有很大的危害。

N_2O过去主要用于麻醉,在体内无蓄积作用,对呼吸道无刺激,对心、肺、肝、肾等重要脏器功能也没有损害。但对于低血容量、休克或明显的心脏病病人而言,可引起严重的低血压。另外在使用过程中需要保证吸入气体中氧气浓度不应低于20%;麻醉终止后,应吸入纯氧10min,以防止缺氧。

二、二氧化硫

当空气中的二氧化硫浓度超过0.86mg/m^3时,就可能对人体造成健康危害。SO_2被人体吸入呼吸道后,因易溶于水,故大部分被阻滞在上呼吸道黏膜表面，生成亚硫酸、硫酸，对呼吸道黏膜有强烈的刺激作用。SO_2 若随飘尘气溶胶微粒进入人体肺部深层，毒性将增加 3～4 倍，导致肺泡壁纤维增生，形成肺纤维性病变，严重者形成肺气肿。如果人体吸入浓度为 100ppm 的 SO_2，8 小时后支气管和肺部将出现明显的刺激症状，肺部组织受到伤害。对曾经长期接触 SO_2 人员的跟踪研究发现，慢性鼻炎的患病率明显较高，主要表现为鼻黏膜肥厚或萎缩，鼻甲肥大，或嗅觉迟钝。另外，患牙齿酸蚀症的比例明显较高。同时，肝功能检查与正常组比较有显著差异。

SO_2 还可被人体吸收进入血液，对全身产生毒性作用。SO_2 通过破坏酶的活力，影响人体新陈代谢，对肝脏造成一定的损害。对动物的慢性毒性试验显示，SO_2 会使动物出现免疫反应受抑制的现象。SO_2 还具有促癌性。动物试验结果表明，$10mg/m^3$ 的 SO_2 可以加强苯并[a]芘致癌作用，这种联合作用的结果，使癌症发病率高于单致癌因子的发病率。

三、碳氧化物

大气中的碳氧化物主要包括 CO 和 CO_2。低浓度的 CO_2 会引起人体呼吸中枢兴奋，呼吸加剧；高浓度时则会抑制人的呼吸中枢（如伴有缺氧），呼吸过量 CO_2 会使人窒息甚至死亡。

CO 是无色、无嗅、无味气体，对人体会产生严重的健康危害。CO 进入血液循环后，因血红蛋白对 CO 的亲和力远大于对氧气的亲和力（约为氧亲和力的 210 倍），与血红蛋白结合生成碳氧血红蛋白（COHb）而阻断人身体组织的氧气供应，造成人体因缺氧而发生各种症状，这种情况被称为血缺氧。当人体暴露在 CO 浓度小于 667ppm 的空气中，即可导致人体大于 50%的血红蛋白转换为碳氧血红蛋白。碳氧血红蛋白在血液中的形成是一个可逆过程，当暴露中断时，与血红蛋白结合的 CO 就会自动释放。

常见的 CO 中毒症状包括头痛、恶心、呕吐、头晕、虚弱、视网膜出血、心脏和中枢神经系统紊乱等。当血中碳氧血红蛋白含量达 10%～20%时，患者可出现头痛、头晕、失眠、视物模糊、耳鸣、恶心、呕吐、全身乏力、心动过速、短暂昏厥；当血中碳氧血红蛋白在 30%～40%时，患者除上述症状加重外，会出现血压先升高后降低、心率加速、心律失常或昏迷等严重症状。经及时抢救，可较快清醒，一般无并发症和后遗症；当出现高浓度 CO 中毒时，患者迅速进入昏迷状态。初始四肢肌张力增加，或有阵发性强直性痉挛；晚期肌张力显著降低，血压下降，瞳孔散大，最后因呼吸麻痹而死亡。经抢救，存活者可有严重并发症及后遗症。

四、挥发性有机物

挥发性有机物(volatile organic compounds,VOCs)为大气污染的主要成分之一。包括正构烷烃、支链脂肪酸、正构烷醇、脂肪二元酸、芳香多元酸、多环芳烃、异构烷烃、三酮类化合物等几百种化合物。VOCs中许多物质有一定致癌性,对人体健康的影响主要是刺激眼睛和呼吸道,使皮肤过敏,使人产生头痛、咽痛与乏力。当VOCs污染超过一定浓度时,短时间内即会使人感到头痛、恶心、呕吐、四肢乏力等;严重时会抽搐、昏迷、记忆力减退。VOCs甚至会伤害人的肝脏、肾脏、大脑和神经系统。

五、颗粒物

大气颗粒物污染造成的公共健康风险一直受到各国政府和公众的关注。世界卫生组织(WHO)、美国环保局(USEPA)、欧盟(EU)等机构在评价大气污染健康危害时均选择颗粒物作为代表性大气污染物。WHO报告指出,不论是发达国家还是发展中国家,大气颗粒物及其对公众健康影响的证据都是一致的,即目前城市人群所暴露的颗粒物浓度水平会对健康产生有害效应(WHO,2005)。

颗粒物中含多种无机物和有机物,它们在空气中经紫外线辐射,会形成自由基,并引发自由基链式反应,进而生成更多的过氧化物。过氧化物在一定条件下于体内氧化分解,并通过脂质过氧化作用破坏细胞膜和损伤DNA,引起细胞毒性。可吸入颗粒物被吸入体内后,首先与肺泡巨噬细胞、肺上皮细胞作用,刺激释放各种细胞因子,导致肺炎症和肺纤维化,最后可能导致恶变。据在欧洲和美国共40多个城市进行的研究报道,PM10的短期暴露浓度每增加10ppb,死亡率将增加约0.6%。我国学者研究发现,广州市大气中PM10的浓度每增加10ppb,居民呼吸系统疾病日死亡人数将增加1%(李宁等,2010)。对美国50个州的超过55万成年人的健康数据进行研究,发现在控制饮食和污染物联合作用等混杂因素后,PM2.5的年平均浓度每增加10ppb,全病因死亡率、心血管死亡率和肺癌死亡率分别上升4%、6%和8%,且未发现PM2.5健康效应的阈值(Pope,1995)。

六、光化学烟雾

光化学烟雾对人眼睛产生明显的刺激危害作用。日本东京 1970 年发生光化学烟雾时期，导致大面积的红眼病暴发。光化学烟雾中的过氧乙酰硝酸酯(PAN)是一种极强的催泪剂，对人体眼睛有强烈的刺激作用，而光化学烟雾中的过氧苯酰硝酸酯(PBN)，对眼的刺激作用比 PAN 大约强 100 倍。

光化学烟雾能促使哮喘病患者哮喘发作，能引起慢性呼吸系统疾病恶化、呼吸障碍、损害肺部功能等症状，长期吸入会降低人体细胞的新陈代谢，加速人的衰老。光化学烟雾同时会影响植物生长。PAN 使叶子背面呈银灰色或古铜色，影响植物的生长，降低植物对病虫害的抵抗力。光化学烟雾同时具有破坏建筑材料、加速橡胶制品老化和龟裂、腐蚀建筑物和衣物、降低大气的能见度等危害。

第四节　雾霾的形成与危害

一、雾霾

(一)雾霾的定义

雾霾，是雾和霾的组合词。雾是指在水汽充足且大气稳定的情况下，气温接近露点，且相对湿度达到 100%时，空气中的水汽凝结成细微水滴并悬浮于空中，使能见度下降的天气现象。而霾是指空气中的灰尘、硫酸、硝酸等颗粒物组成的气溶胶系统形成的视觉障碍。当空气湿度增大，水汽凝结加剧时，霾就会转化为雾霾。

雾是由大量悬浮在近地面空气中的微小水滴或冰晶组成的气溶胶系统，多出现于秋冬季节，是近地面层空气中水汽凝结的产物。通常将造成目标物的水平能见度在 1000m 以内的天气现象称为雾(fog)，而将造成目标物的水平能见度在 1000～10000m 的雾称为轻雾或霭(mist)。由于液态水或冰晶组成的雾散射的光与波长关系不大，因而雾看起来呈乳白色或灰白色。

霾也能使大气浑浊、视野模糊并导致能见度恶化，通常将造成水平能见度小于 10000m 的因非水成物气溶胶系统造成的视程障碍称为霾(haze)或灰霾(dust-haze)。我国将霾分为：(1)轻度霾：空气相对湿度小于等于 80%，能见度大于 5km 且小于 10km；(2)中度霾：空气相对湿度小于等于 80%，能见度大于 2km 且小于等于 5km；(3)重度霾：空气相对湿度小于等于 80%，且能见度小于等于 2km。

(二)雾霾形成

污染物在长期处于静态的气象条件下积聚，就容易形成雾霾天气。雾霾主要由 SO_2、NO_x 和可吸入颗粒物组成。城市有毒颗粒物主要来源于汽车尾气排放。机动车排放的气态污染物如氮氧化物等，很容易转化为二次颗粒污染物，因而加重雾霾。PM2.5(particulate matter)即为空气动力学当量直径小于等于 2.5μm 的污染物颗粒。这种颗粒本身既是一种污染物，又是重金属、多环芳烃等有毒物质的载体。

雾霾的形成有三个要素。(1)水平方向静风现象的增多：随着城市建设的迅速发展，大楼越建越高，增大了地面摩擦系数，使风流经城区时明显减弱。静风现象增多，不利于大气污染物向城区外围扩展稀释，并容易在城区内积累高浓度污染。(2)垂直方向的逆温现象：污染物在正常气候条件下，从气温高的低空向气温低的高空扩散，逐渐循环排放到大气中。但是逆温现象下，低空的气温反而更低，导致污染物的停留，不能及时排放出去。(3)悬浮颗粒物的增加：近些年来随着工业的发展以及机动车辆的增多，污染物排放和城市悬浮物大量增加，直接导致了能见度降低，加剧了雾霾的形成。

二、雾霾危害

(一)雾霾危害人体健康

雾霾对人的损害从期限来看可分为短期效应和长期效应。短期效应包括咳嗽、咳痰、胸闷、气短等剧烈反应。PM10 等大颗粒物质往往停留在上呼吸道，能通过咳嗽被咳出呼吸道。PM2.5 等小颗粒物质会沉积到肺中，甚至黏附在肺泡表面，无法通过咳嗽或药物物理性输出，因此会导致肺泡弹性降低、功能减弱，甚至诱发肺纤维化，影响呼吸功能，继而导致肺气肿、支气管炎、支气管哮喘等长期效应。

(二)雾霾影响交通运输

中等和重度雾霾天气下，能见度较低，视线差，给驾车、骑车和步行的人们带来安全隐患，加重城市交通的拥堵，特别是影响飞机的起降，造成高速公路的交通事件多发，甚至导致机场和高速路临时关闭，给人们出行带来风险和不便。

(三)雾霾危及农业生产

雾霾会通过影响植物光合作用而影响农业生产,并继而危害粮食供应。同时,雾霾中的一些化学物质也影响植物生长和发育,并通过食物链的富集影响食品安全。甚至有学者提出,雾霾可能会通过影响气候变化,如形成低温冻害而影响农业生产。

(四)雾霾加重病原微生物传播

雾霾会阻挡光线,减弱紫外线辐射,从而有利于流感病毒繁殖,加速流感疫情的发展。

第五节　全球主要大气污染事件及后续发展

一、洛杉矶光化学烟雾

20 世纪 40 年代,在美国加利福尼亚州(简称"加州")洛杉矶首先发现了光化学烟雾现象。在此后的数年间,情况愈发严重,直到 1955 年发生了一场历史上最严重的光化学烟雾污染事件。在那次事件中,短短 2 天内,当地 65 岁以上老人中近 400 人死亡,大量居民出现眼睛红肿、流泪、喉痛、胸痛和呼吸衰竭乃至思维紊乱、肺水肿等症状。

随着石油工业、飞机制造业和军事工业迅速发展,洛杉矶自 1936 年后迅速发展成为美国的第三大城市。工商业的迅速发展带来了剧增的人口和机动车辆。20 世纪 40 年代初,洛杉矶的汽车保有量达 250 万辆,每天大约消耗 1100t 汽油,排出 1000 多吨碳氢化合物、300 多吨氮氧化合物、700 多吨一氧化碳。到 70 年代,洛杉矶的汽车保有量增加到 400 多万辆。由于汽油挥发、燃烧不完全而排放的汽车尾气,造成城市上空石油烃废气、一氧化碳、氧化氮和铅烟的含量大大增加。这些排放物在阳光的作用下,发生光化学反应,生成含有臭氧、氧化氮、乙醛和其他氧化剂的淡蓝色光化学烟雾。

洛杉矶地处太平洋沿岸,西面临海,三面环山,形成一个直径约 50km 的盆地,空气在水平方向流动缓慢。沿着加利福尼亚州海岸向南方和东方流动的是一股大洋流,名叫加利福尼亚寒流。在春季和初夏,来自太平洋上空的比较温暖的空气,经过寒冷水面上空后变冷,由于地面的空气变冷,高空的空气下沉变暖，形成了洛杉矶上空强大的持久性的逆温层，使大气污染物不能上升到越过山脉的高度。

因特定的地形条件，产生的光化学烟雾滞留市区久久不散。特别是在5月份至10月份的夏季和早秋季节的强烈阳光作用下，光化学烟雾程度更甚，给居民健康和生态环境带来了巨大的危害。1955—1970年，洛杉矶曾发出臭氧浓度的一级警报80次，每年平均5次，其中1970年高达9次。1970年，75%以上的市民患上了红眼病。1979年9月17日，空气中臭氧含量已经超过了0.35ppm，几乎达到了“危险点”，被称为“美国的烟雾城”。

雾霾污染源被确定后，美国政府克服了来自利益团体的重重阻力，开始遏制核心污染源。起初，政府规定所有汽车上必须装上20世纪60年代末发明的催化式排气净化器，从技术上解决汽油燃烧不完全的问题，但马上遭到了汽车制造商的激烈抗议，导致这个法令一度中止。政府还敦促石油公司在成品油中减少烯烃的含量；加州的环保机构开发了用甲醇和天然气代替汽油的新技术。这些措施使石油公司受到了威胁，在相关利益团体的抵触下，治理雾霾的措施虽取得一定成果，却十分有限。

同时，政府建立了新的空气质量标准，并加强了立法和执法力度。20世纪60至70年代美国民众掀起了声势浩大的环境保护运动，在民间环保运动的强大压力下，美国政府正式把环境保护作为政府工作的重心之一，并加大了环境立法和执法的力度。1955年，美国制定了第一部联邦大气污染控制法规《空气污染控制法》，此后的1960年、1963年、1965年和1967年又分别出台了《空气污染控制法》《清洁空气法》《机动车空气污染控制法》和《空气质量法》。然而，上述各项立法都未能有效控制美国的空气污染，主要原因是缺少有效的管理体制，联邦政府和州政府在标准和法律的执行等问题上存在较大矛盾。民众的努力和对控制空气污染迫切性的认识最终促成了1970年《清洁空气法》修正案的出台。该法大大加强了联邦政府的权力，在后来的环境保护中发挥了关键作用。它将大气污染物分为基准空气污染物和有害空气污染物两类，第一次界定了空气污染物的组成。国会还授权政府组建了美国环保署来负责监督法案的实施。一系列的法案和规定在美国构成了比较完整的环境保护法律体系，环保工作纳入了法制化轨道。根据《清洁空气法》，环保局需定期审查空气质量监测标准。2006年，美国环保局针对PM2.5标准进行了最新一次修订，制定了更加严格的24小时周期内PM2.5最高浓度、年平均浓度标准等。根据可吸入颗粒物水平，环保局将各地的空气质量分为三类：未达标、达标或虽然数据不足但可被认为达标、数据不足。若某个区域被认定为未达标，所在的地方政府需要在三年内制订执行计划，列出该地如何减少导致可吸入颗粒物聚集的污染物排放措施，以达到并保持环保局规定的空气质量标准。

美国政府还赋予环保机构更大权力，并加强了综合协调治理工作。为加强环境的综合管理，美国建立了区域环境管理机制，对区域内的环境问题进行全盘整合式管理。美国环保局将全美划分为十个大的地理区域，并根据这样的划分建立了十家区域办公室。这十个区域以地理和社会经济区域为蓝本，将不同的州拼接在了一起，进行统一管理。这样，各区域办公室便能针对污染问题充分灵活地与各州合作，尝试许多新办法。相对于僵硬的行政区划，这种跨区域的管理机制更具科学性，而且有助于克服地方保护主义的弊病。政府还赋予环保机构执法手段，环保机构有权进行立法、执法、处罚等，并通过强制执行手段和监控、技术改进等相结合的方式协调开展工作，执法力度大大加强。

由于采用最佳实用技术，即将污染物控制到达标范围内最严格的技术，经过几十年的治理，加州的汽油机动车、柴油机动车的净化能力已经分别提高到99%和98%以上，1987—2007年这20年间PM2.5的排放也显著降低，目前只有中部峡谷地带相对值较高，加州的蓝天数也越来越多，基本消除了光化学烟雾。

二、伦敦烟雾事件

1952年12月4日，伦敦发生了一次世界上最为严重的“烟雾”事件，工厂和住户排出的烟尘和气体大量在低空聚积，整个城市为浓雾所笼罩，陷入一片灰暗之中，能见度突然间变得极差。同时，整座城市弥漫着浓烈的“臭鸡蛋”气味，居民普遍感到呼吸困难。直到12月10日，来自北大西洋上空的气流刮过伦敦，才将烟雾驱散，烟雾持续了一周。大雾期间，有4700多人因呼吸道病而死亡；雾散之后的两个月内又有8000多人死于非命。这就是震惊世界的伦敦烟雾事件。

20世纪50年代以前，伦敦的工业及民用能源主要以煤为主，工业烟囱及居民生活向大气中排放了大量烟雾。烟雾中含有高浓度的SO_2、氮氧化物和颗粒物等污染物。

1952年的烟雾事件发生时，伦敦处于高气压控制下，空气静止不动。同时由于夜间地面辐射强烈，热量大量散失，近地面气温反而低于空中气温，从而在50～150m的低空形成了自下而上由冷到暖的强逆温层。逆温层下的水汽接近饱和，有利于雾的形成。由于逆温层的存在，大气难以进行上下交换，而处于稳定状态。因此，从工厂烟囱和家庭炉灶中排放出来的烟尘、SO_2 等污染物不断积聚，每立方米大气中所含的 SO_2 比平时高出 6 倍，颗粒污染物浓度比平时多 9 倍，加上雾作媒介，就暴发了闻名世界的伦敦烟雾事件。

1956 年，英国颁布了世界上第一部空气污染防治法案《清洁空气法》。法律规定关闭伦敦城内的燃煤火电厂，要求在一批城镇里设立无烟区，区内禁止使用产生烟雾的燃料。同时要求大规模改造城市居民的传统炉灶，减少煤炭用量。1974 年，英国政府出台《空气污染控制法案》，规定了工业燃料里的含硫上限。1993 年 1 月开始，英国政府要求所有在本国出售的新车都必须加装催化器以减少氮氧化物污染。1995 年，英国《环境法》首次要求政府制定国家空气质量战略，规定各个城市都要进行空气质量的评价与回顾，对达不到标准的地区，政府必须划出空气质量管理区域，并强制在规定期限内达标。各种法令、通告的颁布，对控制伦敦的大气污染和保护城市环境发挥了重要作用。

2007 年，英国政府修订了《空气质量战略》，提出 2020 年前将空气中 PM2.5 的年平均浓度控制在 $25\mu g/m^3$ 以下，道路等高污染区域不能超出这一上限。伦敦从 1994 年开始监测 PM10，经过 10 余年的治理，2010 年大伦敦城市区 PM10 年均值达标。伦敦市 1999 年建立了第一个 PM2.5 监测站。2010 年，大伦敦城市区 PM2.5 年均值为 $16\mu g/m^3$，达到欧盟和英国的标准。

英国政府还鼓励使用新技术治理空气污染，如大力采用灰尘抑制剂这类化学手段清洁空气，要求所有出售的新车必须加装催化器，以减少氮氧化物污染。

同时，英国政府大力发展公共交通，号召居民减少私家车出行。有 140 多年历史的伦敦地铁是大多数伦敦人出行的首选，密如蛛网的线路覆盖整个伦敦。除了地铁，还有城市火车、港区轻轨和几百条公交线路。英国在 2003 年用收取交通堵塞费的手段限制私家车进入市区。到 2008 年 2 月，伦敦针对大排量汽车的进城费升至 25 英镑/天。伦敦计划到 2030 年将城市的私车流量减少 9%。

伦敦国王学院于 2010 年 3 月 12 日在多个手机操作系统平台上推出了一款名为“伦敦空气”的手机软件，每小时向用户免费推送伦敦空气质量，该软件数据来源于设于大伦敦地区 100 个观察站的数据。北京时间 2013 年 1 月 13 日 21 时的伦敦空气质量为“低污染”，其中氮氧化物为 1 级，臭氧为 1 级，PM10 为 2 级，PM2.5 为 2 级，硫化物为 1 级。一名用户在评论中写道：“数据的上下起伏都在督促我过更环保的生活。”环保不再是对短时间重度污染的反应，而是一种健康的生活方式。

三、中国中东部雾霾事件

中国中东部严重雾霾事件，是指从2013年12月2日至12月14日的重度雾霾事件。2013年入冬后，我国中东部几乎所有地区都被严重的雾霾天气所笼罩。天津、河北、山东、江苏、安徽、河南、浙江、上海等多地空气质量指数达到六级严重污染。首要污染物PM2.5日平均浓度超过150$\mu g/m^3$，部分地区达到300～500$\mu g/m^3$，其中上海市在12月6日污染达到600$\mu g/m^3$以上，局部至700$\mu g/m^3$以上。重霾污染最为严重的江苏中南部遭遇连续5天严重污染、持续9天重度污染，12月3日11时的PM2.5瞬时浓度达到943$\mu g/m^3$。12月9日，一股西北强冷空气终将笼罩了整个中国中东部地区的雾霾吹散，京津冀及山东等地雾霾天气结束，空气质量转为优或良。天津市、山东省陆续解除了大雾和霾的预警。

与洛杉矶光化烟雾事件和伦敦烟雾事件相似，由于当时我国中东部地区气象条件稳定，影响中国的冷空气势力偏弱，中东部地区风力较小，大气层低空的空气垂直运动受到限制，大气扩散条件非常差，大气中污染物持续累积。当时空气相对湿度较大，大气颗粒物吸水膨胀，导致空气污染持续累积。加上时值冬季，我国北方地区供暖需求猛增，能源大量消耗所排放的污染物剧增，汇集机动车排放尾气，对空气质量造成严重影响。

我国正处于工业化阶段，正经历着发达国家工业化初期所经历的各种大气污染。如何借鉴他国先进经验，最大限度地减轻我国大气污染程度，并治理已发生的各种污染，成为摆在我国政府和居民面前的一个现实问题。

参考文献

[1] Wikipedia. Atmosphere[EB/OL]. http://en.wikipedia.org/wiki/Atmosphere, 2014-02-15.

[2] AOOD. Reactions of qzone depletion[EB/OL]. http://www.esu.edu/, 2014-02-15.

[3] Koshland D E. NO news is a good news[J]. *Science*, 1992(258): 1861-1864.

[4] Huttenbach R. A response to climate change[P/OL]. http://petrolog.typepad.com/climate_change_extra/welcome.html, 2010, 2014-05-16.

[5] Pope C A., Thun, M J, Namboodiri, M M, et al. Particulate air pollution as a predictor of mortality in a prospective study of US adults[J]. *American Journal of Respiratory*

and Critical Care Medicine, 1995(151): 669-674.

[6] The ozone hole[EB/OL]. http://www. theozonehole. com/atmosphere. htm, 2014-05-16.

[7] USEPA. Earth's greenhouse effect[EB/OL]. http://commons. wikimedia. orgwiki-File: Earth's_greenhouse_effect_(US_EPA,_2012). png, 2012, 2014-06-16.

[8] WHO. Air quality guidelines for particulate matter, ozone, nitrogen dioxide and sulfur dioxide-global update, 2005[EB/OL]. Summary of risk assessment. http://www. who. int/phe/health_topics/outdoorair/outdoorair_aqg/en/, 2015-10-19.

[9] USEPA. Air emission sources[EB/OL]. http://www. epa. gov/airemissionsource, 2004, 2014-05-16.

[10] USEPA. Acid rain[EB/OL]. http://www. epa. gov/acid rain/what/index. html, 2014-05-16.

[11] Horwitz R P. Americans' problem with global warming[J]. *American Studies*, 2004(45): 5-37.

[12] 环保部. 中华人民共和国环境空气质量标准[EB/OL]. http://www. zzemc. cn/em_aw/Content/GB3095-2012. pdf, 2012, 2014-05-16.

[13] 李宁,彭晓武,张本延,等. 广州市居民呼吸系统疾病每日死亡人数与大气污染的时间序列分析[J]. 华中科技大学学报:医学版,2010(39): 863—867.

[14] 刘清,招国栋,赵由才. 大气污染防治[M]. 北京:冶金工业出版社,2012.

[15] 马建锋,李英柳. 大气污染控制工程[M]. 北京:中国石化出版社,2013.

[16] 郝吉明,马广大,王书肖. 大气污染控制工程[M]. 北京:高等教育出版社,2009.

第三章　大气污染修复技术

近百年来，二氧化硫等酸性气体导致的酸沉降成为举世关注的区域性环境问题。近几年，SO_2、NO_x 和 VOCs 等气态污染物在大气中形成的二次微粒，不仅影响大气可见度和人体健康，而且导致区域甚至全球的气候变化。控制大气污染物排放已成为世界各国的共同行动(Hinds，2012)。

20 世纪 70 年代末，我国大气环境问题引起关注的 30 多年来，大气污染防治工作经历了从点源治理到集中控制、从城市环境综合整治到区域污染控制的转变(表 3-1)，大气污染治理取得了一定的效果。本章将从火力发电厂及工业锅炉烟气控制、典型有毒有害工业废气净化、居室及公共场所典型空气污染物净化、机动车尾气控制、大气复合污染监测与模拟、清洁生产等六个重点领域系统介绍大气污染防治与修复的关键技术与工程应用。

表 3-1　我国大气污染控制历程(李培等，2011)

	1970—1980	1980—1990	1990—2000	2000 至今
主要污染	工业点源治理	燃煤、工业	燃煤、工业、扬尘	燃煤、工业、机动车、扬尘
主要污染物	烟、尘	SO_2，TSP，PM_{10}	SO_2，NO_x，TSP，PM_{10}	SO_2，PM_{10}，$PM_{2.5}$，NO_x，VOC，NH_3
主要控制措施	改造锅炉、消烟除尘	消烟除尘	消烟除尘，搬迁/关停/综合整治	脱硫除尘、工业污染治理、机动车治理、总量控制
主要大气污染问题	烟，尘	煤烟	煤烟、酸雨、颗粒物	煤烟、酸雨、光化学污染、灰霾/细粒子、有毒有害物质
大气污染尺度	工业行业	局地	局地＋区域	区域＋半球

第一节 电站、工业锅炉烟气排放控制关键技术

我国是世界上少数几个以煤炭为主要能源的国家之一，据统计，我国90% SO_2、67% NO_x、70%烟尘排放量来自于煤炭的燃烧。其中，燃煤电站、燃煤工业锅炉、燃煤炉窑等烟气排放污染问题最为突出。因此，控制排放的关键是控制与能源活动有关的排放，特别是电站和工业锅炉、燃煤炉窑等烟气排放(刘清等，2012；马建峰和李英抑，2013)。

以控制能源利用过程中 SO_2 的排放为例，方法根据燃料利用的环节可分为采用低硫燃料和清洁能源替代、燃烧前燃料脱硫、燃烧过程及末端尾气脱硫。燃烧前燃料脱硫主要有煤炭的固态加工、气化和液化转化，以及重油脱硫工艺；燃烧脱硫脱硝目前以流化床燃烧技术为主，这些在大气污染控制相关书籍中都有介绍。煤炭和石油燃烧排放的烟气由于流量大而 SO_2 浓度较低，脱硫成本通常十分高昂。因而烟气脱硫技术是近些年研究开发的重点，本节针对性介绍典型烟气脱硫技术的进展。

一、脱硫技术

烟气脱硫方法可分为抛弃法和再生法两类。抛弃法，顾名思义指脱硫过程中产生的固体产物被废弃，需不断加入新鲜的化学吸收剂；再生法，指与 SO_2 反应后的吸收剂可连续在一个闭环系统中再生使用。后者一般需要在脱硫前配套除尘系统，因为飞灰的存在会影响回收的效率。

烟气脱硫按脱硫剂的形态分为湿法和干法。湿法系统指利用碱性吸收液等吸收烟气中的 SO_2；干法系统指利用固体吸收剂和催化剂在不降低烟气温度和不增加湿度的条件下去除烟气中的 SO_2。喷雾干燥法采用雾化的脱硫剂浆液进行脱硫，因为在脱硫过程中雾滴被蒸发干燥，且最后的脱硫产物也呈干态，因而称为湿干法或半干法(郝吉明等，2009)。

(一)湿法烟气脱硫技术

石灰—石膏湿法烟气脱硫技术是目前世界上燃煤电站锅炉烟气处理最成熟、实用业绩最多的一种烟气脱硫工艺。其主要原理在于采用石灰石(或石灰)作为脱硫吸收剂，在吸收塔内，通过与吸收剂浆液的充分接触混合，使烟气中的 SO_2 与浆液中的碳酸钙(或氢氧化钙)以及鼓入空气中的氧进行化学反应从而

被脱除;脱硫最终副产物为二水硫酸钙,即石膏,经脱水装置脱水后可抛弃,也可以石膏形式回收(Srivastava,2000)。整个工艺流程如图 3-1 所示。

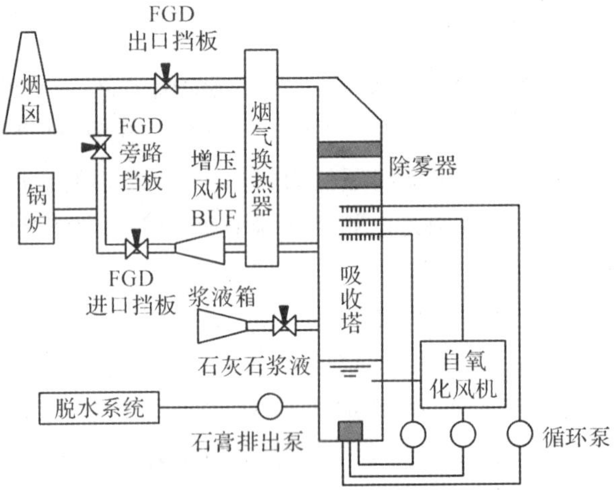

图 3-1　典型石灰石—石膏湿法脱硫技术工艺流程图(科技部和环保部,2014)

该脱硫方法最早于 1909 年由美国科学家 Eschellman 提出,20 世纪 70 年代中后期开始逐步在美国、德国、日本等发达国家和地区得到规模化推广应用(Copper & Alley,1990)。我国在 20 世纪 90 年代中后期开始引进该项技术。随后,在国家科技部、环保部等有关部门的政策、项目和资金的大力支持下,通过自主研发和引进—消化吸收—再创新,在脱硫效率、吸收剂品质适应性、煤质和硫份适应性等多方面取得突破,使燃煤电站锅炉石灰石—石膏湿法烟气脱硫技术及其标准化、产业化取得了重大进展,为我国电力行业"十一五"SO_2 减排任务的提前完成以及"十二五"SO_2 减排约束性指标的实现提供了强有力的技术支撑。

(二)循环流化床干法/半干法烟气脱硫除尘多污染协同净化技术

循环流化床(circulating fluidized bed,CFB)烟气脱硫技术是 20 世纪 80 年代末提出的一种半干法烟气脱硫工艺。通过自主开发或引进消化再创新,我国形成了具有自主知识产权的循环流化床干法/半干法烟气脱硫除尘及多污染物协同净化技术,并已实现了规模化、产业化应用。该技术以循环流化床原理为基础,通过物料的循环利用,吸收剂、吸附剂、循环灰在反应塔内形成浓相的流态,并向反应塔中喷入水,使烟气中多种污染物在反应塔内发生化学反应或物理吸附;经处理后的烟气进入下游的除尘器,进一步净化。此时烟气中的 SO_2 和几乎全部的 SO_3、HCl、HF 等酸性成分被吸收而除去,生成 $CaSO_3 \cdot 1/2H_2O$、$CaSO_4 \cdot 1/2H_2O$ 等副产物(Srivastava,2000)。技术流程如图 3-2 所示。

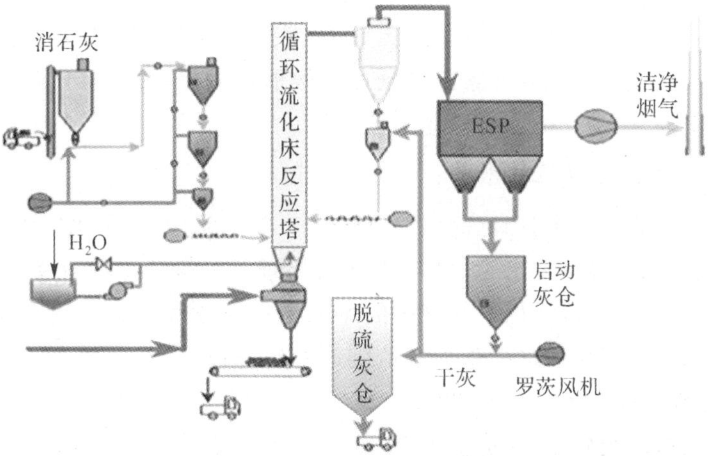

图 3-2　循环流化床干法/半干法烟气脱硫工艺流程图(www.yjhaotian.com)

该技术的脱硫效率一般大于 90%,最高可达 98%以上;SO_2 排放浓度一般小于 100mg/m^3,可达 50mg/m^3 以下。技术成熟稳定、相对占地面积较小、投资及运行费用低,适用于燃煤电站锅炉烟气脱硫除尘及多污染物协同控制。

【典型案例】2×660MW 超临界机组循环流化床干法烟气脱硫除尘工程(中国科技部和环保部,2014)

该项目是目前世界上装机容量最大的烟气循环流化床干法烟气脱硫除尘一体化系统,也是我国"十一五"国家高技术研究发展计划("863"计划)项目课题"600MW 燃煤电站半干法脱硫除尘一体化技术与装备"的依托工程。

锅炉空气预热器出来的烟气温度一般为 120～180℃,从底部进入脱硫塔,与加入的吸收剂、循环脱硫灰充分预混合,进行初步的脱硫反应以及 HCl、HF 的吸收反应。随后,烟气通过脱硫塔底部的文丘里管的加速,进入循环流化床体;由于气流的作用,烟气与循环流化床内的物料产生激烈的湍动与混合,充分接触,在上升的过程中,不断形成絮状物向下返回,而絮状物在激烈湍动中又不断解体重新被气流提升,形成类似循环流化床锅炉所特有的内循环颗粒流,使得气固间的滑落速度高达单颗粒滑落速度的数十倍。这种循环流化床内气固两相流机制,极大地强化了气固间的传质与传热,为实现高脱硫率提供了根本的保证。

脱硫后的烟气从脱硫塔顶部侧向排出,转向进入脱硫除尘器捕集固体颗粒。脱硫灰通过除尘器下的再循环系统,返回脱硫塔,其中未完全反应的 $Ca(OH)_2$ 继续参加反应,如此循环。同时,利用流化床高比表面积的颗粒层,可以在吸收塔中添加吸附剂和脱硝剂，达到同步脱除二噁英（PCDD/Fs）和 NO_x 等多污染物的功能。另外，SO_2 与 $Ca(OH)_2$ 发生反应时，其空隙结构表面会产生吸附活性区域。气态汞元素扩散到此会被催化氧化，形成汞化合物，附着于 $Ca(OH)_2$ 和飞灰颗粒表面，在除尘器被脱除。

（三）氨法烟气脱硫技术

氨法烟气脱硫技术具有脱硫效率高、无二次污染、可资源化回收 SO_2 等特点，具有满足循环经济要求等优势。其主要原理是以氨基物质如液氨、氨水、尿素等作吸收剂，在吸收塔内与烟气中的 SO_2 进行化学反应而去除 SO_2；吸收产物被鼓入的空气氧化后最终生成脱硫副产物硫酸铵，经干燥后，可得水分少于1%的商品硫酸铵（Srivastava，2000）。

国际上氨法脱硫于 20 世纪 70 年代首次应用，在我国氨法烟气脱硫的发展较迟。近年来，随着合成氨工业的不断发展以及氨法脱硫工艺自身的不断改进和完善，我国在氨逃逸控制、高硫煤的脱硫效率、氨的回收利用率等多方面取得了较快的发展和突破。这项技术的脱硫效率一般为 95%～99.5%，能保证出口 SO_2 浓度在 50mg/Nm^3 以下，单位投资为 150～200 元/kW，运行成本一般低于 1 分/kWh。氨法脱硫技术成熟稳定，投资及运行费用适中，装置设备占地面积小；可用于 0.3%～8%甚至更高的燃煤硫分，适应性强，应用于中、高硫煤时经济性更加突出。煤的含硫量越高，副产品硫酸铵产量越大，脱除单位 SO_2 的运行费用越低。

【典型案例】2×135MW 机组烟气脱硫改扩建工程（中国科技部和环保部，2014）

该项目有两台 135MW 发电机组，燃用百色地区混煤，烟气中 SO_2 含量设计值达 7684mg/Nm^3。工程采用塔顶烟气直排、塔内饱和结晶工艺，外购液氨为吸收剂，产品为硫酸铵化肥。反应式如下所示。

第一步：吸收过程以水溶液中的 SO_2 和 NH_3 的反应为基础：

$$SO_2 + H_2O + xNH_3 \longrightarrow (NH_4)_x H_2 - xSO_3 \quad ①$$

利用氨将废气中的 SO_2 脱除，得到亚硫酸铵中间产品。

第二步：采用空气对亚硫铵直接强制氧化：

$$(NH_4)_x H_2 - xSO_3 + 1/2O_2 + (2-x)NH_3 \longrightarrow (NH_4)_2SO_4 \quad ②$$

此过程是将吸收反应的中间产物——不稳定的亚硫酸铵氧化成稳定的硫酸铵，以制得农用的硫酸铵化肥。根据 168 小时试运测试报告，系统出口烟气指标满足 GB13223—2003 标准的要求，脱硫效率达到 96.2%以上。副产硫铵质量完全达到了 GB535—1995 合格品标准，部分达到 GB535—1995 一级品标准。氨法技术的脱硫原料来自氨肥行业，主要副产品同样是氨肥。整个工程不影响市场的氨肥供应，还增加了硫元素的供应。

(四)海水脱硫技术

海水脱硫方法最早于20世纪60年代应用于挪威，此后陆续推广到全世界。我国拥有较长的海岸线，沿海火电厂数量可观，而沿海地区经济发达，人口稠密，环境保护要求严格，大多数地区列在酸雨控制区和SO_2控制区内，同时淡水资源严重不足，这给适宜在海滨电厂应用的海水脱硫工艺提供了良好的发展空间与机遇。

海水烟气脱硫技术的主要原理在于采用海水作为脱硫吸收剂。在吸收塔内，烟气中的SO_2等酸性气体、烟尘等被海水洗涤，与海水中的碱性物质发生中和反应，从而被脱除(图3-3)。

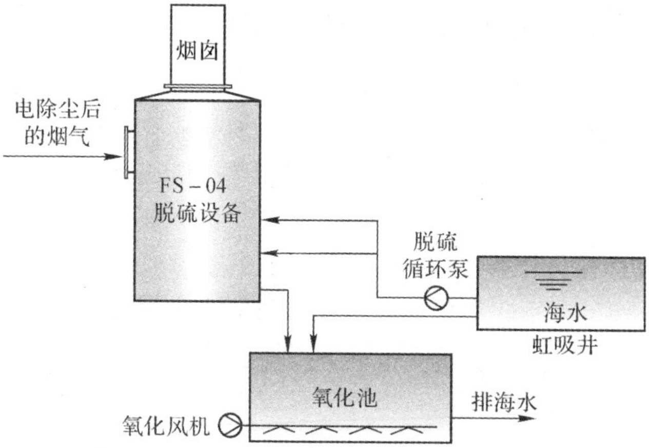

图3-3 海水脱硫系统工艺流程图(Google)

海滨电厂用于机组冷却的海水是一种天然碱资源，将其用于烟气脱硫取代对石灰石的消耗，既保护环境、减少资源浪费，又降低了能耗。该技术的脱硫效率可高达98%以上；SO_2排放浓度一般小于100mg/m^3，可达50mg/m^{3}以下；海水排放pH大于6.8；溶解氧(DO)大于4mg/L。技术稳定、可靠，尤其适合于沿海燃中、低硫含量煤的火电机组。“十一五”期间，在系列国家政策和资金的支持下，我国研制出了具有自主知识产权的海水脱硫技术，实现了核心设备国产化和成套装备的产业化应用，并进入了斯里兰卡、菲律宾、柬埔寨等海外市场。目前，国内海水脱硫工程已投运总机组容量超过了21404MW；其中，“1036MW机组海水烟气脱硫工程”是当前世界单台机组容量最大的海水烟气脱硫工程

(科技部,2014)。

二、脱硝技术

氮氧化物种类很多,造成大气污染的主要是一氧化氮和二氧化氮。NO 毒性不太大,但在大气中可被缓慢氧化为 NO_2,后者的毒性约为前者的 5 倍;当 NO_2 参与大气中的光化学反应生成光化学烟雾后,其毒性更强。控制 NO_x 排放的技术措施可分为两大类:一是源头控制,即通过各种技术手段,控制燃烧过程中 NO_x 的生成;二是对尾气进行处理,把燃烧过程中生成的 NO_x 从尾气中去除。各种低燃烧技术是降低燃煤锅炉 NO_x 排放值,最主要也是较经济的技术,但一般只降低 50%左右,故还应考虑燃烧后的烟气脱硝处理技术,包括使用催化剂来促进还原反应的选择性催化还原法、选择性非催化还原法、吸收法、电子束照射法和同时脱硫脱硝法等(郝吉明等,2009)。

(一)催化还原法(SCR)脱硝技术

催化还原脱硝技术是目前世界上最成熟、实用业绩最多的一种燃煤电站锅炉烟气脱硝工艺。该技术采用稀释后的 NH_3 作为还原剂,将其与烟气均匀混合后通过布置有催化剂的 SCR 反应器。烟气中的 NO_x 与 NH_3 在催化剂的作用下发生选择性催化还原反应,生成无污染的 N_2 和 H_2O(De Nevers,2000)。工艺流程如图 3-4 所示。催化剂的活性材料通常由贵金属、碱金属氧化物和(或)沸石等组成。

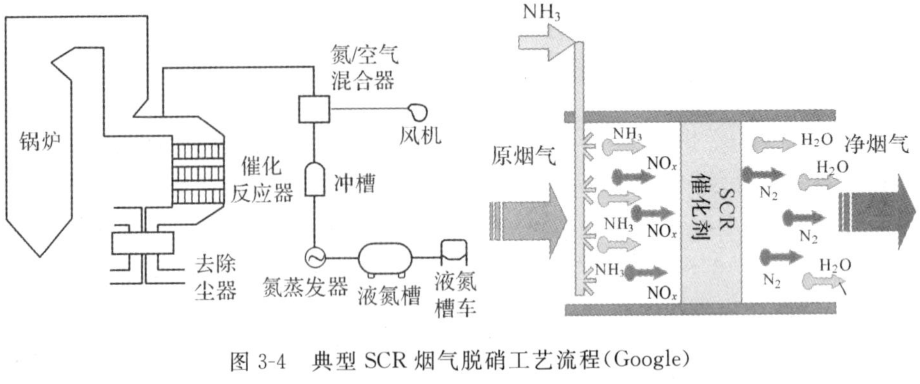

图 3-4 典型 SCR 烟气脱硝工艺流程(Google)

SCR 系统对 NO_x 的转化率为 60%~90%,其工艺的核心技术是 SCR 催化剂,对投资和运行成本有直接影响。催化剂失活和烟气中残留的氨是与 SCR 工艺操作相关的两个关键因素。降低烟气的含尘量可有效延长催化剂的寿命。

由于硫酸根的存在，所有未反应的 NH_3 都将转化为硫酸盐。但随着系统运行时间的增加，催化剂活性逐渐降低，烟气中残留的氨或者“氨泄露”也将增加。SCR 催化剂的常规应用形态可分为板式、蜂窝式和波纹板式，其中蜂窝式催化剂是将二氧化钛、活性组分以及添加剂按照一定配比混合，经捏合后通过挤压整体成型，再经干燥—热处理—切割，最后组装成标准规格的催化剂模块。蜂窝式催化剂具有模块化、表面积大、催化体积小、长度易于控制、活性高、回收利用率高等优点，低尘布置和高尘布置均可应用，目前在世界 SCR 催化剂市场占 60%以上，其 NO_x 脱除率可达 80%～90%。

【典型案例】2×330MW 机组烟气脱硝工程(科技部和环保部，2014)

该项目采用选择性催化还原烟气脱硝技术，主要工艺原理如下：烟气经过省煤器后进入脱硝装置，与还原剂氨气混合均匀后进入脱硝催化剂层；在催化剂层中，氨气与氮氧化物发生氧化还原反应，生成氮气和水蒸气；脱硝后的烟气经除尘器和脱硫装置后由烟囱排入大气。工程采用了先进的脱硝入口烟道输灰系统，有效防止烟道积灰；同时，采用大空间薄壁结构设计方法，利用反应器壁板的承载力优化设计，比常规采用框架设计反应器在用钢量上节省 10%～15%；采用专利技术“涡流式混合器”，使氨与烟气在进入脱硝反应器本体之前充分均匀混合，以便催化剂均匀发挥效用，保证出口氮氧化物和氨逃逸在精确的可控范围内。项目系统出口烟气指标满足《火电厂大气污染物排放标准》(GB13223—2011)的要求，脱硝效率达到 80%以上。

(二)非催化还原法(SNCR)脱硝技术

SNCR 也是一种发展成熟的 NO_x 控制技术。1974 年在日本首次投入商业应用，90 年代以来在美国也得到迅速的推广应用。到目前为止，全世界大约超过 300 套 SNCR 装置应用于电站锅炉、工业锅炉、市政垃圾焚烧炉和其他燃烧装置。由于 SNCR 成本较低，改造方便，适宜协同应用其他的低 NO_x 技术，因此特别适宜发展中国家使用，近年在捷克、韩国等国家和地区都有发展应用。

SNCR 主要原理是在没有催化剂作用下，向 870～1150℃ 高温烟气中喷射氨或尿素等还原剂，还原剂与烟气中 NO_x 反应生成 N_2(De Nevers，2000)。当用尿素作还原剂时，其反应可表示为：

$$NH_2CONH_2 \longrightarrow 2NH_3 + HNCO$$

$$4NO + 4NH_3 + O_2 \longrightarrow 4N_2 + 6H_2O$$

$$2NO_2 + 4NH_3 + O_2 \longrightarrow 3N_2 + 6H_2O$$

$$2NO + 2HNCO + 1/2O_2 \longrightarrow 2N_2 + 2CO_2 + H_2O$$

同 SCR 工艺类似，SNCR 法的 NO_x 脱除效率主要取决于反应温度、NH_3 与 NO_x 的化学计量比、混合程度，反应时间等。其中温度控制至关重要，若温度过低，NH_3 的反应不完全，容易造成 NH_3 逃逸；而温度过高，NH_3 则容易被氧化为 NO，抵消了 NH_3 的脱硝效果。温度过高或过低都会导致还原剂损失和 NO_x 脱除率下降(郝吉明等，2009)。

SNCR 技术属于燃烧后控制技术之一，由于其设备简单，造价相对低廉，不存在反应器堵塞等问题，在 CFB 锅炉中正逐步得到应用。该技术的脱硝效率可达 75%以上；NO_x 排放浓度一般小于 100mg/m^3。相对 SCR 脱硝而言，SNCR 技术的占地面积较小，投资及运行费用较低，适用于燃煤电站循环流化床锅炉烟气脱硝。

(三)硝汞协同控制技术

我国政府高度重视 NO_x 和 Hg 的控制工作，2011 年 3 月，十一届全国人大四次会议表决通过了《国民经济和社会发展"十二五"规划纲要》，明确提出"十二五"氮氧化物减排 10%的约束性指标，2011 年 2 月通过的《重金属污染综合防治"十二五"规划》明确要求 2015 年 Hg 排放比 2007 年削减 15%，2011 年 7 月国家环保部发布的《火电厂大气污染排放标准》(GB13223—2011)中，NO_x 排放限值从 450mg/m^3 降至 100mg/m^3，并首次将 Hg 及其化合物纳入燃煤电站大气污染物排放限值指标中，其排放限值为 0.03mg/m^3。

为达到日益严格的 NO_x 和 Hg 排放控制指标，可采用硝汞协同控制技术，即将硝汞协同控制催化剂布置在省煤器与空气预热器之间的脱硝反应器中，使还原剂与烟气中的氮氧化物在催化剂的作用下发生反应，生成氮气和水蒸气，达到脱除氮氧化物的目的；同时将烟气中的零价汞氧化成二价汞，以利于后续污染物控制设备对二价汞的脱除，达到脱除汞的目的。

同样，硝汞协同控制工艺的核心技术是硝汞协同控制催化剂，对投资和运行成本有直接影响。在国家系列科研计划的资助下，我国在汞形态转化规律、自主知识产权的新材料配方、国产化煤质适应性、原料适应性、生产工艺和工程应用等多方面取得突破，使硝汞协同控制催化剂技术产业化取得了重大进展，为我国电力行业"十二五"NO_x 和 Hg 减排约束性指标的实现提供了强有力的技术支撑。该催化剂技术的脱硝效率一般可达 80%～90%，氨逃逸率小于 3ppm，汞氧化率可达 50%以上，加上后续污染物控制设备对汞的脱除，总汞脱除率达到 85%以上。

(四)脱硫脱硝一体化技术

自 20 世纪 70 年代开始，发达国家在多年烟气 SO_2 排放控制技术研究的基础上，开始工业烟气同时脱除的研究。随着 NO_x 控制标准的不断严格，各国对同时脱硫脱硝技术日益重视。烟气同时脱硫脱硝技术主要有三类：(1)烟气脱硫和烟气脱硝的组合技术；(2)利用吸附剂同时脱除硫、氮氧化物；(3)对现有的烟气脱硫系统(FGD)进行增加脱氮功能改造(郝吉明等，2009)。下面介绍几种主要的脱硫脱硝一体化工艺及其原理。

电子束氨法烟气脱硫脱硝技术(简称"EA-FGD 技术")是利用能量为0.8～1MeV的电子束辐照，将烟气中的 SO_2 和 NO_x 转化成硫酸铵和硝酸铵的一种脱硫脱硝新工艺。其工艺流程包括排烟预除尘、烟气冷却、氨的充入、电子束照射和副产品捕集等。锅炉所排出的烟气，经过除尘器的粗滤处理之后进入冷却塔，通过冷却塔后的烟气流进反应器，在反应器进口处将一定的氨水、压缩空气和软水混合喷入，加入氨的量取决于 SO_x 浓度和 NO_x 浓度，经过电子束照射后，SO_x 和 NO_x 在自由基作用下生成中间生成物硫酸和硝酸，然后与共存的氨进行中和反应，生成粉状微粒(硫酸铵 $(NH_4)_2SO_4$ 与硝酸铵 NH_4NO_3 的混合粉体)。电子束辐射法具有过程为干法处理、不产生废水废渣、脱硫脱硝效率高、不产生二次污染、处理量大、副产物可用作肥料等特点，而且系统简单，操作方便，过程易于控制，被认为是一种最有应用前景的低成本烟气处理工艺而备受关注(郝吉明等，2009)。

湿法同时脱硫脱硝技术包括氯酸氧化法、黄磷氧化法、络合物法、过氧化氢法、有机溶剂吸收法及尿素法等。其中尿素法原理是由尿素、添加剂或尿素、碱、添加剂组成的复合吸收剂，在吸收塔中与烟气接触反应，使烟气中的 SO_2、NO_x 等污染物同时净化。脱硫生成硫酸(钙、镁、钠)盐，脱硝生成无害的氮气，含硫酸盐的吸收尾液经预处理后进入污水处理系统，处理至达标排放；吸收尾液含硫酸铵，可进行蒸发、浓缩、结晶，回收资源(图 3-5)。针对工业锅炉烟气污染控制，尿素、碱、添加剂湿法烟气同时脱硫脱硝等技术实用性强，可实现一体化烟气同时脱硫脱硝，具有经济、节能及稳定等特点，与烟气脱硝＋湿法脱硫两段组合工艺比较，可以节约脱硝投资成本及运行能耗，治理工程 SO_2 净化效率达到 95％以上，NO_x 净化效率达到 50％以上(科技部和环保部，2014)。

干法烟气脱硫脱硝一体化技术包括四个方面：固相吸收/再生法，气/固催化同时脱硫脱硝技术，吸收剂喷射法，以及高能电子活化氧化法。其中如上海三卿环保科技有限公司承担的"14.5MW 烟气脱硫脱硝一体化工程"，采用臭氧氧化脱硝技术与镁法脱硫技术耦合的一体化结构，突破了传统工业锅炉脱硫脱硝设备存在的技术瓶颈，达到脱除率高、运行稳定、投资少、运行成本低、适用性强、废液废渣资源化、无二次污染等目标(科技部和环保部，2014)。该项目填补

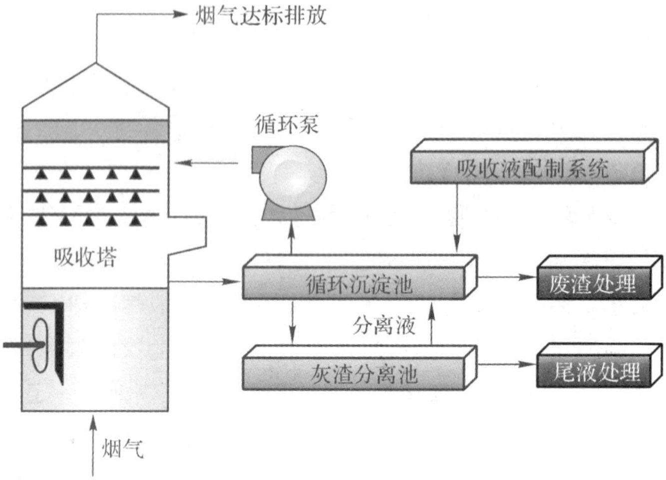

图 3-5 脱硫脱硝一体化工艺流程图(Google)

了我国脱硫脱硝一体化工程应用的空白，脱硫效率一般大于 90%、脱硝效率达 86%以上。项目产品化会较大幅度减少我国工业锅炉中烟气的污染物排放量，对减少我国大气中酸雨及雾霾做出贡献。

脱硫脱硝一体化工艺已经成为各国控制烟气污染的研发热点，大多数脱硫脱硝一体化工艺仅停留在研究阶段，尽管已经有少量示范工程应用，但其较高的运行费用制约了其大规模推广应用。开发适合我国国情、投资少、运行费用低、效率高、副产品资源化的脱硫脱硝一体化技术成为未来发展的重点。

三、除尘技术

除尘技术，顾名思义指从含尘气体中去除颗粒物以减少其向大气排放的技术措施。含尘工业废气，或产生于固体物质的粉碎、筛分、输送、爆破等机械过程，或产生于燃烧、高温熔融和化学反应等过程。前者含有粒度大、化学成分与原固体物质相同的粉尘，后者含有粒度小、化学性质与生成它的物质有别的烟尘。随着国家节能降耗要求的不断推进及环保排放新标准的出台，对火电厂的除尘效率要求不断提高。根据国内电力行业的发展趋势，预计未来十年，我国电力系统每年需求电除尘器 40 万 t，再加上老电除尘器改造约 15 万 t，则对电除尘器的年平均需求量约为 55 万 t，年产值为 40 亿元左右，而且随着环保要求的不断提高，该市场需求量预计每年将有不低于 10%的递增量。

按捕集机理可分为机械除尘器、电除尘器、过滤除尘器和洗涤除尘器等。

机械除尘器依靠机械力将尘粒从气流中除去，其结构简单，设备费和运行费均较低，但除尘效率不高。电除尘器利用静电力实现尘粒与气流分离，特点是气流阻力小，除尘效率可达99%以上，但投资较高。占地面积较大。过滤除尘器使含尘气流通过滤料将尘粒分离捕集，分内部过滤和表面过滤两种方式，除尘效率一般为90%～99%，但不适用于温度高的含尘气体。洗涤除尘器用液体洗涤含尘气体，使尘粒与液滴或液膜碰撞而被俘获，除尘效率为80%～95%，运转费用较高（郝吉明等，2009）。为提高对微粒的捕集效率，正在研制荷电袋式过滤器、荷电液滴洗涤器等综合几种除尘机制的新型除尘器。目前使用较多的是静电除尘器和布袋除尘器。

（一）静电除尘技术

静电除尘技术一般分为燃煤电厂的湿式静电除尘和移动极板静电除尘技术两大类。前者指采用喷水或溢流水等方式使集尘极表面形成一层水膜，将沉积在极板上的粉尘冲走的电除尘器，主要用于解决湿法脱硫后烟气中酸雾、微细颗粒物、重金属汞等污染物的治理，实现烟气超低排放。后者主要由固定电极和移动电极组成，其工作原理与传统电除尘器一样，仍然是依靠静电力来收集粉尘：来自高压直流电源的高电压施加到电晕线上，使之产生电晕放电，流经电场的烟气中的粉尘荷电后，在电场力作用下，被收集到极板上。当极板旋转到电场下端的灰斗时，清灰刷在远离气流的位置把板面的粉尘刷除（De Nevers，2000）。

早在1907年，全世界第一台湿式电除尘器就已应用于去除硫酸酸雾。然而，直到20世纪80年代中后期，随着各国对大气污染物排放标准的不断提高，湿式电除尘器才逐步在发达国家和地区得到规模化推广应用。我国在近期，特别是“十二五”以来，自主开发了湿式静电除尘技术，并在设备防腐、灰水分离、阴阳极材料、污染物控制种类等多方面取得突破（科技部和环保部，2014）。

湿式静电除尘技术具备多污染物协同集成控制效果：单电场除尘效率一般大于70%，可达90%以上；PM2.5捕集效率一般大于60%，可达90%以上；颗粒物排放浓度可小于$10mg/m^3$；SO_3与低浓度SO_2去除率分别达80%和50%以上。湿式静电除尘技术相对占地面积小，适用于燃煤电站锅炉烟气脱硫后烟尘、石膏雾滴等的深度控制。以300MW机组为例，一次性设备投资约2000万元。

移动电极式电除尘器是近年来国内外研究的热点，与常规电除尘器相比，不但结构紧凑，而且还能够降低电能损耗。移动电极式电除尘技术是2000年欧盟委员会推荐的烧结机除尘的最佳可行技术（BAT）之一，是中国环保产业协会确定的“十二五”期间重点开发和推广的电除尘新技术之一，并已被列入《国家鼓励发展的重大环保技术装备目录（2011 年版）》。

动极板静电除尘的转动极板一般设在电除尘器末级电场，极板平行烟气布置。如图 3-6 所示的“330MW 机组旋转电极式电除尘工程”设计中，首先利用前级固定电极电场除去大部分粉尘，再利用后级旋转电极电场收集剩余微细粉尘。由于能保持后级电场阳极板的永久清洁，因此可避免反电晕效应，最大限度地减少二次扬尘，有效解决了常规电除尘器难以解决的高比电阻反电晕和微细粉尘二次扬尘等技术难题。除尘效率可达 99.9%；出口排放浓度小于 30mg/m^3；本体漏风率小于 2%。

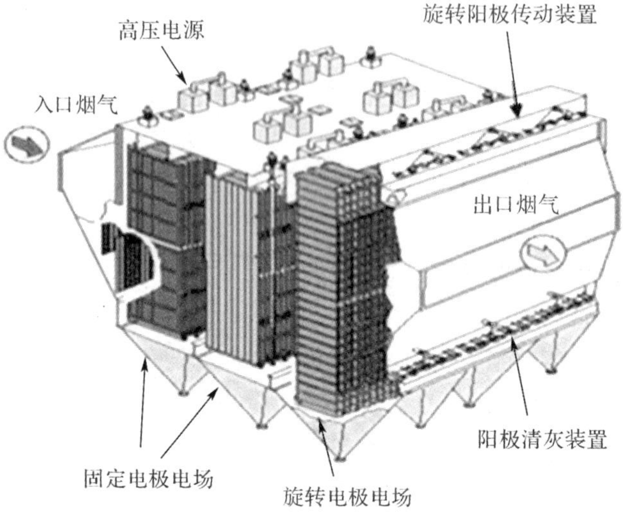

图 3-6　330MW 机组旋转电极式电除尘工艺流程图(Google)

（二）高效低低温电除尘技术

高效低低温电除尘技术原理是通过换热器进行热交换，使进入电除尘器的运行温度由通常的低温状态（130～170℃）下降到低低温状态（90℃左右）。烟温降低使烟尘比电阻降低至 10～10Ω·cm 的电除尘器最佳工作范围；同时，烟气的体积流量也得以降低，相应地降低电场烟气通道内的烟气流速。这些因素均可提高电除尘效率。除尘效率可达 99.8%以上；出口烟尘排放浓度不大于 30mg/m^3；烟气余热回收系统的漏风率不大于 0.5%，电除尘器的漏风率不大于 3%。烟温每降 10℃可节省不低于 0.4g/kWh 的发电标煤耗（科技部和环保部，2014）。日本早在 1997 年就率先在大型燃煤火电机组中推广应用低低温电除尘器工艺，现今在日本服役的大型火电机组几乎都采用该低低温烟气处理技术，取得了显著的环境和节能效益。在我国，不少高校和企业开始采用余热利用高效低低温电除尘技术。与换热器与电除尘器是独立分开的低低温电除尘器工艺不同，这种新型电除尘技术把余热利用装置和电除尘器有机复合成一体，在达到高效除尘的同时可节省10％的成本，并可节省10％左右能耗。该技术的研究和应用在国内外鲜有报道，具有广阔的推广前景以及显著的社会、环境和经济效益。

（三）袋式除尘技术

袋式除尘技术是一种干式滤尘技术，适用于捕集细小、干燥、非纤维性粉尘。其工作原理是利用滤袋对含尘气体进行过滤。颗粒大、比重大的粉尘，由于重力的作用沉降下来，落入灰斗。含有较细小粉尘的气体在通过滤料时，粉尘被阻留，使气体得到净化。具有烟气处理能力强、除尘效率高、排放浓度低、稳定可靠、能耗低等特点。

电袋复合除尘是指在一个箱体内安装电场区和滤袋区（电场区和滤袋区可有多种配置形式），将静电和过滤两种除尘技术复合在一起的除尘器。其工艺原理如下：含尘烟气经过气流分布板均匀地进入电除尘部分，在收尘电场的作用下，大部分粉尘荷电，并在电场力作用下向收尘极移动，并在收尘极板上去除带电性和沉积；经过电除尘处理后，含有少量粉尘的烟气少部分通过多孔板进入袋收尘区，大部分烟气向下部，然后由下而上地进入袋除尘区，粉尘被阻留在滤袋表面，经过净化后的烟气经提升阀进入烟道排出。目前，电袋复合除尘器已成为我国燃煤电站除尘的主流技术，可节约能源消耗，减少粉尘特别是细颗粒的排放。粉尘排放小于等于20mg/m^3，除尘效率大于等于99.9％；PM2.5捕集效率大于等于96％。以600MW机组为例，一次性设备投资约3200万元，适用于燃煤电厂锅炉、市政供热锅炉以及钢铁、建材、有色、化工、垃圾焚烧等行业锅炉或窑炉（科技部和环保部，2014）。

（四）除尘技术的合理选择

选择除尘技术时必须全面考虑相关因素，如除尘效率、压力损失、一次投资和维修管理等，其中最重要的是除尘效率。以下是选择除尘器时要特别注意的几个问题（郝吉明等，2009）：

（1）对于运行状况不稳定的系统，要注意烟气处理量变化对除尘效率和压力损失的影响。如旋风除尘器的除尘效率和压力损失，随处理量的增加而增大；而大多数除尘器的效率随处理量的增加而下降。

（2）粉尘的物理性质对除尘器性能有较大影响。黏性大的粉尘容易粘在除尘器表面，不宜采用干法除尘；比电阻过大或过小的粉尘，不宜采用电除尘；纤维性或憎水性粉尘，不宜采用湿法除尘。另外，需要根据粉尘的粒径分布，选择适当的除尘器。

(3)气体的含尘浓度较高时，在除尘器前应设置低阻力的预净化设备，去除较大颗粒。一般来说，电除尘器和喷淋塔等湿式除尘器的理想含尘浓度分别在 $30g/m^3$ 和 $10g/m^3$ 以下，袋式除尘器的理想含尘浓度为 $0.2 \sim 10g/m^3$。

除此之外，烟气温度和其他性质也是选择除尘器时必须考虑的因素。如对于高温高湿的气体，不宜采用袋式除尘器；如烟气中含有 SO_2、NO 等气态污染物，可以考虑湿式除尘器，但需要注意腐蚀问题。

(五)综合抑尘技术

扬尘是城市空气中的主要污染物之一，危及环境和人体健康，已成为城市污染治理的难题。我国研发了包括生物纳膜抑尘技术、云雾抑尘技术及湿式收尘技术等在内的一系列综合抑尘关键技术。

生物纳膜抑尘技术是在粉尘产生的源头加入生物纳膜(一种层间距达到纳米级的双电离层膜，能最大限度地增加水分子的延展性，并具有强电荷吸附性)，吸引和团聚小颗粒粉尘，使其聚合成大颗粒状尘粒，自重增加而沉降。该技术的除尘率最高可达99%以上，平均运行成本为每吨0.05～0.5元。

云雾抑尘技术是通过高压离子雾化和超声波雾化，产生 $1 \sim 100\mu m$ 的超细水雾；水雾颗粒与粉尘颗粒碰撞并凝聚，形成团聚物，团聚物不断变大变重，直至最后自然沉降，达到消除粉尘的目的。所产生的超细干雾颗粒细密(30%～40%粒径在 $2.5\mu m$ 以下)，体积与粉尘颗粒相近，因而充分增加了与粉尘颗粒的接触面积，对大气细微颗粒污染的防治效果明显。喷雾除尘是最有效的除尘方式之一；而云雾抑尘技术配套设备能够连续或间断地自动喷洒云状离子云雾，有效喷射距离远、抗风能力强，形成一道捕捉、团聚粉尘的高效能云雾防尘墙。因雾滴微细，耗水量很低，不影响后续工艺和成品的外观、质量，同时也延长了生产设备的使用寿命。

湿式收尘技术通过压降来吸收附着粉尘的空气，在离心力以及水与粉尘气体混合的双重作用下除尘；独特的叶轮等关键设计可提供更高的除尘效率。湿式收尘技术设备在使用过程中，能够根据粉尘颗粒尺寸来确定所需最小压降及适合的功率，实现高效除尘和低成本的最优化组合。

【典型案例】1000t/h 综合抑尘系统粉尘治理项目(科技部和环保部，2014)

该项目综合运用了纳膜抑尘、干雾抑尘、湿式收尘等抑尘技术。在最主要产尘点安装生物纳膜抑尘技术配套设备，用生物纳膜包裹物料，进行前期抑尘；

在次要产尘点安装云雾抑尘配套设备，释放接近于粉尘粒径的云雾，进行凝结、沉降；在破碎筛分车间配以湿式收尘设备，对密闭巷道等处理场所进行辅助收尘，以保证最佳的粉尘治理效果。该项目所配套的抑尘系统总功率为363kW，比原来的水除尘方案1600kW的总功率低了近77%，极大地降低了运营成本，节能减排效果显著。

四、PM2.5 捕集技术

大型燃煤锅炉的PM2.5预荷电增效捕集装置，采用正、负高压电源对微细粉尘进行分列电荷处理，使相邻两列粉尘带上不同极性电荷，然后通过扰流装置的扰流作用，使不同粒径粉尘产生速度和方向上的差异，增加正、负粒子碰撞机会，形成容易捕集的大颗粒后进入电除尘器顺利捕获。该技术设备压力损失不大于250Pa，粉尘排放浓度小于等于20mg/m^3，PM2.5分级效率大于等于97%，被认为是目前燃煤电站实现PM2.5低排放最为有效的技术之一（科技部和环保部，2014）。该技术工况适用范围广，设备投资和维护成本低，非常适合现有电厂的提效改造。无论是水平还是垂直烟道都可以安装与使用该技术装置，只是烟道直管段长度需大于5m。

五、CO_2 捕集技术

燃煤电厂燃烧CO_2捕集技术路线主要可分为：燃烧前脱碳（pre-combustion）、富氧燃烧技术（oxyfuel）以及化学链燃烧技术（chemical-looping combustion, CLC）。以低温甲醇洗涤为代表的物理吸收比较适用于燃煤电厂燃烧前脱碳系统，以乙醇胺（MEA）为代表的化学吸收法比较适用于燃烧后脱碳系统。

燃煤电站锅炉MEA法是目前最成熟、应用最广的烟气CO_2捕集技术。其工作原理为：采用MEA作为吸收剂，在吸收塔内，经雾化的吸收剂浆液与被冷却至40～50℃的烟气充分接触混合，烟气中的CO_2与MEA发生化学反应生成氨基甲酸盐，在再生塔内，氨基甲酸盐解析出高浓度CO_2后循环使用，从而实现烟气CO_2高效分离和捕集。该技术净化气中，CO_2浓度一般小于0.1%，CO_2回收率一般可达95%以上。2008年7月，我国首套燃煤电厂CO_2捕集工业级示范系统在北京建成并成功示范运行（科技部和环保部，2014）。

第二节 典型有毒有害工业废气净化关键技术

继 SO_2、NO_x 及氟利昂之后，VOCs 特别是有毒有害的有机废气的污染问题受到世界各国普遍重视，并通过立法不断限制 VOCs 的排放。如 1990 年美国《大气洁净法修正案》中要求在 2000 年将 VOCs 排放量减少 70%；日本在 2002 年将 VOCs 限制种类从 1996 年的 53 种提高到 149 种。我国的《大气污染物综合排放标准》也对 14 类 VOCs 规定了最高允许排放浓度、速率和无组织排放限值。

一、挥发性有机气体(VOCs)治理技术

挥发性有机物是一类在常压下沸点低于 260℃或室温时饱和蒸气压大于 70Pa 的有机化合物的通称。VOCs 被广泛用作液体燃料、溶剂或化学反应的原料或中介(De Nevers，2000)。VOCs 控制技术可分为两类：(1)防止泄漏为主的预防性措施，包括替换原材料、改变工艺或运行条件等；(2)末端治理为主的控制性措施。

工艺技术的改进和设备的更新通常是减少 VOCs 排放的最佳选择。主要包括非挥发性溶剂工艺如流化床粉剂涂料取代挥发性溶剂工艺，以减少引入到生产过程中的 VOCs 总量；改变运行条件，以减少 VOCs 的形成和挥发；更换设备，以减少 VOCs 泄漏等手段。表 3-2 显示的是通过替换原材料减少 VOCs 泄漏的途径。石油在开采、炼制、贮存运输，以及石油化工厂在生产、储存等各个环节，都会产生烃类的排放和泄漏。减少石油和石油化工生产过程中的原料及成品等的各种耗损，以及在石油及石化生产过程中回收利用放空气体是减少 VOCs 排放的重要措施。

表 3-2 VOCs 替代途径

行 业	低污染原材料	有机溶剂使用状况
涂 料	水溶性涂料 粉体涂料 高固体涂料 无苯涂料	不用有机溶剂 不用有机溶剂 少用有机溶剂 用低毒有机溶剂

续表

行　　业	低污染原材料	有机溶剂使用状况
印　　刷	水溶性油墨 高固体油墨 无苯油墨	不用有机溶剂 少用有机溶剂 用低毒有机溶剂
粘　　接	水溶性粘接剂 无苯粘接剂	不用有机溶剂 用低毒有机溶剂
金属清洗	碱液、乳液等	不用有机溶剂

由于受经济、技术等因素的制约，寻找 VOCs 替代品和革新工艺的措施并不能完全控制 VOCs 的排放。因此，必须采取必要的末端治理措施，减少 VOCs 的排放。本节将重点介绍吸附回收和催化燃烧两种 VOCs 净化技术。

（一）VOCs 催化燃烧技术

用燃烧方法将有害气体、蒸汽、液体或烟尘转化为无害物质的过程称为燃烧法净化，也称焚烧法。方法仅适用于净化可燃或高温分解的物质；不能回收有用物质，但可回收热量。燃烧法净化时所发生的化学反应主要是燃烧氧化和高温下的热分解，反应公式如下。

$$C_8H_{17}+12.25O_2 \longrightarrow 8CO_2+8.5H_2O+Q$$

$$C_6H_6+7.5O_2 \longrightarrow 6CO_2+3H_2O+Q$$

$$H_2S+1.5O_2 \longrightarrow SO_2+H_2O+Q$$

目前在实际中使用的燃烧净化方法有直接燃烧、热力燃烧（thermal combustion）和催化燃烧（catalytic combustion）。其中催化燃烧具有无火焰燃烧、安全性好，温度低（300～450℃）、辅助燃料消耗少，对可燃组分浓度和热值限制少等优点，被广泛应用（表 3-3）。

表 3-3　燃烧法处理 VOCs 分类及运行性能比较

燃烧工艺	直接燃烧法	热力燃烧法	催化燃烧法
浓度范围（$mg \cdot m^{-3}$）	>5000	>5000	>5000
处理效率（%）	>95	>95	>95
最终产物	CO_2，H_2O	CO_2，H_2O	CO_2，H_2O
投资	较低	低	高
运行费用	低	高	较低
燃烧温度（℃）	>1100	700～870	300～450

续表

燃烧工艺	直接燃烧法	热力燃烧法	催化燃烧法
其他	易爆炸、热能浪费且易产生二次污染	回收热能	VOCs中若含重金属、尘粒等物质，则会引起催化剂中毒，预处理要求较严格

催化燃烧技术使用高性能的氧化催化剂，使固定源尾气中的VOCs在催化剂作用下在较低的反应温度下被完全氧化，产生的反应热可以回收利用，达到节能目的，是VOCs治理的主流技术。进入催化燃烧装置的气体首先要经过预处理，避免催化床层的堵塞；同时，气体温度必须要达到所用催化剂的起燃温度。常规的催化燃烧为了维持较高的反应温度，需要持续的电加热或者燃料燃烧供热，且常用的换热器热回收效率较低，因此系统运行费用较高。而且当有机废气的浓度和风量波动时，系统净化效率相应发生波动，操作弹性较小。蓄热催化燃烧(RCO)技术首先利用堇青石—莫来石复相材料的蓄热和放热性能，加热未反应的有机废气，在蓄热催化一体化材料上发生催化氧化反应；气体中的VOCs转化为CO_2和H_2O，并释放反应热，传递给蓄热材料，以备下一轮使用。该技术的有机物净化效率达95%以上；热回收效率可达90%；稳定运行只消耗系统风机功率，同时可以副产热水或蒸汽。

(二)VOCs吸附回收技术

吸附技术是最为经典和常用的气体净化技术，也是目前工业VOCs治理的主要技术之一。吸附法控制VOCs污染通过含VOCs的气态混合物与多孔性固体接触，利用固体表面的未平衡的分子吸引力或化学键力，将混合气体中的VOCs组分吸附在固体表面，主要适用于低浓度气态污染物的净化(图3-7)。

吸附回收装置采用吸附、解析性能优异的活性炭作为吸附剂，不仅可以吸附工业企业生产过程中产生的有机废气，而且将有机溶剂回收再利用，实现清洁生产和有机废气的资源化回收利用。吸附材料一般包括颗粒状活性炭、活性炭纤维和蜂窝状活性炭等。

(三)生物法控制VOCs污染技术

生物法控制VOCs污染(biological oxidation)是近年发展起来的空气污染控制技术，在德国、荷兰等得到规模化应用。与常规处理法相比，生物法具有设备简单、运行费用低、形成二次污染物较少等优点，尤其在处理低浓度、生物降解性好的气态污染物时更有其经济性。其控制原理在于微生物将有机成分作

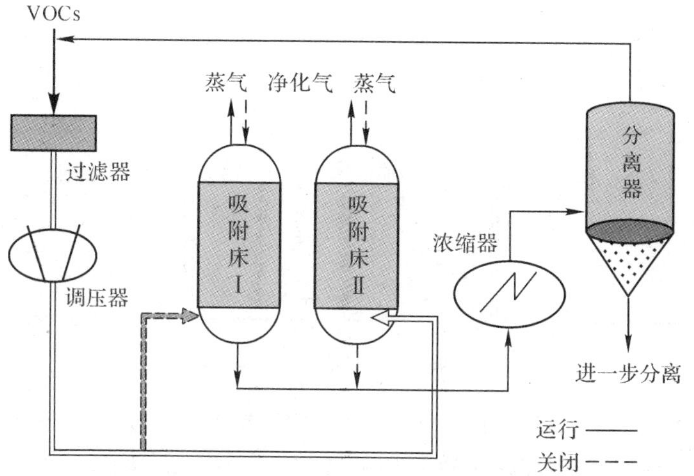

图 3-7 VOCs 吸附工艺流程图(Google)

为碳源和能源,并将其分解为 CO_2 和 H_2O。在此过程中,VOCs 首先经历由气相到固(液)相的传质过程,然后才在固(液)相中被微生物降解。

生物法处理 VOCs 工艺按系统中微生物的存在形式,可分为悬浮生长系统和附着生长系统。前者指微生物及其营养物存在于液体中,气相中的有机物通过与悬浮液接触后转移到液相,从而被微生物降解;后者是微生物附着生长在固体介质表面,废气通过固体介质时,被微生物吸附、吸收,最终被降解。常用的设备包括:生物洗涤塔、生物滴滤塔、生物过滤塔。

(1)生物洗涤塔由吸收和生物降解两部分组成(图 3-8A),适用于气相传质速率大于生化反应速率有机物的降解。经常通过增大气液接触面,在吸收液中加入不影响生命代谢活动的溶剂的形式,以利于有机物的吸收和提高有机物的降解能力。

(2)生物滴滤塔工艺中,含 VOCs 的气体由塔底进入,在流动过程中与已接种挂膜的生物滤料接触而被净化(图 3-8B)。微生物膜是包含细菌及其他生物群落的黏质膜,由好氧区、厌氧区组成,厚度和生物量由有机物负荷决定。

(3)在生物过滤塔工艺中,气体由塔顶进入,在流动过程中与生物滤料接触而被净化(图 3-8C)。定期在塔顶喷淋营养液,为滤料微生物提供养分和水分并调整 pH 值。最初的生物过滤塔采用土壤为过滤介质,随后采用含微生物量较高的堆肥作为滤料,且近年开发出了诸如活性炭等新型介质作为滤料。

环保部发布的《挥发性有机物污染防治技术政策》中明确提出:在工业生产过程中鼓励 VOCs 的回收利用,并优先鼓励在生产系统内回收利用;对于含高浓度 VOCs 的废气,优先采用吸附回收、冷凝回收技术进行回收利用,并辅助以

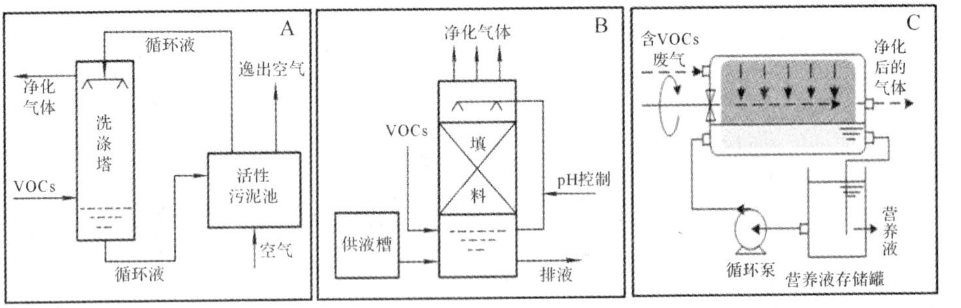

图 3-8 生物洗涤塔(A)、生物滴滤塔(B)、生物过滤塔(C)工艺比较(Google)

其他治理技术实现达标排放;对于含中等浓度 VOCs 的废气,可采用吸附技术回收有机溶剂,或采用催化燃烧和热力焚烧技术净化后达标排放;对于含低浓度 VOCs 的废气,有回收价值时可采用吸附技术、吸收技术对有机溶剂回收后达标排放;不宜回收时,可采用吸附浓缩燃烧技术、生物技术、吸收技术、等离子体技术或紫外光高级氧化技术等净化后达标排放。

二、工业危险废物及生活垃圾焚烧烟气净化系统技术

生活垃圾主要指在日常生活中或者为日常生活提供服务的活动中产生的一般固体废物。危险废物指列入国家危险废物名录或根据国家规定的危险废物鉴别标准和鉴别方法认定的具有危险特性的固体废物。本着无害化、减量化、资源化的原则,生活垃圾和危险废物的处理越来越多地采用焚烧技术。

针对日益增长的垃圾及工业危险废物焚烧工程,我国自主研发了"活性炭吸附+干法脱酸塔+袋式除尘器(+湿法脱酸)"的尾气净化工艺路线。干法净化工艺是将碱性反应物以干粉形式喷入反应塔中,中和反应的生成物以固态形式收集,通过除尘器除尘后的酸性气体从袋式除尘器出口出来,再进入湿式脱酸塔进行二级脱酸,实现生活垃圾及工业危险废物焚烧烟气净化后污染物达到国家排放标准限值要求。同时,为了减少焚烧烟气水气(气溶胶)的排放,消除民众对垃圾焚烧炉的恐慌,在焚烧烟气净化系统中创造性开发集成了烟气脱白技术,通过降低烟温除湿,再经换热装置提高烟温后排除,达到肉眼看不到烟囱的白烟(水蒸气)。湿法脱酸进一步降低了 PM2.5 细颗粒物的排放,能够满足欧盟 2000 标准。该工艺达到多污染协同处理,在脱酸除尘的同时,降低重金属、二噁英等污染物的排放浓度。

三、复杂有毒有害工业废气协同净化技术

用催化、吸收、吸附、生化等净化技术处理有机废气、冶炼酸雾、化工生产废气、材料表面处理气雾、餐饮油烟等复杂有毒有害工业废气，通常存在催化材料易中毒、吸收效率不高、吸附剂易饱和而且不便再生利用、难以生化降解或系统运行稳定性较差等问题。在国家“863计划”项目“放电等离子体协同吸收脱除燃煤烟气 SO_2、NO_x、Hg、PM2.5和VOCs的研究”“高效空气净化技术和组件开发及安全评价技术研究”等课题的支持下，我国自主研发了低温等离子体协同生化处理气雾中的多种有机污染物(科技部和环保部，2014)。其净化机制包括:借助高压电场分离复杂有毒有害工业废气的气溶胶组分;再利用低温等离子体净化或改性复杂有毒有害工业废气的气态污染物组分;最后利用生化、催化、吸收或吸附等净化技术处理改性后低污染组分。主要的技术原理为:先利用构型优化的低温等离子体反应组件产生强氧化性活性粒子;然后利用活性粒子全部或部分氧化难降解的有机组分;最后利用生化作用彻底矿化部分降解的有机组分。这一技术克服了现有低温等离子体技术存在的二次污染和高能耗，以及部分污染物不能高效生化降解、催化技术应对复杂有机废气存在的易中毒、吸收作用不能高效分离、水溶性差的污染组分等问题。

第三节　居室及公共场所典型空气污染物净化关键技术

室内空气污染包括化学性污染如甲醛、苯系物和悬浮颗粒物等。生物性污染包括细菌真菌、花粉、病毒等。物理性污染包括电磁辐射、噪声、振动以及不适宜的温度、湿度、风速和照明等。污染主要来源是人为排放的化学性和生物性污染(如装饰品、烹调过程、吸烟过程、建筑装饰材料、家具及地毯等)，包括有害微生物、有机污染物及超细颗粒，可引起人们出现眼刺激感、哮喘、过敏性皮炎、过敏性肺炎和传染性疾病，是我国最严重的环境问题之一。室内污染具有积累性、多样性、长期性以及浓度低难处理等特性，一般情况下比室外污染更严重(吴忠标和赵伟荣，2005)。室内空气污染轻则使人不适，严重时可导致人死亡。解决室内污染问题，改善工作环境，保护人体健康，对国民经济持续发展具有广泛、深远的影响。“十一五”期间，我国通过“863计划”重点开展了室内典型空气污染物净化关键技术与设备的技术研发，研究了公共场所室内空气污染物

的解析与调控技术，开发了一批具有自主知识产权的新型环境净化材料和技术，研制出了适用于中央空调的空气净化单元，并形成了室内空气污染净化技术，为提升我国室内空气污染净化技术与装备水平、改善公共场所室内空气质量提供了技术支撑(科技部和环保部，2014)。

一、甲醛氧化净化技术

现有室内甲醛(HCHO)净化技术主要以化学反应、吸附和光催化技术为主。吸附技术主要采用活性炭、分子筛等高比表面材料来吸附 HCHO，但由于吸附材料吸附能力有限，需定期再生或更换，易产生二次污染；光催化技术主要利用纳米 TiO_2 作为光催化剂来分解 HCHO，目前还存在需要紫外激发光源、对可见光利用效率低、催化剂易失活等问题。而催化氧化技术通过空气中的 O_2 将 HCHO 分解为无害的 H_2O 和 CO_2，是净化室内 CH_4 较优的方法。

传统催化氧化技术中催化剂操作温度远高于室温，难以满足室内空气净化所需的常温常压要求。因此，开发室温、常压下能完全催化氧化 HCHO 为 H_2O 和 CO_2 的材料，是室内空气甲醛净化研究的热点。

在“863 计划”课题支持下，我国自主开发了“常温催化氧化甲醛技术及空气净化器”，并于 2011 年获国家技术发明奖二等奖。该技术涉及一种高度分散在多孔无机氧化物载体上的贵金属 Pt 系列催化剂。这种负载型高分散 Pt 催化剂在载体表面和空气接触，室温条件下就可以活化空气中的氧，使其在室温下完全催化氧化 HCHO 产生无害的 H_2O 和 CO_2，实现了室温条件下对室内空气中 HCHO 的室温高效催化净化(图 3-9)。

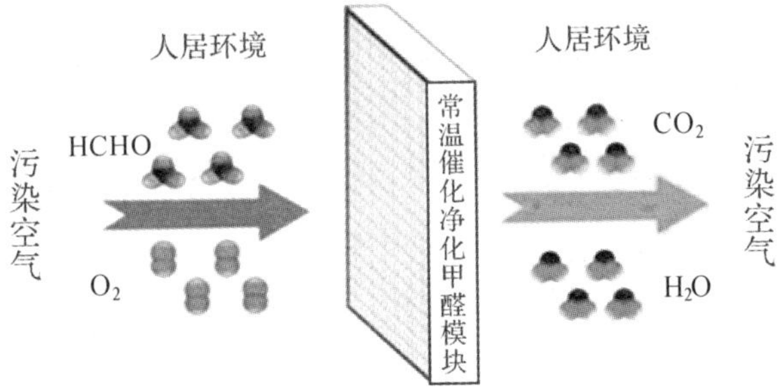

图 3-9 负载型高分散 Pt 催化剂净化 HCHO 技术示意图(科持部和环保部，2014)

二、空气中有害微生物净化技术

目前全球约有近一半的人所处的室内空气有微生物污染。细菌和真菌等微生物在室内滋生繁殖而污染空气，已经逐步演变为国内外最重要的公共环境卫生问题之一。细菌在空气中易富集在物体表面，之后会产生不可逆的吸附，细菌不断增长；细菌分子间通过产生分子信号，使细菌细胞不断地富集，同时其外层会产生一层聚合物基质来保护细菌细胞；当其富集到一定程度之后，信号分子会游离出去继续产生新的细菌细胞富集体，大量的细菌细胞富集体联结在一起便形成了菌膜。由于有外层的聚合物基质的存在，使菌膜相较于游离的细菌更难杀灭，而离子液体由于其长链和富电子的环，在杀灭菌膜方面起到了独特的作用。

室内空气质量与每个人的健康息息相关，因此新型高效抗菌剂的开发具有巨大的社会效益。目前应用的抗菌剂主要包括有机抗菌剂、天然抗菌剂和无机抗菌剂。其中无机抗菌剂因其长效性、不产生耐药性及无毒副作用，特别是其缓释性及良好的耐热性等优点在抗菌剂中备受重视。

银系抗菌材料是使用较为广泛的无机抗菌剂。但是传统的银系抗菌剂因为银离子化学性质活泼而容易转变成棕色的氧化银，或者经紫外光催化还原成黑色的单质银，不仅降低了抗菌性，还将使白色或浅色制品无法应用，因此很大程度上限制了其应用。层状材料负载纳米银离子制备的银系纳米无机抗菌剂，通过络合工艺解决了银离子置换效率低的问题，可使置换效率达到 99%以上；并且通过引入烧结助剂及价态稳定机制解决了银离子在高温使用时的变色问题。

有机无机复合抗菌喷剂对大肠杆菌、金黄色葡萄球菌、白色念珠菌等常见菌种在 15min 的抑菌率大于 99%，对军团菌 24 小时的抑菌率也大于 99%，对室内空气中的微生物生长起到了抑制作用，改善了人们的居住环境。

第四节　城市机动车尾气控制

随着机动车保有量激增，其排放所带来的空气污染已成为全世界共同面临的重大问题。公安部的统计数字显示，截至 2014 年年底，我国机动车保有量已超过 2.64 亿辆，成为全球最大的汽车消费市场。城市环境空气质量监测表明，

70%的城市环境空气质量不达标。北京、上海、广州等大城市机动车排放的一氧化碳和碳氢化合物所占比例都在80%以上。据预测，按目前机动车的发展趋势，未来几年，我国将有60%左右的城市空气污染从以煤烟型为主转为以机动车污染型为主(羌宁，2003)。

1960年美国加州开始立法控制汽车尾气排放污染，1965年美国联邦政府正式颁布全国汽车排放法规。日本于1966年正式颁布汽车排放法规，欧洲则于1970年开始颁布汽车排放法规。20世纪80年代中期，加拿大、澳大利亚等国对汽车尾气排放也采取了强制性要求。90年代，美国修订了清洁空气法案，美国加州决定从1994年至2003年分3个时段实行过渡低排污车(TLEV)、低排污车(LEV)、超低排放车(ULEV)标准。随后美国全面推行了这一标准。欧盟国家经过几年的讨论，通过了近似于加州的排放法规。其中对汽油机轿车从2000年1月起执行欧洲Ⅲ阶段的排放法规，从2005年1月起执行欧洲Ⅳ阶段的排放法规(曲艳敏和徐鹤，2011)。我国的机动车污染防治工作始于20世纪80年代。1983年，原城乡建设环境保护部颁布了我国第一批机动车排放标准和检测方法标准，为我国开展机动车污染防治工作奠定了基础。2008年7月1日，全国正式实施《轻型汽车污染物排放限值及测量方法(中国Ⅲ、Ⅳ阶段)》(GB18352.3—2005)第三阶段限值(简称"国三标准")(李培等，2011)。

汽车尾气的污染控制最根本和最终的途径是改变汽车的动力，如开发电动汽车及代用燃料汽车。其次是改善现有的汽车动力装置和燃油质量(即机内净化技术)，如采用设计优良的发动机、改善燃烧室结构、采用新材料、提高燃油质量等。第三是适用于大量在用车和新车的净化技术，即采用一些先进的机外净化技术对汽车产生的废气进行净化以减少污染。纵观人类治理汽车尾气排放的历程，在20世纪70年代中期以前主要以改善发动机燃烧过程的各种机内净化技术为主。尽管这些技术对降低排气污染起了很大作用，但效果有限，且不同程度地对汽车的动力性和经济性带来负面效应。各种机外净化技术日益受青睐，目前被广泛采用。机外净化技术就是在汽车的排气系统中安装各种净化装置，采用物理的、化学的方法减少排气中的污染物。净化装置可分为催化器、热反应器和过滤收集器等几类，前者多用于汽油机汽车，后者多用于柴油机汽车。

一、汽油车尾气净化技术

汽车尾气催化净化系统的关键为三元催化转化器，其技术核心为三效催化剂，主要成分包括贵金属（Pd、Pt、Rh）、储氧材料（铈锆复合氧化物$(Ce,Zr)O_x$，即CZ）及分散层材料（γ-Al_2O_3）等。将三效催化剂负载在蜂窝陶瓷载体上，当汽车尾气通过蜂窝陶瓷载体的规则孔道内壁时，与三效催化剂接触便可将汽车尾气中的CO、HC和NO_x等主要污染物催化转化成CO_2、H_2O和N_2等无害物质（图3-10A）。为保证三元催化转化器的转换效率，采用电控燃油喷射系统，用氧传感器检测排气中氧的浓度变化。“电控燃油喷射＋三元催化转化器＋废气再循环”成为目前轿车发动机降低排放的主要措施。

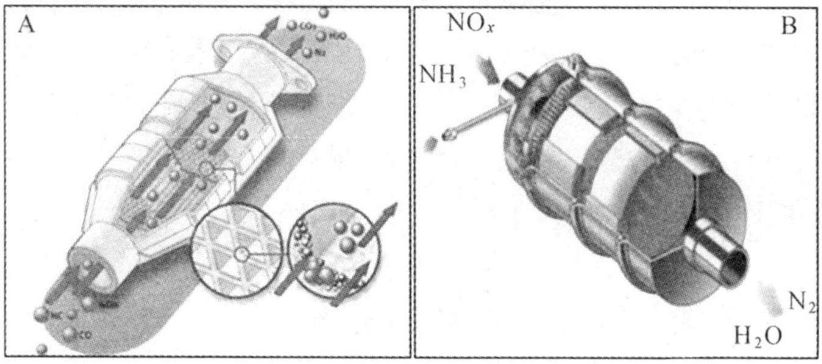

图3-10　三元催化转化器工作原理（A）与SCR催化转化器（B）示意图（科技部和环保部，2014）

二、柴油车尾气NO_x净化技术

柴油车尾气排放具有排气温度低、氧含量和颗粒物质排放高、一氧化碳和碳氢化合物排放低等特征，其控制措施与汽油车相似，分为改善燃油品质或采用代用燃料、发动机机内净化技术和排气后处理等。其中机内净化技术包括改进燃烧系统、防止机油上窜、采用增压中冷技术、电控喷射技术、废气再循环技术（EGR）等。排气后处理技术包括氧化催化（如可溶性SOF）、颗粒过滤与再生技术、NO_x催化转化、NO_x吸附—储存等。

柴油车尾气NO_x净化技术的原理与火电厂等固定源烟道气脱硝大致相同，区别在于还原剂NH_3主要由尿素（Urea）分解产生。Urea与水以适当比例混合，喷入废气中，能将废气中的NO_x还原成N_2和H_2O。在高温环境中（高于300℃），加上催化剂的作用，NO_x能迅速与NH_3反应，生成N_2和H_2O（图3-10B）。但柴油车尾气中的NO_x成分随发动机工况波动较大，并且尾气温度相对较低（150～400℃），因此，柴油车尾气脱硝的难点在于Urea的供给及喷氨策略（Gieshoff et al.，2001）。目前，尿素选择性还原NO_x（Urea-SCR）体系已成为满足欧VI与US2010标准的重型柴油车NO_x净化的首选技术，得到规模化应用。Urea-SCR多使用含钒催化剂。该催化剂在较宽的温度范围内具备了优异的选择性还原NO_x的能力，260～500℃的温度范围内NO_x的净化率可达90%以上；催化体系的耐硫性能良好，燃油经济性损失可控制在3%以内。缺点是高温下催化体系会因载体晶型的转变而逐渐丧失活性。在欧洲，自2006年2月28日推出首辆装置Urea-SCR后处理系统的卡车以来，已有55万辆机动车装备了该后处理系统，并形成了25000套/月的配套能力。在美国，为了保障EPA2010的顺利实施，已开始DEF(Diesel Emission Fluid)添加的布建工作。

近年来，在"863计划"等课题的支持下，我国在实用化催化剂(DOC与钒基SCR)开发与生产线建设、新型非钒SCR催化剂研制、还原剂添加与匹配控制技术、高性能颗粒物捕集器及再生、后处理装置研制、系统集成等方面形成了一批拥有自主知识产权的研究成果，为我国柴油车污染排放提供了有效的解决方案与有力的技术支撑。

三、柴油车尾气颗粒物过滤消除技术

颗粒物过滤器(diesel particulate filter, DPF)是解决柴油机尾气颗粒物排放问题的最有效方法，它利用一种内部孔隙极微小的过滤介质来捕集排气中的微粒，然后采用不同方法氧化(燃烧)和清除收集的颗粒物，使DPF再生后循环使用。DPF的材料形式有堇青石、碳化硅、碳酸铝、泡沫陶瓷、编织陶瓷纤维、金属丝网、金属纤维毡等，流体形式有壁流式、直通式和部分流等。其中，最常用的是壁流式堇青石或碳化硅材质的DPF产品。在轻型柴油车方面，日本、北美和欧盟已经将DPF作为一种降低柴油机尾气碳烟颗粒必不可少的方法；一般都采用EGR+DPF的技术路线控制尾气排放，对PM的捕集效率可达90%以上(曲艳敏和徐鹤，2011)。

当DPF中PM积聚到一定量时，会使排气背压过高，需要更换DPF或进行再生处理。DPF的再生方法分为主动再生和被动再生两大类：主动再生是利用外加能量(如电加热器、燃烧器或发动机操作条件的改变，以提高排气温度)使DPF内部的温度达到PM的燃烧温度而进行的再生；被动再生指利用柴油车排气本身所具有的能量进行再生。我国在"十二五""863计划"项目的支持下，开发出了可用于碳烟催化燃烧的催化剂、大尺寸壁流式DPF的涂层上载技术等。所生产的CDPF对碳烟的最大燃烧温度低于430℃，实现了CDPF的连续再生，并具有良好的抗硫稳定性。另外，在SiC材质DPF方面也取得了重要进展，利用交互堵塞的蜂窝通道之间的多孔间壁，捕获柴油机废气中的微粒，具有极强的捕获碳烟超细纳米微粒的能力，同时过滤面积大，压降较低，结构紧凑。重结晶碳化硅材料制成的壁流式颗粒过滤器具有优异的耐高温、耐腐蚀性能和导热性能，且有机械强度大、抗热震性强、使用寿命长等优点（科技部和环保部，2014）。

第五节　大气复合污染监测与决策支持关键技术

当前全球大气环境问题区域复杂化，区域性灰霾等问题成为大众关注的热点问题。大气复合型污染是不同来源的多种污染物在一定的大气条件下发生多种界面间相互作用、彼此耦合的复杂体系，存在区域性传输、多污染物共存的特点。为了更好地了解大气复合污染的产生机制和变化趋势，要针对各地的污染物排放、污染物环境效应特征、空气质量状况、地形地貌及扩散条件等开展观测。

大气污染监测一般可分为 3 类：空气环境污染监测，污染源（如烟囱和汽车排气口）的监测、特定目的的监测。污染物在大气的排放、迁移和转化过程中，其浓度分布随时空变化极大，所以如何准确快速地反映污染状况，是大气污染监测中的一个难题（羌宁，2003）。本节主要介绍大气污染物在线监测系统、多源卫星遥感监测技术、区域敏感源筛选识别技术和空气质量多模式集成预报系统等关键技术的最新研发进展，使读者对我国大气复合污染监测、模拟与决策支持体系的科技发展有所了解。

一、在线监测系统

我国自 2006 年启动大气复合污染关键气态污染物的快速在线监测技术研究计划以来，研发了一系列自主知识产权的技术方法和仪器设备，为建立先进的城市群大气污染三维立体监控体系提供技术设备，缩小了与国际水平的差距，并有效推动了国产化。

（一）VOCs 快速监测技术

大气中的有机物 80％是挥发性有机物，组成复杂，浓度和化学活性差异大。大气中的 VOCs 不仅是生成光化学烟雾污染物的主要前体物，同时也是大气细粒子中有毒有害的有机组分的重要来源，对形成灰霾有重要贡献，一些 VOCs 本身具有毒性和致癌性。因此，对大气中各类 VOCs 进行系统监测十分必要。鉴于大气中 VOCs 成分复杂、浓度低、活性强，如何快速有效地检测这些有害物质是环境检测和环境科学研究的重要课题，也是环境监测仪器研发的方向。

针对我国大气气态有机物监测的关键问题，北京大学环境科学与工程学院自主设计开发了大气中挥发性有机物在线监测系统。该系统采用低温富集浓缩技术，结合了气相色谱或质谱法（GC/FID/MS）检测大气中 VOCs 的一体化在线测量技术及设备；150℃超低温冷阱，可对目标化合物实现完全捕集；空石英毛细柱捕集阱，有效解决了极性较强化合物的吸附、化学干扰等问题，获得了良好的分析效果；双色谱分离柱，FID 和 MS 信号同步接收，一次完成对 C2～C12 分析。另外，自行设计和编制的运行软件，可完成采样—冷冻捕集—热解析—分析—加热反吹—系统标定的全程自动化控制。

（二）NO_x 及其光化产物一体化监测技术

利用改进的紫外光分解 NO_2、化学发光检测和臭氧补偿创新技术研制的一体化大气 NO、NO_2、NO_x 联合观测仪器（图 3-11），克服了传统观测仪器对 NO_2 测量偏高而对 NO_y 测量偏低以及对 NO 测量不准的缺陷，准确的测量结果为成功研究大气臭氧产生或消亡与前体物 NO_x 的机理提供了基础。

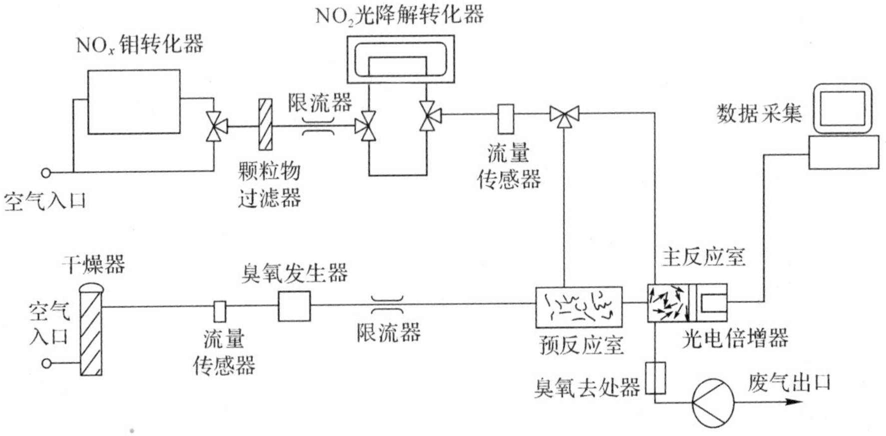

图 3-11　NO_x 及其光化产物一体化监测工艺流程图（科技部和环保部，2014）

过氧酰基硝酸酯类化合物（peroxyacyl nitrates，PANs）由 VOCs 和 NO_x 反应生成，是大气中一类重要的氧化剂，同时也是光化学烟雾中非常重要的二次污染物。PANs 在高温时容易热解，但低温时较稳定，在高空对流层 PANs 能随气流进行远距离迁移，在适当的环境中再热解生成 NO_2，作为 NO_x 的存贮库，从而引发光化学反应，参与当地 O_3 的生成，因此 PANs 在对流层化学中扮演着重要的角色。

由北京大学环境科学与工程学院自主设计的 PANs 快速在线监测系统，包括自主设计研发的在线零气生成和在线标定系统，使用 NO 与丙酮在线合成标气，取代了以往仪器中使用的液态标气，降低了仪器使用成本，使得该系统更适用于野外观测以及环境监测站的长期监测。另外，系统全部采用模块化设计，利于使用、维护和推广。多台在线仪器已经分别在北京奥运会空气质量保障、上海世博会空气质量评估、广州亚运会空气质量评估、北京地区大气复合污染研究等项目中进行了示范和应用。

（三）颗粒物及其气态前体物一体化监测技术

我国利用多种快速接口组合设计开发的“大气细粒子及其气态前体物一体化在线监测系统”（中国科学院大气物理研究所），实现了细粒子水溶性化学成分及其气态前体物的同步在线监测。可同步监测的物质包括：

（1）颗粒物（PM10、PM2.5 或 PM1.0）。激活粒子即粒径大于 50nm 的颗粒；可分析粒子的 Cl^-、NO_2^-、NO_3^-、SO_4^{2-}、F^-；K^+、Na^+、NH_4^+、Ca^{2+}、Mg^{2+} 等水溶性无机盐化学成分。

（2）水溶性有机物。

（3）气态前体物。可检测物包括 NH_3、HCl、H_2SO_4、HNO_3、HNO_2。

设计开发的装置能够进行不同粒径段的细粒子样品成分分析，用于解析大气细粒子的来源与转化过程，为大气污染区域协同控制提供基础数据，为区域大气细粒子污染调控措施的制定提供科学基础和监测技术。该技术在 2008 年北京第二十九届奥运会和 2010 年广州第十六届亚运会期间，成功进行了空气质量保障监测工作，既对研发仪器的实用性进行了检测和验证，更为我国兑现“绿色奥运”的承诺发挥了基础性作用。

另外，由北京大学环境科学与工程学院自主研发的大气 PM2.5 水溶性污染组分及其气态前体物的在线测量仪器（GAC-IC 系统），可以连续测量气态 HF、HCl、HONO、HNO_3、SO_2、NH_3 等和气溶胶中水溶性离子成分 F^-、Cl^-、NO_2^-、NO_3^-、SO_4^{2-}、Na^+、NH_4^+、K^+、Mg^{2+}、Ca^{2+} 等。其新型湿式环形扩散管具备高捕集效率，对 100ppb 以上的 SO_2，可长期免维护工作；蒸气发生装置温度可根据需要调控，自主研制的冷凝式旋风撞击的气溶胶捕集器对气溶胶的捕集效率在 99.5%以上；可根据实验需要，选择只监测气体或气溶胶，可连续无人值守运行 5～7 天，自动出数，数据实时上传。

（四）重点面源排放 VOCs 及温室气体连续监测技术

重点污染面源，如石化工业区、大型垃圾处理场、大型养殖场以及石油天然气储运站等，同时排放大量的VOCs、温室气体等多组分大气污染物。中国科学院合肥物质科学研究院安徽光机研发的具有连续自动光谱测量与处理、定量分析与显示、数据储存与回放等功能的监测系统，实现了面源排放VOCs及温室气体浓度的非接触、长光程、多组分、高灵敏度的连续自动监测。该技术可非接触实时监测10～20种VOCs，并具有可扩展性；动态监测范围涵盖ppb级到ppm，许多主要成分的检测下限小于10ppb；检测精度优于±5%；响应时间小于1min，快速高效(科技部，2014)。其基本工作原理在于：通过开放式测量，对光路内的污染气体吸收光谱完成在线非接触测量和分析；通过获得的多组分气体吸收光谱，结合基于数字合成校准谱在线定量分析反演算法，计算得到各污染物组分的浓度。系统监测流程如图3-12所示。

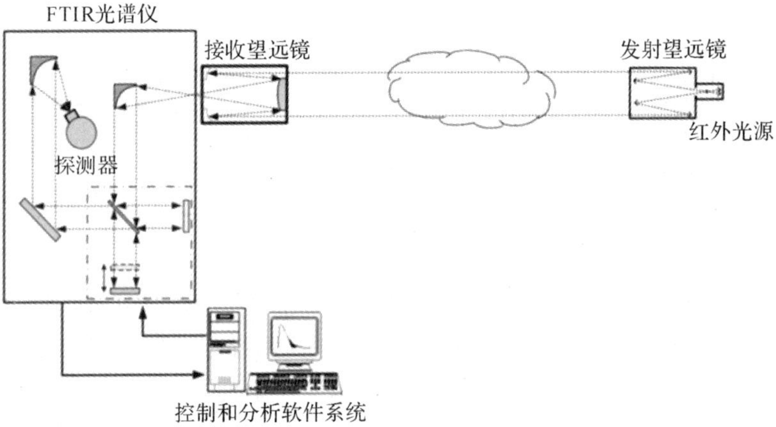

图3-12 重点面源排放VOCs及温室气体连续监测系统(科技部和环保部，2014)

该系统在2008年北京奥运会期间对某石化区，开展了“奥运空气质量保障方案的环境效果评估，奥运期间空气质量监测、预报预警”工作。在2010年广州亚运会期间，研究了重点工业污染面源污染物的排放特征，以及对亚运主场馆空气质量的影响；形成了颗粒物和臭氧对环境的影响程度分析结果。通过对交通措施实施前后机动车排放的主要污染物进行测量，评估交通流量限制对环境空气质量的作用和影响。结合环保部门的环境空气质量监测，开展亚运质量保障预测预报服务。

二、多源卫星遥感综合监测技术

“十一五”以来，在“863计划”重大项目“重点城市群大气复合污染综合防治技术与集成示范"资助下，我国自主研发了环境空气质量多源卫星遥感模型与算法，突破了我国重污染环境卫星遥感反演雾霾、气溶胶、可吸入颗粒物、污染气体和温室气体等环境空气质量参数的核心技术，建立了环境空气质量卫星遥感监测技术体系和业务系统。同时，创建了环境空气质量卫星遥感监测技术规范，发展了"多星接收—定量反演—专题制作—简报分析"大气环境卫星监测业务化技术体系，填补了我国在大气环境卫星遥感监测领域的空白。

该技术在珠三角地区进行了示范应用，其技术和运行模块主要包括：(1)生物质等秸秆焚烧监测；(2)沙尘污染监测；(3)灰霾分布与光学厚度反演，应用于颗粒物污染的总体监测；(4)近地面颗粒物(PM2.5 和 PM10)浓度监测，提供区域尺度的近地面颗粒物浓度分布；(5)污染气体 NO_2 和 SO_2 的监测，用于区域汽车尾气和工业排放源的空间监测；(6)温室气体 CO 和 CH_4 等的红外反演算法，用于人为排放的区域尺度监测；(7)空间制图和分析模块，可用于不同大气污染物的专题图制作和空间分析。工程应用效果显著，可快速提供整个区域污染分布情况，解决了国外气溶胶数据分辨率粗的问题，可用于支持城市排放源、污染分布和传输监测；实现了近地面颗粒物卫星监测，可提供区域颗粒物污染的时空分布信息(图 3-13)。环保部环境卫星中心和广东环境监测中心等环保部门已将该大气遥感监测系统作为区域污染监测的基本手段。

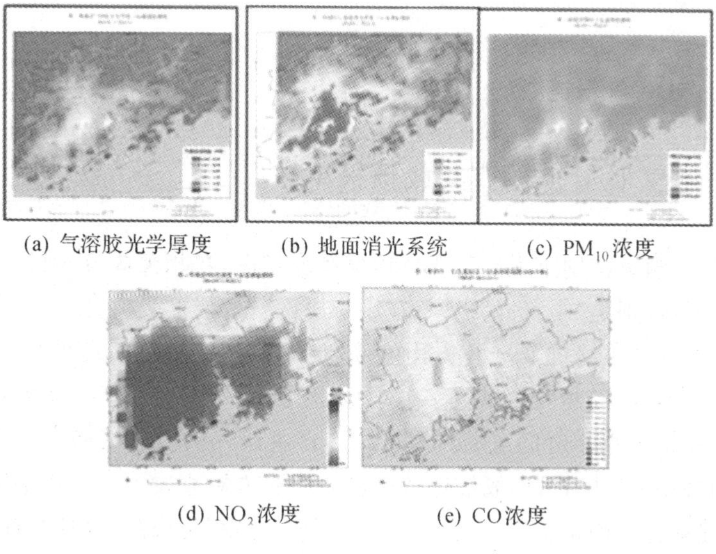

(a) 气溶胶光学厚度　(b) 地面消光系统　(c) PM_{10}浓度

(d) NO_2浓度　(e) CO浓度

图 3-13　源卫星遥感综合监测系统在珠三角监测结果示意图(科技部和环保部，2014)

三、区域敏感源筛选识别技术

区域敏感源筛选识别技术包括由气象—轨迹耦合模式(MM5-HYSPLIT)与污染物输送轨迹聚类分析技术,确定影响目标城市空气质量的污染物输送路径及出现频率;再基于MM5-CAMQ耦合模式系统建立污染物输送通道通量梯度识别技术,确定区域典型污染输送通道最易出现的方位、时段,从而实现对输送通道的自动识别和三维立体输出。轨迹聚类分析和通量识别结果可作为区域敏感源的定性识别依据。在定性分析的基础上,基于MM5-CAMx-PSAT耦合模式系统的敏感源筛选新技术,可同步模拟分析不同地区不同排放源对目标区域污染物浓度的贡献,从半定量的角度识别对目标区域空气质量影响较大的敏感区域和敏感源,最终建立起区域敏感源筛选识别体系。

该技术的意义在于:(1)可有效识别区域污染物的传输规律和特征,确定影响典型城市的污染物输送路径,为深入了解区域污染成因提供科学依据;(2)可确定影响目标区域的典型输送通道空间分布和持续时间,实现输送通道的自动识别与三维立体输出;(3)实现对目标区域影响较大的敏感区域与敏感源定性的半定量评价。目前,该技术已在北京、唐山、广州等多个地区进行了示范应用,地方环保局和相关科研机构均予以了高度评价;研究结果已被成功应用于"北京市清洁空气行动计划"实施过程,为政府决策提供了技术支撑,并计划在全国其他城市进一步推广。

四、空气质量多模式集成预报系统

近年来,国家特别重视空气质量预报系统建设,在相关政策、项目和资金的大力支持下,特别是"十一五"以来,在国家"863计划"重大项目"重点城市群大气复合污染综合防治技术与集成示范"资助下,我国在自主模式研发、大气化学资料同化技术、模式共性技术等多方面取得突破,率先构建了国际上首个空气质量多模式集成业务预报系统。该系统以自主研发的嵌套网格空气质量预报模式NAQPMS为核心,集成最优插值及集合卡尔曼滤波等大气化学资料同化技术、大气复合污染化学反应模拟技术、污染源识别与追踪等多项共性技术,结合美国的CMAQ和CAMx模式,构建了适合我国的区域大气复合污染多模式集成预报系统。在实时预报中,除采用算数平均集成各单模式结果外,还采用了权重平均、多元线性回归、BP神经网络等方法,以有效集成各单模式结果,获得最优的实时预报效果(王自发等,2009)。

该空气质量多模式集成预报系统在国家大型活动如 2008 年北京奥运会、2010 年上海世界博览会和广州亚运会等空气质量保障方案制定及空气质量预报预警中发挥了重要作用,取得了良好的经济和社会效益。同时,该系统已在北京、上海、广州、苏州等城市实现业务化运行,服务于城市的空气质量预报。该系统可提供 3 天短期气象要素和空气质量的精细预报和 7 天的趋势预报,短期预报的不确定性小于 30%;系统可长时间稳定运行,预报时效小于 8 小时,自动化率 100%。该系统可适用于区域与城市空气质量的模拟、预报和预警。

第六节　清洁生产关键技术

清洁生产是指通过改进设计、使用清洁的能源和原料、采用先进的工艺技术与设备、改善管理、综合利用等措施,从源头削减污染,提高资源利用效率,从而减轻或者消除对环境健康危害的系统工程。通俗地讲,清洁生产不是把注意力放在末端,而是将节能减排的压力消解在生产全过程。我国是以煤为主要能源的国家,煤炭在一次能源消耗中的比重高达 70%,我国的大气污染很大程度是由能源结构不合理、利用效率低造成的。对许多大城市而言,空气中高浓度的 NO_x 主要来自于交通,而供电、取暖等能源活动是 SO_2 的主要来源,而且这一现象在短期内无法发生根本性改变。因此,我国现阶段发展清洁生产关键技术就是能源(尤其是煤)的清洁生产和利用技术。

《中华人民共和国大气污染防治法》第十九条规定,"企业应当优先采用能源利用率高、污染物排放量少的清洁生产工艺,减少大气污染的产生。国家对严重污染大气环境的落后生产工艺和严重污染大气环境的落后设备实行淘汰制度";第二十六条规定,"国家采取有利于煤炭清洁利用的经济、技术政策和措施,鼓励和支持使用低硫分、低灰分的优质煤炭,鼓励和支持洁净煤技术的开发和推广"。本节将以煤的洁净燃烧和低 NO_x 燃烧技术为例,介绍我国清洁生产关键技术研发的进展。

一、洁净燃烧技术

煤的洁净燃烧技术包括以下三个方面:煤燃烧前的净化技术、煤燃烧过程中的污染物生成控制技术以及煤的洁净转化技术。前两者已在前面章节有所介绍。煤的洁净转化一直是科学研发所致力的方向，主要分为气化和液化。其基本原理是对煤进行脱碳或加氢，改变其原有的碳氢比，从而把煤转化为清洁的二次能源(郝吉明等，2009)。

煤的气化指采用空气、O_2、CO_2 和水蒸气为气化剂，在气化炉内进行煤的气化反应，产生不同组分、不同热值的煤气。随着煤气化技术的发展，可分为移动床、流化床和气流床，其中气流床气化又可分为水煤浆气化和粉煤气化两种技术，特点在于煤粒被气流夹带、隔开，燃料的黏结性不会影响气化过程。科柏斯—托切克(K-T)法是最早工业化的常压气流床气化。近年又开发出加压气流床气化技术，对煤种、粒度、含硫含灰量都具有较大的兼容性，工艺过程清洁、高效，是煤气化技术的发展方向。

煤炭液化技术把固体的煤炭通过化学加工过程，转化为汽油、柴油等液态烃类燃料或化工原料。根据不同加工路线，又分为直接液化和间接液化两大类。前者对煤进行高温高压加氢，直接得到液体产品；后者先把煤气化转化为合成气($CO+H_2$)，然后再在催化剂的作用下合成液体燃料或其他化工产品。煤炭通过液化，将其中的硫等有害元素以及矿物质脱除，成为洁净燃料。另一方面，煤炭液化工艺耗水量很大，排水含高浓度化学需氧量(COD)，需大规模废水处理设施。

水煤浆是20世纪70年代为解决石油危机而发展的一种代油燃料，目前国内外不少电站和工业锅炉都使用水煤浆作为燃料。水煤浆代油洁净燃烧技术原理是把煤磨成细粉，与水和少量添加剂混合成悬浮状高浓度浆液；然后像油一样采用全封闭方式输送和储存，用泵输送入炉膛雾化燃烧。水煤浆具有煤炭的物理特性和石油的流动性、稳定性，可实现100%代油；不仅可以采用水，还可采用低热值或具有一定毒性的废水制水煤浆，变废为宝；各种水煤浆燃烧效率均可达到98%以上，大型锅炉上燃烧效率达99%以上，同时锅炉效率达到煤粉锅炉水平。

二、低 NO_x 燃烧技术

低 NO_x 燃烧技术(也称"炉内脱氮技术")，通过改进运行方式或者对燃烧过程进行控制，抑制燃烧过程中 NO_x 的生成反应，从而降低其最终排放量。控制燃烧过程中 NO_x 形成的因素有：(1)空燃比；(2)燃烧区的温度及其分布；(3)后燃烧区冷却程度；(4)燃烧区的形状设计等。早期开发的低 NO_x 燃烧技术不要求对燃烧系统做大的改动，只是对燃烧装置的运行方式或部分运行方式做调整或改进，但 NO_x 的降幅十分有限。这类技术包括低氧燃烧、烟气循环燃烧、分段燃烧和浓淡燃烧技术等。先进的低 NO_x 燃烧技术的特征是助燃空气分级进入燃烧装置，降低初始燃烧区的氧浓度，以降低火焰的峰值温度；有的引入分级燃料，形成可使部分已生成的 NO_x 还原的二次火焰区。

多重空气分级低 NO_x 燃烧技术糅合了目前世界上成熟的低 NO_x 燃烧技术。其主要原理在于根据 NO_x 生成的机制，通过精细化配风设计，将 NO_x 生成所需的“高温”“高氧”两个条件错开：燃烧前期迅速着火，并控制着火前期为低氧环境，有效降低挥发性 NO_x；同时，将燃烧器区域分为一次燃烧和二次燃烧区域，一次燃烧区域内送入所有燃料和约 70%～80%燃烧所需空气，使得燃料燃烧初期为还原性环境，大部分燃料氮在此区域以 N_2 形式释放，其余空气在二次燃烧区域送入，以保证燃烧完全。

国外从 20 世纪 70 年代已经开始采用分级燃烧来降低 NO_x 排放，目前大型电站锅炉通过燃烧一次措施可将 NO_x 排放控制在 150～200ppm。而我国在 20 世纪 90 年代后期开始研究低 NO_x 燃烧技术，在国家政策和经费的支持下，燃煤锅炉的 NO_x 控制技术、改造工程建设和运行管理都取得了重大进展。例如，“可调煤粉浓淡低 NO_x 燃烧及低负荷稳燃技术”是一项获 2004 年国家科学技术进步奖二等奖的低 NO_x 燃烧技术，可用于烟煤、贫煤、无烟煤、褐煤、水煤浆等多种燃料，达到 40%～80%的 NO_x 脱除率，同时保证锅炉高效燃烧，改善锅炉结焦状况，提高锅炉煤种适应性和低负荷稳燃性能（科技部和环保部，2014）。

参考文献

[1] Copper D C, Alley F C. *Air Pollution Control: A Design Approach*[M]. Long Grove: Waveland Press, 1990.

[2] Srivastava R K. Controlling SO_2 emission: A review of technologies[P/OL]. http://nepies.epa.gov/Adobe/PDF/P1007IQM.pdf,2015-11-24.

[3] Gieshoff J, Pfeifer M, Schäfer-Sindlinger A, et al. Advanced Urea SCR catalysts for automotive applications[P/OL]. http://papers.sae.org/2001-01-0514/,2015-11-24.

[4] Hinds W C. *Aerosol Technology: Properties, Behaviors and Measurements of Airborne particles*[M]. Hoboken: John Wiley & Sons, 2012.

[5] De Nevers N. *Air Pollution Control Engineering*[M]. Prospect Heights: Waveland Press, 2010.

[6] Schnelle K B, Brown C A. *Air Pollution Control Technology Handbook*[M]. New York: CRC Press, 2001.

[7] 郝吉明，马广大，王书肖. 大气污染控制工程[M]. 北京：高等教育出版社，2009.

[8] 李培，王新，柴发合，等. 我国城市大气污染控制综合管理对策[J]. 环境与可持续发展，2011，36(5)：8—14.

[9] 李剑松. 城市垃圾焚烧过程中的主要污染物的研究[J]. 经济技术协作信息，2009(17)：191—191.

[10] 刘清，招国栋，赵由才. 大气污染防治[M]. 北京：冶金工业出版社，2012.

[11] 马建锋，李英柳. 大气污染控制工程[M]. 北京：中国石化出版社，2013.

[12] 羌宁. 城市空气质量管理与控制[M]. 北京：科学出版社，2003.

[13] 曲艳敏，徐鹤. 城市机动车尾气排放控制研究[C]. 2010中国环境科学学会学术年会论文集，2010(4)：3432—3435.

[14] 王自发，吴其重，Alex Grabuidi，等. 北京空气质量多模式集成预报系统的建立及初步应用[J]. 南京信息工程大学学报：自然科学版，2009(1)：16—26.

[15] 吴忠标，赵伟荣. 室内空气污染及净化技术[M]. 北京：化学工业出版社，2005.

[16] 中国科技部，中国环境保护部. 大气污染防治先进技术汇编[EB/OL]. http://www.most.gov.cn/mostinfo/xinxifenlei/fgzc/gfxwj/gfxwj2014/201403/W020140304550930158332.pdf，2015-11-24.

第四章　水污染及其对环境健康的危害

第一节　水体污染类型及成因

一、水资源

(一)水资源概念

地球上的水资源,从广义来说是指水圈内水量的总体。包括经人类控制并直接可供人类使用的地表水和地下水,以及江河、湖泊、井、泉、潮汐、港湾和养殖水域等。从狭义上来说是指逐年可以恢复和更新的淡水量。水是人类及一切生物赖以生存的必不可少的重要物质,是工农业生产、经济发展和环境改善不可替代的极为宝贵的自然资源。储存于地球的总储水量约 13.86 亿立方米,其中海洋水约占全球总水量的 97%,淡水约占 3%。淡水中的 69%以冰的形式存在于两极冰川及高山积雪中,余下部分约 30%为地下水,只有约 0.3%为地表水。人类可开发利用的淡水约 0.04 亿立方米,占全球总水量的 0.3%。

水类型繁多,且各种水体具有相互转化的特性。水的用途广泛,水资源的开发利用受经济技术、社会和环境条件的制约。淡水主要来源于:(1)地表水,即河流、湖泊或是淡水湿地区水源。地表水由蒸发形成自然降水、降雪过程累积而成,通过地表径流汇集到海洋或者渗流至地下,形成水循环。某一地区地表水水量多寡受很多因素影响,包括蓄水量、土壤的渗流性、集水区地表径流特性及人类活动等。(2)地下水(ground water),即贮存于包气带以下地层空隙,包括岩石孔隙、裂隙和溶洞之中的水。狭义上的地下水是地下 1000m 范围内的水。按照埋藏条件可分为包气带水、潜水和承压水,按照埋藏介质可分为孔隙水、裂隙水和岩溶水。地下水是水资源的重要组成部分,由于水量稳定,水质好，是农业灌溉、工矿和城市的重要水源之一。(3)海水淡化，即通过技术手段将海水脱盐后所转化生成的淡水。海水淡化最常见的方式是蒸馏法与逆渗透法。海水淡化的成本较高，且提供的淡水量较小，仅适用于高经济用途(如海湾极度缺乏淡水地区)。随着技术的跟进，海水淡化的成本越来越低，其中太阳能海水淡化技术日益受到人们的关注。

水资源是世界上分布最广、数量最大的资源，也是世界上开发利用得最多的资源。现在人类每年消耗的水资源数量远远超过其他任何资源。地球上水资源的分布很不均匀，各地的降水量和径流量差异很大。全球约有 1/3 的陆地少雨干旱，而另一些地区在多雨季节易发生洪涝灾害。

我国是水资源较为丰富的国家，江河平均年径流量位居巴西、俄罗斯、加拿大、美国、印度尼西亚之后，居世界第 6 位。但同时我国也是水资源极度缺乏的国家，人均径流量只有世界人均径流量的 1/4，每亩耕地水量也只有世界平均值的 2/3。我国水资源的时空分布很不均匀，长江流域及其以南地区耕地面积约为全国的 36%，水资源约占全国水资源总量的 80%；黄、淮、海流域耕地则占全国的 40%，水资源只有全国的 8%。从时间分配来看，中国大部分地区冬春少雨，夏秋雨量充沛，降水量大都集中在 5—9 月，占全年雨量的 70%以上，且多暴雨。2012 年，我国全国总用水量 6131.2 亿立方米，其中生活用水占 12.1%，工业用水占 22.5%，农业用水占 63.6%，生态环境补水(仅包括人为措施供给的城镇环境用水和部分河湖、湿地补水)占 1.8%(水利部，2012)。

(二)水资源特征

水是自然资源的重要组成部分，是所有生物的结构组成和生命活动的主要物质基础。从全球范围讲，水是连接所有生态系统的纽带，自然生态系统既能控制水的流动，又能不断促使水的净化和循环。因此水在自然环境中，对于生物和人类的生存来说具有决定性的意义。

水资源在某一时段内的状况，其形成都具有客观原因，是一定条件下的必然现象。如河流每年的洪水期和枯水期，年际间的丰水年和枯水年等。由于这种必然性在时间上具有年、月甚至日变化，故又称之为周期性。水资源年变化也有一定的随机性，如同一河流在不同年份的流量过程不完全一致，地下水位在不同年份的变化也不同等。不同下垫面条件产生不同的水文和水资源的变化规律还有一定的特殊性。如同一气候区，山区河流与平原河流的洪水变化特点不同；同为半干旱条件下河谷阶地和黄土原区地下水赋存规律不同。气候及地理条件相似的流域，其水文与水资源现象还具有一定的相似性。如湿润地区河流径流的年内分布较均匀，干旱地区则差异较大。

水资源与其他固体资源的本质区别在于其具有流动性，它是在水循环中形成的一种动态资源，具有循环性。水循环系统是一个庞大的自然水资源系统，水资源在开采利用后，能够得到大气降水的补给，处在不断地开采、补给和消耗、恢复的循环之中，可以不断地供给人类利用，满足生态平衡的需要。从水量动态平衡的观点来看，某一期间的水量消耗量应接近于该期间的水量补给量，否则将会破坏水平衡，造成一系列不良的环境问题。同时，水资源在自然界中具有一定的时间和空间分布。

（三）水质指标

水质是指水与水中杂质共同表现的综合特征。水中杂质的衡量尺度即为水质指标，包括物理指标、化学指标和生物指标。水质指标是对水体进行监测、评价、利用和治理的重要依据，主要包括悬浮物、化学需氧量、生化需氧量、总氮、总磷、溶解氧、细菌总数等。

悬浮物(suspended solids，SS)，指悬浮在水中的固体物质，包括不溶于水的无机物、有机物及泥沙、黏土、微生物等。分有机和无机两大部分，有机部分大多数是碎屑颗粒，主要由碳水化合物、蛋白质、类脂物等组成；无机部分包括陆源矿物碎屑如碳酸盐和黏土、水生矿物如硅酸盐类等。

化学需氧量(chemical oxygen demand，COD)，是指在酸性条件下，用强氧化剂将有机物氧化为 CO_2 和 H_2O 所消耗的氧气量。如采用重铬酸钾作为氧化剂，则表示为 COD_{Cr}，如用高锰酸钾作为氧化剂，则表示为 COD_{Mn}。

生化需氧量(biology oxygen demmand, BOD)是指微生物在一定的温度和时间条件下分解氧化有机物所消耗的溶解氧量，以每升水样消耗的氧的毫克数(mg/L)表示。在 20℃时，一般的有机物需要 100 天左右的时间才能完成完全氧化分解过程，但在 20 天时即可基本完成这一过程(99％)，称为 BOD_{20}。但长时间培养对生产控制过程不具有现实意义和实际价值，因此通常用 5 天作为实际生物氧化培养时间，以 BOD_5 表示，通常 BOD_5 为 BOD_{20} 的 70％。如果废水中的各种成分稳定，那么 COD 与 BOD 值之间有一定的比例关系。一般来说，$COD_{Cr} > BOD_{20} \geqslant BOD_5 > COD_{Mn}$，$BOD_5/COD_{Cr}$ 比值反映了废水的生化处理能力，通常比值越高，越容易进行生化处理，一般认为，BOD_5/COD_{Cr} 大于 0.3 的废水才适宜进行生化处理。

总氮(total nitrogen, TN)是水中各种形态无机和有机氮的总量。包括硝态氮(NO_3^-)、亚硝态氮(NO_2^-)、氨态氮(NH_4^+)等无机氮和蛋白质、氨基酸、有机胺等有机氮，以每升水含氮毫克数计算，常被用来表示水体受营养物质污染的程度。总氮超标是水体富营养化的主要原因之一。

总磷(total phosphorus，TP)是水样经消解后将各种形态的磷转变成正磷酸盐后测定的结果，以每升水样含磷毫克数计量。水中磷可以元素磷、正磷酸盐、缩合硫酸盐、焦磷酸盐、偏磷酸盐和有机团结合的磷酸盐等形式存在。其主要来源为生活污水、化肥、有机磷农药及近代洗涤剂所用的磷酸盐增洁剂等。水体中的磷是藻类生长需要的一种关键元素，过量磷是造成水体污秽异臭，使湖泊发生富营养化和海湾出现赤潮的主要原因。

水体中还有其他一些非常重要的水质指标。我国根据不同水体中的不同污染物浓度，将地表水水质分为五类。Ⅰ类主要适用于源头水、国家自然保护区；Ⅱ类主要适用于集中式生活饮用水地表水源地一级保护区、珍稀水生生物栖息地、鱼虾类产场、仔稚幼鱼的索饵场等；Ⅲ类主要适用于集中式生活饮用水地表水源地二级保护区、鱼虾类越冬场、洄游通道、水产养殖区等渔业水域及游泳区；Ⅳ类主要适用于一般工业用水区及人体非直接接触的娱乐用水区；Ⅴ类主要适用于农业用水区及一般景观要求水域。各类水体中的相应污染及其浓度如表 4-1 所示。

表 4-1 我国地表水水质分类及相应污染指标

项目	Ⅰ类	Ⅱ类	Ⅲ类	Ⅳ类	Ⅴ类
水温	人为造成的环境水温变化应限制在周平均最大升温≤1℃，周平均最大降温≤2℃				
pH	6～9				
溶解氧≥(mg/L)	7.5	6	5	3	2
高锰酸盐指数≤(mg/L)	2	4	6	10	15
化学需氧量(COD)≤(mg/L)	15	15	20	30	40
BOD_5≤(mg/L)	3	3	4	6	10
氨氮≤(mg/L)	0.15	0.5	1.0	1.5	2.0
总氮≤(mg/L)	0.2	0.5	1.0	1.5	2.0
总磷≤(mg/L)	0.02	0.1	0.2	0.3	0.4
铜≤(mg/L)	0.01	1.0	1.0	1.0	1.0
锌≤(mg/L)	0.05	1.0	1.0	2.0	2.0
硒≤(mg/L)	0.01	0.01	0.01	0.02	0.02
砷≤(mg/L)	0.05	0.05	0.05	0.1	0.1
汞≤(mg/L)	0.00005	0.00005	0.0001	0.001	0.001
镉≤(mg/L)	0.001	0.005	0.005	0.005	0.01
铬(6 价)≤(mg/L)	0.01	0.05	0.05	0.05	0.1
铅≤(mg/L)	0.01	0.01	0.05	0.05	0.1

续表

项目	Ⅰ类	Ⅱ类	Ⅲ类	Ⅳ类	Ⅴ类
氟化物(以 F^- 计)≤(mg/L)	1.0	1.0	1.0	1.5	1.5
氰化物≤(mg/L)	0.005	0.05	0.2	0.2	0.2
挥发酚≤(mg/L)	0.002	0.02	0.005	0.01	0.1
石油类≤(mg/L)	0.05	0.05	0.05	0.5	1.0
硫化物≤(mg/L)	0.05	0.1	0.2	0.5	1.0
类大肠杆菌(个/L)	200	2000	10000	20000	40000

上面提到水质标准都是质量浓度标准，这类标准存在明显的缺陷，即不论废水接纳水体的大小和状况，不论污染源的大小，都采用同一个标准。因此，即使满足排放标准，如果排放总量大大超过接纳水体的环境容量，也会对水体造成不可逆的严重后果。针对这一情况，近年来总量控制标准受到了重视。该标准根据一定范围内的水体环境容量和自净能力，计算出允许排入该水域的污染物总量，然后再按照一定的原则，将这些允许的排污总量合理地分配给区内各污染源。总量控制可以避免质量浓度标准的缺点，但要实行总量控制，需要做很多基础工作，如污染源调查、环境质量评价、水体自净规律和污染迁移转化规律的研究、污染治理边际费用研究等。

二、水污染现状

(一)水污染概念及现状

水污染，即水体因某种物质的介入，而导致其化学、物理、生物或者放射性等方面特征的改变，从而影响水的有效利用，危害人体健康或者破坏生态环境，造成水质恶化的现象。

世界各地水污染的程度主要取决于人口密度、工农业发展状况以及废水处理系统效率。目前全球有 11 亿人缺乏安全饮用水，每年有 500 多万人死于与水有关的疾病。如果人类不改变目前的消费方式，到 2025 年，全球将有 50 亿人生活在用水难以完全满足的地区，其中 25 亿人将面临用水短缺。发展中国家中有半数人的健康与饮用水被污染直接或间接相关。联合国教科文组织发布的数据显示，大约 80%的类疾病是由质量低劣的饮用水造成的。

目前，全世界每天约有数百万吨垃圾倒进河流和湖泊等水体，每年约有

4200 多亿立方米的污水排入江河湖海等不同水体，造成 5.5 万亿立方米的淡水污染，相当于全球径流总量的 14%以上。水污染在人口急剧增长的发展中国家尤为严重。

我国水污染形势十分严峻。一来我国正处于城市化发展初期，大量农村人口涌入城市，城市污水已经成为主要的污染源；二来我国的工农业废水排放量逐年增加。根据国家环保局发布的中国环境质量公告（环保部，2012），长江、黄河、珠江、松花江、淮河、海河、辽河、浙闽片河流、西北诸河和西南诸河等十大流域的国控断面中，Ⅰ—Ⅲ类、Ⅳ—Ⅴ类和劣Ⅴ类水质断面比例分别为 68.9%、20.9%和 10.2%。主要污染指标为化学需氧量、五日生化需氧量和高锰酸盐指数。七大水系中，除了长江和珠江整体水质良好以外，辽河、黄河、松花江和淮河等四大水系整体均受到轻度或中度污染，而海河则受严重污染。七大水系的支流也受到不同程度的污染。如黄河支流的 35 个国控断面中，Ⅰ—Ⅲ类、Ⅳ—Ⅴ类和劣Ⅴ类水质断面比例分别为 34.3%、34.3%和 31.4%，属中度污染。

除河流外，湖泊的污染也日趋严重。2012 年，62 个国控重点湖泊（水库）中，Ⅰ—Ⅲ类、Ⅳ—Ⅴ类和劣Ⅴ类水质的湖泊（水库）比例分别为 61.3%、27.4%和 11.3%。除鄱阳湖水质较好以外，太湖、巢湖和洞庭湖均为轻度污染，滇池则为严重污染，湖体的污染形式以富营养化为主（环保部，2012）。

据统计，我国每年的工业和城镇生活污水排放总量已达 631 亿 t，相当于每人每年排放 40t 废水，这其中的绝大部分未经任何处理就直接排入了江河湖海。主要污染物为悬浮物、有机物、石油类、挥发酚、氰化物、硫化物等。

（二）水污染来源

水体污染主要包括自然污染和人为污染。自然污染主要是由自然因素造成的，如特殊的地质条件使某些地区的某些或某种化学元素富集，天然植物在腐烂过程中产生某种毒素，或降雨淋洗大气和地面后挟带各种物质流入水体所导致的水体污染。人为污染是人类生活和生产活动中产生的工农业废水、生活废水直接注入或污染气体及气融胶的沉降、固体废弃物渗滤液等过程对水体所造成的污染（田禹和王树涛，2010；叶常明等，1990）。

工业废水（industrial wastewater），指工艺生产过程中排出的废水和废液，其中含有随水流失的工业生产用料、中间产物、副产品以及生产过程中产生的污染物，是造成水污染的重要原因。工业废水的主要来源包括以下几种：

重金属废水，主要来自矿山、冶炼、电解、电镀、农药、医药、油漆、颜料等相关企业排出的废水。

含氰废水，主要来自电镀、煤气、焦化、冶金、金属加工、化纤、塑料、农药、化工等企业。含氰废水是一种毒性较大的工业废水，在水中不稳定，较易于分解，无机氰和有机氰化物皆为剧毒性物质，人食入可引起急性中毒。

酸性废水，主要来自钢铁厂、化工厂、染料厂、电镀厂和矿山等，其中含有各种有害物质或重金属盐类。

碱性废水主要来自印染厂、皮革厂、造纸厂、炼油厂等。酸碱废水中，除含有酸碱外，常含有酸式盐、碱式盐以及其他无机物和有机物。酸碱废水具有较强的腐蚀性。

放射性废水，主要来自铀、镭等放射性矿产的开采及加工、核动力站的运转、医疗及科研机构的同位素实验室排放等。

有机废水，主要来自石油、化工、酿造、食品造纸等行业，其中含有大量有毒有机物。

食品工业原料广泛，废水水量、水质差异很大，主要污染物包括：(1)食品原料漂浮物，如菜叶、果皮等；(2)悬油脂、蛋白质、淀粉、胶体物质等；(3)酸碱废液；(4)有机废液；(5)致病菌毒等。食品工业废水的特点是有机物质和悬浮物含量高，易腐败，一般无大的毒性。其危害主要是使水体富营养化，以致引起水生动物和鱼类死亡，促使水底沉积的有机物产生臭味，恶化水质，污染环境。

造纸工业废水主要来自制浆和抄纸两个生产过程。制浆产生的废水污染最为严重。洗浆时排出废水呈黑褐色，称为黑水，黑水中污染物浓度很高，BOD高达5～40g/L，含有大量纤维、无机盐和色素。抄纸机排出的废水，称为白水，其中含有大量纤维和在生产过程中添加的填料和胶料。漂白工序排出的废水也含有大量的酸碱物质。

农牧业废水(agricultural runoff)，是指农作物栽培、牲畜饲养、农产品加工等过程排出的废水。随着农药与化肥的大量使用，农业径流排水已成为水体的主要污染源之一。施用于农田的农药与化肥除一小部分被植物吸收外，大部分残留在土壤或漂浮于大气中，经降水淋洗、冲刷及农田灌溉排水，残留的农药与化肥最终会被排放到地表水或渗透至地下水中，造成污染。畜牧业生产过程中所使用的大量抗生素及畜禽粪便，也是导致水体有机污染及富营养化的主要原因。

生活污水(domestic wastewater)，是人类生活过程中产生的污水，主要包括厨房洗涤废水、沐浴废水及厕所粪便等。污水的成分及变化取决于居民的生活状况、生活水平和生活习惯。生活污水中含有：(1)大量有机物如纤维素、淀粉、糖类和脂肪蛋白质等；(2)病原菌、病毒和寄生虫卵；(3)无机盐类如氯化物、硫酸盐、磷酸盐、碳酸氢盐等。生活废水一般氮、硫和磷浓度高，在厌氧细菌作用下，易生恶臭物质。

三、水污染分类

(一)污染来源分类

按照水污染的来源,可将水污染分为工业污水、农业污水、畜牧业污水和生活污水四大类。

(二)污染物种类分类

按污染物的种类,可将水污染分为三类。(1)物理性水污染:主要指热污染和放射性污染。水中放射性物质主要来源于天然放射性核素、核试验沉降物、核废水、核废气、核废渣、核研究和核医疗排放的废水等。(2)化学性水污染:主要包括无机物和有机物两大类。无机污染物主要为重金属如铅、汞、镉、铬等及无机物如氮、磷、氰化物等,有机污染物如苯、酚、石油及其制品等。(3)生物性水污染:主要指生活废水、医院废水、畜牧和屠宰场的废水等带有大量病原体和其他微生物所造成的水污染类型。此外,磷、氮等污染物引起水体富营养化而导致藻类污染也属于生物性污染。

(三)受纳水体分类

受纳水体指接纳排放废水或经处理废水的河流、湖泊、海洋或其他水体。按照受纳水体类型,可将水污染分为三类。(1)地表水污染:主要指工农业、畜牧业或生活污水直接排放入河流、湖泊或湿地所形成的水污染。地表水污染为当前水污染的主要表现形式,也是最主要的污染类型。地表水体污染可视性强,易出现,且循环周期短,相对地下水而言,较易于净化恢复。(2)地下水污染:主要指人类活动引起地下水化学成分、物理性质和生物学特性发生改变而使质量下降的现象。地下水流动缓慢,地下水污染具有过程缓慢、不易发现和难以治理的特点。地下水一旦受到污染,即使彻底消除其污染源,也需十几年甚至几十年才能使水质复原。(3)海洋污染:是指因地表径流所导致的海洋污染或其他人类活动如海洋运输过程所产生的污染物直接排放入海洋的污染类型。污染物进入海洋环境会损害生物资源,危害人类健康,妨碍捕鱼和人类在海上的其他活动,损坏海水质量和环境质量等。海洋污染物主要包括石油污染、酸碱污染、放射性污染(主要来自核爆炸、核工业或核舰艇的排污)、有机废液(由径流带入)、热污染和固体废物等。

(四)污染源分布特征分类

按照污染源的分布特征可将水污染分为两类。(1)点源污染(point source

pollution, PSP):是指有固定排放点的污染源,如工业废水及城市生活污水在固定排放口排入江河湖泊。一般工业污染源和生活污染源产生的工业废水和城市生活污水,经城市污水处理厂或经管渠输送到水体排放口,直接向水体排放。这种点源含污染物多,成分复杂,其变化规律依据工业废水和生活污水的排放规律,即有季节性和随机性。(2)面源污染(diffused pollution,DP):也称非点源污染(non-point source pollution,NSP),是指溶解和固体的污染物从非特定地点,在降水或融雪的冲刷作用下,通过径流过程而汇入受纳水体(包括河流、湖泊、水库和海湾等)并引起有机污染、水体富营养化或有毒有害等其他形式的污染,主要是指农业面源污染。与点源污染相比,面源污染起源分散、多样,地理边界和发生的位置难以识别和确定,随机性强、成因复杂,且潜伏周期长,因而防治十分困难。随着各国政府对点源污染控制的重视,点源污染在包括我国在内的许多国家已经得到较好的控制和治理,而面源污染由于涉及范围广、控制难度大,目前已成为影响水体环境质量的重要污染源。城市面源污染主要是指因降雨径流的淋浴和冲刷作用产生的管网径流排放污染。

四、水污染危害

(一)危害水生态健康

健康水体中溶解氧趋于饱和或略低于饱和浓度。溶解氧不仅是水生生物得以生存的条件,而且也是水体自净过程的主要参与者,氧通过参与各种氧化—还原反应而促进污染物转化降解,是天然水体具有自净能力的重要原因。大量污染物进入水体,会因直接的毒理作用或间接导致水体溶解氧量下降而引起水体生态环境失衡。如大量氮、磷等营养元素会促进水中藻类丛生,植物疯长,使水体通气不良,溶解氧下降,以致水生植物大量死亡,水面发黑,水体发臭形成"死湖""死河""死海",进而变成沼泽,这种现象称为水的富营养化。

(二)危害工农业生产

工业用水因水污染必须投入更多的处理费用,造成资源、能源的浪费。水质恶化也会造成冷却水循环系统的堵塞、腐蚀和结垢问题,水硬度的增高还会影响锅炉的寿命和安全。某些工业对水质要求较高,水污染常会导致生产停滞,如食品工业。水污染会使农作物减产,品质降低,甚至使人畜受害,大片农田遭受污染,土壤质量降低。近年来,我国常有报道指出水污染所造成的粮食作物中农药残留及重金属超标事件。水污染同时会威胁渔业生产。渔业的产量和质量与水质直接紧密相关。水污染除了造成鱼类死亡影响产量外，还会使鱼类和水生物发生变异。此外，在鱼类和水生物体内还发现了有害物质的积累，使它们的食用价值大大降低，而食用这些鱼类也会使人类健康受到威胁。

（三）危害人类健康

水污染会通过直接饮水或食物链富集而危害人体健康。污染物进入人体，使人急性或慢性中毒。砷、铬、铵类、苯并[a]芘等可诱发癌症；寄生虫、病毒或其他致病菌污染的水会引起多种传染病；镉污染会造成肾、骨骼病变，甚至死亡；铅则会引起中毒、贫血，神经错乱等；6 价铬会引起皮肤溃疡，甚至有致癌作用；有机磷农药会造成神经中毒；有机氯农药会在脂肪中蓄积，对人和动物的内分泌、免疫功能、生殖机能均造成危害；氰化物会导致呼吸中断，造成呼吸衰竭窒息死亡。

第二节　水体主要重金属污染及其对环境健康的危害

一、水体重金属污染来源

重金属指比重大于 4 或 5 的金属，约有 45 种，如铜、铅、锌、铁、钴、镍、钒、铌、钽、钛、锰、镉、汞、钨、钼、金、银等。尽管锰、铜、锌等重金属是生命活动所需要的微量元素，但是大部分重金属如汞、铅、镉等并非生命活动所必需，而且所有重金属超过一定浓度都对人体有毒。水中的重金属污染主要来源于机械加工、矿山开采、钢铁冶炼及部分化工工业（孟祥和和胡国飞，2000）。

（一）机械加工业

机械加工业是重金属污染的重要来源之一。电镀厂、蓄电池制造厂、机械制造厂、电器制造厂及汽车厂等都会在工业生产、部件加工及产品美化过程中产生重金属污染。

电镀（electroplating）就是利用电解原理在某些金属或非金属表面镀上一层其他金属或合金的过程，从而起到防止产品氧化（如锈蚀），提高耐磨性、导电性、反光性、抗腐蚀性（硫酸铜等），以及增进美观等作用。电镀中，镀层金属作阳极，被氧化成阳离子进入电镀液；待镀的金属制品作阴极，镀层金属的阳离子在金属表面被还原形成镀层。电镀的基本原材料就是锌、镍、铜、铬及金、银等重金属。据不完全统计，我国电镀行业每年消耗原料锌10万t、原料铜10万t、镍13万t和铬酸酐8万t，分别占到全国消耗总量的2%、1.4%、30%和80%。

从电镀生产工艺可将电镀废水分为前处理废水、镀层漂洗废水、后处理废水以及废镀液、废退镀液等四类。其中镀层漂洗水是电镀作业中重金属污染的主要来源。电镀液的主要成分是金属盐和络合剂，包括各种金属的硫酸盐、氯化物、氟硼酸盐等，以及氰化物、氯化铵、有机磷酸等。为改善镀层性质，往往还在镀液中添加某些有机化合物，如作为整平剂的香豆素、丁炔二醇、硫脲，作为光亮剂的糖精、香草醛、苄叉丙酮、对甲苯磺酰胺、苯磺酸等。因此，镀件漂洗废水中除含有重金属离子外，还含有少量的有机物。漂洗废水的排放量以及重金属离子的种类与浓度随镀件的物理形状、电镀液的配方、漂洗方法以及电镀操作管理水平等诸多因素而变。特别是漂洗工艺对废水中重金属的浓度影响很大，直接影响到资源的回收和废水的处理效果。废电镀液和镀件清洗水中含有高浓度的重金属离子，不经处理直接排放会导致受纳水体的重金属污染。

镀层后处理主要包括漂洗之后的钝化、不良镀层的退镀以及其他特殊的表面处理。后处理过程中同样产生大量的重金属废水。一般来说，常含有Cr^{6+}、Cu^{2+}、Ni^{2+}、Zn^{2+}、Fe^{2+}等重金属，并常伴有H_2SO_4、HCl、H_3BO_3、NaOH、Na_2CO_3等酸碱物质以及甘油等有机物质。

电镀、钝化、退镀等电镀作业中常用的槽液经长期使用后或积累了许多其他的金属离子，或由于某些添加剂的破坏等原因而影响镀层或钝化层的质量。因此，许多工厂为将这些槽液中的杂质控制在工艺许可的范围内，将槽液废弃一部分，补充新溶液，也有工厂将这些失效的槽液全部弃去。一般这些废弃的各种浓度液中重金属离子浓度都很高，积累的杂质也很多，不仅污染物的种类不同，而且主要污染物的浓度、其他金属杂质离子的浓度以及溶液介质往往也都有较大的差异。

蓄电池制造业中会产生较重的铅污染。铅蓄电池又称铅酸蓄电池，是蓄电池的一种，电极主要由铅制成，电解液是硫酸溶液，一般分为开口型电池和阀控型电池两种。铅蓄电池制造厂排出的含铅废水主要含有铅粉、铅离子和硫酸等。铅粉中的主要成分为氧化铅，主要来自生产过程中的淋洗水、设备和场地的冲洗水，以及通风除尘系统的洗涤水等。蓄电池制造业排放的含铅废水中铅浓度为10mg/L左右。

（二）矿山及冶炼业

钢铁及有色金属的采矿及冶炼过程也是重金属污染的一个重要来源。大部分有色金属和矿石中有伴生元素存在，所以废水中一般含有汞、镉、砷、铅等重金属。这些污染物排放到环境中，只能改变形态或被转移、稀释、积累，而不能被降解，因而危害大。有色金属及钢铁冶炼业的单位体积重金属排放并不高，但因为生产量大，因而排放总量非常大。

(三)化工工业

化工工业不是重金属污染的主要来源，但某些行业仍有排放重金属的可能。如涂料工业废水中常含有一定量的铬及铅污染；照相机工业常会有银、镉、铬及铅的排放；造纸业废水中则含有铝、铬、汞等重金属污染物。

二、重金属污染种类及危害

重金属在大气、水体、土壤、生物体中广泛分布，而底泥往往是重金属的储存库和最后的归宿。当环境变化时，底泥中的重金属形态将发生转化并释放，从而造成污染。重金属不能被生物降解，但具有生物累积性。重金属在人体内能和蛋白质及各种酶发生强烈的相互作用，使它们失去活性，也可能在人体的某些器官中富集，如果超过人体所能耐受的限度，会造成人体急性中毒、亚急性中毒、慢性中毒等，对人体造成很大的危害。

(一)铅

铅(Pb)为带蓝色的银白色重金属，原子量 207.2，熔点 327.502℃，沸点 1740℃。铅分布广，容易提取，容易加工，有很高的延展性，被广泛用于电缆、蓄电池、铸字合金、巴氏合金、防 X 射线、β 射线等材料。早在 7000 年前，人类就已经认识铅了。铅有较强的生理毒性。(1)亚急性毒性：在一定时间内接触较高浓度铅污染后，动物或人体会出现一些明显的不良生理反应。如大鼠接触 $10\mu g/m^3$ 铅 30～40 天，血铅浓度高达 150～200μg/100mL，红细胞胆色素原合酶活性减少 80%～90%，大鼠出现明显的中毒症状。职业工人长期接触 $0.01mg/m^3$ 铅，会导致泌尿系统炎症、血压变化，甚至死亡。(2)慢性毒性：长期接触铅及其化合物会导致心悸，易激动，血象红细胞增多。铅侵犯神经系统后，出现失眠、多梦、记忆减退、疲乏，进而发展为狂躁、失明、神志模糊、昏迷，最后因脑血管缺氧而死亡。(3)致癌：铅的无机化合物的动物试验表明可能引发癌症。(4)致突变：用含 1%的醋酸铅饲料喂小鼠，白细胞培养的染色体裂隙—断裂型畸变的数目增加，这些改变涉及单个染色体，表明 DNA 复制受到损伤。

(二)镉

镉(Cd)是银白色有光泽的金属，熔点 320.9℃，沸点 765℃，密度 8650

kg/m^3，有韧性和延展性。镉在潮湿空气中缓慢氧化并失去金属光泽，加热时表面形成棕色的氧化物层。高温下镉与卤素反应激烈，形成卤化镉。也可与硫直接化合，生成硫化镉。镉可溶于酸，但不溶于碱。镉不是人体的必需元素。人体内的镉是出生后从外界环境中吸取的，主要通过食物、水和空气进入体内蓄积，肝脏和肾脏是体内贮存镉的两大器官，两者所含的镉约占体内镉总量的60%。镉经消化道的吸收率，与镉化合物的种类、摄入量及是否共同摄入其他金属有关。例如钙、铁摄入量低时，镉吸收可明显增加，而摄入锌时，镉的吸收可被抑制。吸收入血液的镉，主要与红细胞结合。镉会导致人体急性或慢性中毒。人体大量食入或吸入高浓度镉数分钟至数小时后即会出现症状，如恶心、呕吐、腹痛、腹泻、全身乏力、肌肉酸痛，并有头痛、咳嗽、胸闷、呼吸困难等，少数患者因失水而发生虚脱，甚者急性肾功能衰竭而死亡；严重患者出现迟发性肺水肿，可因呼吸及循环衰竭死亡。少数合并有肝、肾损害。

（三）铬

铬（Cr）是一种具有银白色光泽的金属，无嗅，无味，化学性质很稳定，有延展性，含杂质时硬而脆。熔点（1857±20）℃，沸点2672℃。铬是重要的战略物资之一，由于它具有质硬、耐磨、耐高温、抗腐蚀等特性，在冶金工业、耐火材料和化学工业中得到了广泛的应用。铬的开采、冶炼，铬盐的制造、电镀、金属加工、制革、油漆、颜料、印染工业，都会造成铬化合物污染。铬的化合价有3价和6价之分。通常人们认为3价铬是人体必需元素，可激活胰岛素，并增强人体对葡萄糖的利用。而6价铬则毒性较强。6价铬可以通过消化道、呼吸道、皮肤和黏膜侵入人体，在肝、肾和内分泌腺中积累并蓄积。铬进入血液后，主要与血浆中的铁球蛋白、白蛋白、γ-球蛋白结合。6价铬可透过红细胞膜进入红细胞后，与血红蛋白结合，从而影响人体正常的代谢功能。6价铬还可通过呼吸道进入肺部，并在肺部蓄积，刺激上呼吸道，并引起鼻炎、咽炎、喉炎和支气管炎等疾病。

（四）汞

汞（Hg）又称水银，银白色，易流动，是常温下唯一呈液态的普通金属。熔点−38.87℃，沸点356.58℃，有恒定的体积膨胀系数，导电性良好。汞在现代化工及相关工业中应用极其广泛，如气压计、汞灯、杀虫剂、化妆品等。汞是剧毒物质，空气中汞浓度超过0.1mg/m^3就可引起慢性中毒，浓度超过1.2mg/m^3即可引起急性中毒。慢性毒性靶器官则主要是脑、消化道及肾，急性毒性靶器官主要是肾，其次为消化道、肺等。汞的毒性机制可大致概括为三点。(1)酶抑制作用：汞对于酶的各种活性基团如氨基、羧基、羟基、磷酰基特别是巯基有高度亲和力，可与之结合使酶失活。(2)激活Ca介导反应：如磷脂水解过程激活后，可使花生四烯酸、血栓素、氧自由基等大量生成，造成组织损伤。(3)免疫致病性：汞不仅可引起免疫性肾小球损伤，尚可抑制T淋巴细胞功能，从而妨碍机体免疫调节机制。有机汞化合物主要用作农药杀菌剂，吸入中毒者可迅速出现上呼吸道刺激症状及头晕、头痛、胸闷，并很快出现恶心、腹痛、腹泻等消化系统症状。若未获及时治疗，则经2周左右的缓解期后，可能出现口腔炎、发热、皮疹、神经衰弱、多发性神经炎、中毒性脑脊髓病及精神障碍，并可伴有心、肝、肾损伤。汞污染环境造成的甲基汞中毒（水俣病）则可表现为明显的中枢神经损害、感觉障碍及精神障碍，并具有明显的胚胎毒性。

（五）锌

锌(Zn)是一种蓝白色金属，熔点为419.5℃。在室温下，性较脆；100～150℃时，变软；超过200℃后，又变脆。在所有金属中，它的熔点和沸点相对较低。除了汞和镉以外，它的熔点是所有过渡金属里最低的。锌能和许多有色金属形成合金，其中锌与铝、铜等组成的合金，广泛用于压铸件。锌与铜、锡、铅组成的黄铜，用于机械制造业。含少量铅、镉等元素的锌板可制成锌锰干电池负极、印花锌板、有粉腐蚀照相制版和胶印印刷版等。锌是人体必需的微量元素，缺锌会引起婴幼儿营养不良，生长发育停滞，骨骼发育障碍，机体性成熟受到严重的影响。成人缺锌可发生性腺萎缩，性功能低下。若吸入氧化锌烟尘，人体会出现剧烈寒战、高热，伴有头痛、头昏、乏力、大汗、肌肉及关节酸痛、耳鸣等，类似疟疾的发作。同时，引发呼吸道症状及消化道功能紊乱，重者有神经系统症状如痉挛、谵妄及意识模糊。

第三节　水体有机污染及其对环境健康的危害

一、有机污染物种类及来源

（一）易生物降解有机物

易生物降解有机物主要指造纸、印染、食品、石油加工和焦化等工业废水中的碳水化合物、糖类、蛋白质、氨基酸、木质素等有机物，也称耗氧有机物。这些物质通常在水中以悬浮或溶解态存在，在微生物作用下易分解为 CO_2 和水，或简单的无机物。

目前一般以水中的总有机碳（TOC）作为总有机物含量的替代参数，以溶解态有机碳（DOC）代表水中溶解性有机物的含量。DOC 中可被细菌利用的部分为生物可降解溶解性有机碳（BDOC），而 BDOC 中能被细菌直接合成细胞体的部分则被称为可同化有机碳（AOC）。它们是衡量水中可生物降解有机物既有联系又有分别的两个指标：AOC 是有机物中最易被细菌吸收、直接同化成细菌体的部分，是 BDOC 的一部分；BDOC 是水中细菌和其他微生物新陈代谢的物质和能量的来源，包括其同化作用和异化作用的消耗。它们的含量越低，细菌越不易生长繁殖。

废水中易生物降解的有机物通常以 BOD 来表示。BOD 对水体的污染和危害是通过降低水中的溶解氧来实现的。耗氧有机物排放入水体后，一方面，在生化分解过程中消耗了大量的溶解氧；另一方面，有机物在生物降解过程中，微生物的生长繁殖也会消耗大量的溶解氧。通常情况下，天然水体的溶解氧为 5～10mg/L。当溶解氧低于 5mg/L 时，水体已失去饮用价值；当溶解氧小于 4mg/L 时，将影响鱼类生存；当溶解氧低于 1mg/L 时，水类等水生动物将窒息死亡。通常，废水中 BOD 越高，溶解氧消耗越多，水质越差。一般情况下，当 BOD 低于 3mg/L 时，水质总体较好；达 7.5mg/L 时，水质已较差；10mg/L 以上则表示水质已很差，其中的溶解氧浓度已极低，甚至为零。

（二）难生物降解有机物

难生物降解有机物又称为持久性有机污染物（persistent organic pollutants，POPs），是指持久存在于环境中的具有很长的半衰期且能通过食物链生物富集，并对环境及人类健康造成严重不利影响的有机化学物质。POPs 能通过各种环境介质（大气、水、生物体等）长距离迁移并长期存在于环境，具有长期残留性、生物蓄积性、半挥发性和高毒性，对人类健康和环境具有严重危害性。

国际 POPs 公约中首批持久性有机污染物分为有机氯杀虫剂、工业化学品和非故意生产的副产物三类。其中有机氯杀虫剂包括艾氏剂（用于杀死白蚁、蚱蜢等昆虫，多数国家已限用）、氯丹（控制白蚁和火蚁，多数国家已限用）、滴滴涕（农药杀虫剂，多数国家已限用）、狄氏剂（控制白蚁、纺织品害虫等，防治热带蚊蝇传播疾病，多数国家已限用）、异狄氏剂（棉花和谷物等作物叶片杀虫剂，也用于控制啮齿动物，多数国家已限用）、七氯（控制火蚁、白蚁、蚱蜢、作物等，多数国家已限用）、六氯代苯（粮食作物的杀真菌剂，多数国家已限用）、灭蚁灵（控制火蚁、白蚁以及其他蚂蚁，多数国家已限用）、毒杀芬（棉花、谷类、水果、坚果和蔬菜杀虫剂，多数国家已限用）。

工业化学品则包括多氯联苯和六氯苯（HCB）等。多氯联苯被广泛用于电器设备如变压器、电容器、充液高压电缆、荧光照明整流、油漆和塑料中，是一种热交流介质。HCB 则是一种化工生产的中间体。

非故意生产的副产物主要是指二噁英和呋喃，它们主要来源于不完全燃烧与热解，包括城市垃圾、医院废弃物、木材及废家具的焚烧、汽车尾气、有色金属生产、铸造和炼焦、发电、水泥、石灰、砖、陶瓷、玻璃等工业。另外，含氯化合物的使用、氯碱工业、纸浆漂白及食品污染等意外事故也会生成二噁英等非故意生产副产物。

（三）有毒有害有机物

难降解有机物中有部分属于有毒有害有机物，主要包括酚类、多氯联苯、多环芳烃、高分子聚合物等。另外，某些染料、阴离子表面活性剂、有机磷农药等，也对动物及人体有较强的毒性。PAHs 是指分子中含有一个苯环以上的芳香化合物，包括萘、蒽、菲、芘等 150 余种化合物，主要产生于工业生产、有机物热解或不完全燃烧，通常存在于石化产品、橡胶、塑胶、润滑油、防锈油、不完全燃烧的有机化合物等物质中，是环境中的重要致癌物质之一（何晓文和伍斌，2013；杨健等，2005；黎松强和涂常青，2009）。

多氯联苯是许多含氯数不同的联苯含氯化合物的统称，常用作加热或冷却时的热载体、电容器及变压器内的绝缘材料，也常作为涂料及溶剂使用，应用的范围很广。多氯联苯容易累积在脂肪组织，造成脑部、皮肤及内脏的疾病，并影响神经、生殖及免疫系统，且有一定的致癌性。

酚类化合物是指芳香烃中苯环上的氢原子被羟基取代所生成的化合物，是芳烃的含羟基衍生物。根据分子所含的羟基数目，酚类化合物可分为一元酚和多元酚。根据挥发性，酚类化合物可分为挥发性酚和不挥发性酚。酚是一种中等强度的化学毒物，可通过与细胞原浆中的蛋白质发生化学反应而引起蓄积性慢性中毒、急性中毒甚至昏迷死亡等症状。

（四）石油烃类

工业废水的油类污染主要是指石油烃类污染，即多种碳水化合物的混合污染物。环境水体中的石油烃类主要来自石油开采、石油冶炼、石油化工等石油工业过程废水、交通事故泄露污染及船舶清洗过程废水等。石油烃分为饱和烃和不饱和烃。石油中的烃类多是饱和烃，而不饱和烃如乙烯、乙炔等，一般只在石油加工过程中才能得到（图 4-1）。石油烃主要包括 3 种化合物。(1)烷烃即碳原子间以单键相连接的链状碳氢化合物。在常温常压下，C_1—C_4 的烷烃呈气态，存在于天然气中，C_5—C_{16}的烷烃是液态，是石油的主要成分，C_{16}以上的烷烃为固态。(2)环烷烃即环状结构烷烃，最常见的是 5 个碳原子或 6 个碳原子组成的环，前者叫环戊烷，后者叫环己烷。(3)芳香烃又称芳香族碳氢化合物。一般有一个或多个具有特殊结构的苯环组成。最简单的芳香烃是苯、甲苯、二甲苯。

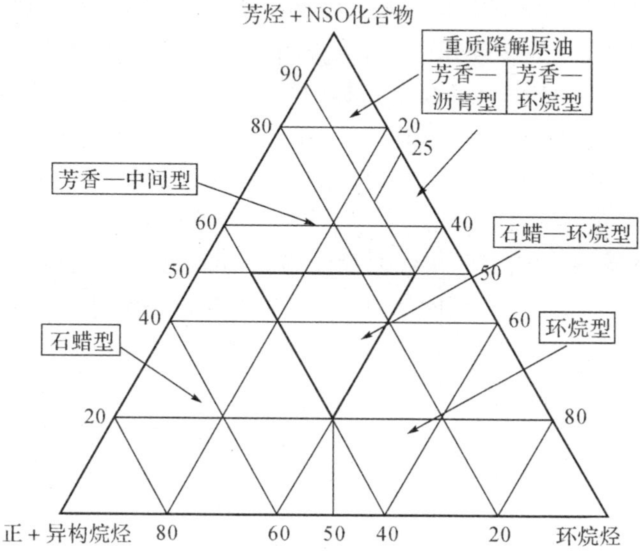

图 4-1 石油烃中常见组分(Railsback,2011)

二、典型有机污染物及其健康危害

(一)多氯联苯(PCBs)

多氯联苯按氯原子数或氯的百分含量分别加以标号，我国习惯上按联苯上被氯取代的个数将 PCBs 分为三氯联苯(PCB_3)、四氯联苯(PCB_4)、五氯联苯(PCB_5)、六氯联苯(PCB_6)等。PCBs 在环境中有很高的残留性，自 1930 年以来，全世界 PCBs 的累计产量约为 100 万 t，其中一半以上已进入垃圾堆放场并被填埋，它们相当稳定，而且释放很慢。PCBs 可经动物的皮肤、呼吸道和消化道而为机体所吸收，被人或其他动物吸收以后，广泛分布于全身组织，以脂肪中含量最多。PCBs 中毒的动物可见腹泻、血泪、共济失调、进行性脱水、中枢神经系统抑制等病症，甚至死亡。动物长期小剂量接触药物可产生慢性毒作用，中毒症状表现为眼眶周围水肿、脱毛、痤疮样皮肤损害等。中毒动物的病理变化为肝细胞肿大、中央小叶区出现小脂肪滴和光面内质网明显增生。生化测定表明，PCBs对肝微粒体酶有明显的诱导作用，含氯量高的PCBs这种作用更为显著。动物繁殖试验发现，PCBs能影响大鼠的生育力。

（二）多环芳烃

PAHs中的低环芳烃在气相中的含量相对较高，而高环PAHs则主要以吸附于可吸入颗粒物的形式存在。五元环及其以上的PAHs主要吸附在颗粒物上，二至四元环的PAHs则在气相和固相中均有分布。芳烃的毒理学效应包括：(1)免疫抑制，即对血清免疫学指标的改变。动物试验表明，烹饪油烟冷凝物对小鼠免疫功能有明显影响，其对T淋巴细胞的影响要比B淋巴细胞更为明显。(2)致癌性：如苯并[a]芘经肝、肺细胞微粒体中的混合功能氧化酶氧化形成环氧化物，然后氧环打开，第10位上的亲电子阳离子与细胞大分子(DNA、RNA、蛋白质等)共价结合，在体内代谢转化后能诱发皮肤癌、肺癌和胃癌。(3)光致毒效应：实验表明，同时暴露于多环芳烃和紫外照射下会加速具有损伤细胞组成能力的自由基形成，破坏细胞膜损伤DNA，从而引起人体细胞遗传信息发生突变。在好氧条件下，PAHs的光致毒作用将使PAHs光化学氧化形成内过氧化物，进行一系列反应后，形成醌。如由苯并[a]芘产生的苯并[a]芘醌是一种直接致突变物，它将引起人体基因的突变，同时也会引起人类红细胞溶血。

（三）内分泌干扰物

内分泌干扰物(endocrine disrupting chemicals，EDCs)，是一种外源性干扰内分泌系统的化学物质，多为有机污染物，或重金属物质，通过摄入、积累等各种途径，并不直接作为有毒物质给生物体带来异常影响，而是类似雌激素对生物体起作用，即使数量极少，也能让生物体的内分泌失衡。常见的EDCs有烷基酚(AP)、烷基酚聚氧乙烯醚(APE)、双酚A、邻苯二甲酸酯(PAE)等。EDCs对健康的影响主要包括：(1)对生殖系统及生育的影响。环境雌激素对男性生殖系统影响最大，主要表现为男性雌性化，引起各种形式的雄性生殖系统发展障碍，精子数目减少乃至无精，以及睾丸肿瘤、性欲降低和不育症；女孩青春期提前，子宫内膜异位发病率增加，月经周期改变等。(2)致畸。如服用保胎素的妇女，其子代无论男女生殖器癌症发病率均有增加。(3)致神经系统紊乱。在神经系统的发育阶段，男性激素受化学物质影响后，生殖行为就会发生异常。(4)影响免疫系统。环境污染物扰乱了内分泌系统，从而影响了免疫系统的功能，导致过敏性和自身免疫性疾病大大增加。

（四）阴离子表面活性剂

阴离子表面活性剂(an-ionic surfactant)在水中解离后，生成憎水性阴离子。阴离子表面活性剂分为羧酸盐、硫酸酯盐、磺酸盐和磷酸酯盐四大类，具有较好的去污、发泡、分散、乳化、润湿等特性，广泛用作洗涤剂、起泡剂、润湿剂、乳化剂和分散剂。表面活性剂的大量使用对水环境造成不可逆的影响。当表面活性剂的浓度达到 1mg/L 时，水体就可能出现持久性泡沫，这些大量不易消失的泡沫在水面形成隔离层，减弱了水体与大气之间的气体交换，致使水体发臭。当表面活性剂在水体中的浓度超过临界胶束浓度(CMC)后，能使不溶或微溶于水的污染物在水中浓度增大或者把原来不具有吸附能力的物质带入吸附层，从而改变水体性质，妨碍水体生物处理的净化效果。另外，当进入污水处理厂污水中的表面活性剂达到一定浓度时，会影响曝气、沉淀、污泥硝化等诸多过程，饮用水中含有过多表面活性剂时会有不良的嗅和味，有油腻感。含表面活性剂废水的大量排放，不仅直接危害水生环境，杀死环境中的微生物，抑制了其他有毒物质的降解，同时还会导致水中溶解氧的减少，尤其含氮、磷的表面活性剂会造成水体富营养化。此外，有的表面活性剂在土壤中的吸附能力很弱，会向下迁移，其污染地下水的潜在危害性也是不容忽视的。

第四节　水体典型无机污染及其对环境健康的危害

一、无机污染物种类及危害

(一)氮污染

氮是一种价态多变(从＋5 价到－3 价)的环境元素，既可作为电子供给体，也可以作为电子接受体，从而形成一系列的形态多样的有机物和无机物。其中，低价的还原态氮化物(氨态氮)本身具有毒性，且常有病原菌相伴。而高氧化态硝酸盐及亚硝酸盐则是氧化态氮的主要形式。在污染的地表水体和地下水体中，主要有离子态的 NH_4^+—N、NO_3^-—N、NO_2^-—N，气态的 NH_3、N_2、N_2O 以及存在于有机质中的有机态氮(参见 N 循环过程，如图 4-2)。在离子态氮化合物中，虽然 NO_2^-—N 含量通常小于 NO_3^-—N 或 NH_4^+—N 的浓度，但是，NO_2^-—N 的毒性却更高，通常将微量的 NO_2^-—N 视为重要的氮污染标志。水环境中的氮污染来源主要是城镇生活污水、含氮的工业废水和农田氮肥。许多调查表明，氮污染已经成为我国城市地下水污染的重要问题，尤其是一些人口密集的老城区，居民的排泄物和废弃物就近排放，致使地下水中的氮化合物的含量高达每升上百毫克。

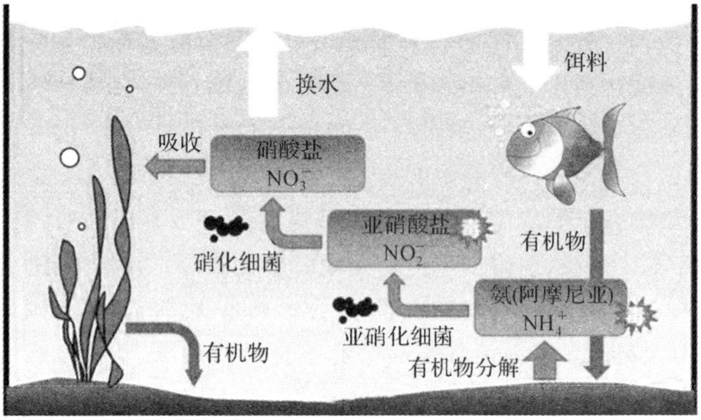

图 4-2 水介质中的氮循环(Wikipedia)

水体中有过量氮会造成富营养化，使水质恶化，影响水生生物的生长与繁殖。土壤中的固氮菌和植物的根瘤菌、蓝藻等会将空气中的单质氮转化为化合态氮(如氨、硝酸盐)，供植物作养分，但过量氨或铵盐的存在，会使土壤的土质变坏，反有害于植物生长。

硝酸盐和亚硝酸盐可诱发高铁血红蛋白血症，甚至会导致缺氧症状而引发死亡。亚硝酸盐与血液中的血红蛋白结合，使高铁血红蛋白含量上升，因高铁血红蛋白不能与氧结合，导致缺氧的发生。硝酸盐的摄入也能减少人体对碘的消化吸收，从而导致甲状腺肿。硝酸盐有致畸性，孕妇摄入大量的硝酸盐后会引起婴儿先天畸形。有研究表明，当饮用水的 NO_3^- 含量超过 15mg/L 时，新生儿先天畸形发病率提高了 4 倍。硝酸盐和亚硝酸盐可能有一定的致癌性。相关研究发现，NO_3^- 摄入量与胃癌死亡率呈正相关。

(二)磷污染

磷是生物不可缺少的重要元素，生物的代谢过程都需要磷的参与，磷是核酸、细胞膜和骨骼的主要成分，高能磷酸在腺苷二磷酸(ADP)和腺苷三磷酸(ATP)之间能可逆地转移，它是细胞内一切生化作用的能量。磷是典型的沉积型循环物质。磷通过风化侵蚀作用和人类的开采被释放到环境中，通过降水作用生成可溶性磷酸盐，经由植物、草食动物和肉食动物而在生物之间流动，待生物死亡后被分解，又通过循环回到环境中。

在淡水和海洋生态系统中，磷酸盐能够迅速地被浮游植物所吸收，而后又转移到浮游动物和其他动物体内，浮游动物每天排出的磷与其生物量所含有的磷相等，所以使磷循环得以继续进行。浮游动物所排出的磷又有一部分是无机磷酸盐，可以为植物所利用，水体中其他的有机磷酸盐可被细菌利用，细菌又被其他的一些小动物所食用。一部分磷沉积在海洋中，沉积的磷随着海水的上涌被带到光合作用带，并被植物所吸收。动植物残体的下沉，常使得水表层的磷被耗尽而深水中的磷积累过多。磷是可溶性的，但由于磷没有挥发性，所以，除了鸟粪对海鱼的捕捞，磷没有再次回到陆地的有效途径。深海处的磷沉积，只有海陆变迁，海底变为陆地后，才有可能因风化而再次释放出磷，否则就将永远脱离循环。正是由于这个原因，陆地的磷损失越来越大。因此，磷的循环为不完全循环，现存量越来越少，特别是随着工业的发展而大量开采磷矿加速了这种损失。

磷化工在加工生产中都要产生大量的含有磷、氟、硫、氯、砷、碱、铀等有毒有害物质的废水。黄磷生产中要产生黄磷污水，而黄磷污水中含有 50～390mg/L 浓度的黄磷。黄磷是一种剧毒物质，若进入人体，对肝脏等器官危害极大。长期饮用含磷的水可使人的骨质疏松，发生下颌骨坏死等病变。

在地表水系统中，磷酸盐通常是植物生长的限制因素。因此磷含量的大量增加会导致植物及浮游生物的过度生长。生活污水、食品工业废水及农业废水都含有大量的氮、磷及其他无机盐类。这些废水的大量排放会造成天然水体中营养物质增多和自养型生物过度生长，特别是蓝藻和红藻的个体数量迅速增加。蓝藻的大量出现是富营养化的征兆。藻类及其他浮游生物死亡后被需氧微生物分解，不断消耗水中的溶解氧，从而造成水质恶化，引起鱼类和其他水生生物大量死亡。藻类及其他浮游生物残体在腐烂过程中，又把大量的氮、磷等营养物质释放入水中，供新一代的藻类等生物利用。因此，富营养化了的水体，即使切断外界营养物质的来源，水体也很难自净并恢复到正常状态。因为富营养化，水中含有硝酸盐和亚硝酸盐，人畜长期饮用这些硝酸盐与亚硝酸盐含量超过一定标准的水，也会中毒致病。

第五节　全球重大水体污染事件

一、日本水俣病事件

日本水俣病事件是世界有名的公害事件之一，20 世纪中期发生在日本熊本县水俣镇。1950 年，在水俣湾附近渔村中，当地居民发现一些猫步态不稳、抽筋麻痹，最后跳入水中溺死的情况，当地人谓之“自杀猫”。1953 年，水俣镇开始有居民也出现了同样的症状，该患者开始只是口齿不清、步态不稳、面部痴呆，进而发展到四肢麻木、精神失常，并在不久后死亡。1956 年，当地的患者越来越多。这种症状后来被命名为“水俣病”。

1963 年，熊本大学“水俣病医学研究组”从水俣湾氮肥厂乙酸乙醛反应管排出的汞渣和水俣湾的鱼、贝类中，分离并提取出氯化甲基汞(CH_3HgCl)结晶，用此结晶和从水俣湾捕获的鱼、贝做喂猫实验，结果 400 只实验猫均获得了典型的水俣病症状。用红外线吸收光谱分析，也发现汞渣和鱼、贝中的氯化甲基汞结晶同纯氯化甲基汞结晶的红外线吸收光谱完全一致。对水俣病死亡病例的脑组织进行病理学检查，在显微镜下也发现大脑、小脑细胞的病理变化，均与 CH_3HgCl 中毒的脑病理变化相同。

进一步的研究发现，水俣湾附近的甲基汞与当地的日本氮肥公司的污水排放有关。1925 年，日本氮肥公司在这里建厂，后又开设了合成醋酸厂。从 1932 年开始，日本氮肥公司在氮肥生产中使用含汞催化剂；1949 年后，这个公司开始生产氯乙烯(C_2H_3Cl)，并把没有经过任何处理的废水排放到水俣湾中。因废水中含有大量的汞，汞离子在水中被鱼虾摄入体内后转化成 CH_3HgCl，而这些被污染的鱼虾又被动物和人类食用。CH_3HgCl 进入人体后，会导致神经衰弱综合征，精神障碍、昏迷、瘫痪、震颤等，并可导致肾脏损害，重者可致急性肾功能衰竭，此外还可以致心脏、肝脏损害。

1958 年春，为掩人耳目，工厂把排入水俣湾的毒水延伸到水俣川的北部。六七个月之后，这个新的污染区也陆续出现了汞中毒的病人。于是引起广大渔民的愤怒，几百名渔民攻占了日本氮肥公司，捣毁了当地官方机构。但工厂仍拒不承认污水毒害的事实。1979 年 3 月，原氮肥公司经理吉冈喜一(时年 77 岁)和造成水俣病的工厂原厂长西田荣一(时年 69 岁)分别被判处监禁 2 年、缓期 3 年执行。

以水俣病事件爆发为标志，汞等环境污染造成的环境公害事件拉开了日本重视环境问题的序幕。日本积极处置公害善后事宜，并逐步建立了相对完善的汞污染防治和管理体系。(1)转变观念。1968 年生效的《日本环境保护基本法》规定“经济发展优先环境保护”，1970 年删除了此条款，1993 年修订为“环境保护与经济健康发展相协调”。在环保目标的定位上，日本环保目标由最初的污染源排放强度控制(1955 年前)，逐步过渡到环境质量和污染物排放强度并重(1956—1991 年)，最终确定为保护生态环境和人体健康、建立可持续发展社会

(1992年后)。(2)构建环保法律法规体系。日本通过颁布一系列法律法规,为全方位推进汞减排提供了法律依据。1958年,日本制定了《公用水域水质保护法》和《工业排水控制法》。而后又颁布了《公害对策基本法》《电力工业法》《大气污染控制法》《水质污染防治法》《废弃物处理及清除法》《公害纠纷处理法》《公害健康受害补偿法》《土壤污染对策法》《环境影响评价法》等。(3)全方位控制。从1974年开始,对公共地表水域与地下水设立了水质中汞含量标准,对企事业单位设立了污水中汞排放标准;在土壤污染防治方面,制定了土壤中汞含量标准以及土壤溶出量标准;在大气方面,制定了汞(汞蒸气)的环境质量标准;在固体废物管理方面,针对汞及其化合物,基于污染物排放及转移申报登记制度,日本强制实施总量控制,限制废物转移。(4)确定排放源。日本制定了大气汞的排放清单,确定了主要排放源。另外,还制定了钢铁、有色金属冶炼、水泥生产等排放清单。(5)加强管理。连续跟踪全国汞的物质流向,以便实现对生产和活动中汞的使用、排放及社会流向的管理。(6)清洁生产。日本积极推进氢氧化钠和氯以及氯乙烯单体生产等涉汞工艺向无汞化转变,并减少电池汞含量。

这些措施的实行,保证了日本经济发展的同时,也保护了日本的环境,为避免日后再次发生类似的事件提供了政策法规层面的多重保障。

二、泰晤士河污染事件

泰晤士河(River Thames)是英国著名的母亲河,发源于英格兰西南部的科茨沃尔德希尔斯,全长346km,横贯英国首都伦敦与沿河的10多座城市,流域面积13000km^2。在1800年左右,泰晤士河还是一条清洁的河流。随着人口的大量增长,在19世纪初,居民生活污水被大量排入泰晤士河,使得该河流被逐渐污染。同时,随着工业化的发展,大量工业废水的排放加剧了泰晤士河的污染。严重的河流污染导致了霍乱等疾病的发生,伦敦在1831—1832年、1848—1849年、1853—1854年和1865—1866年,连续爆发了霍乱,这几次流行病夺取了4万多市民的生命。1852年,政府颁布了城市水法,禁止将感潮河段的水作为饮用水源。

1858年,英国启动了对泰晤士河的水污染治理工程。英国议会通过法令,要求负责伦敦市政工程建设的"都市工务局"(The Metropolitan Board of Works),"尽快采取一切有效措施,改进大都市的下水排污系统,以求最大限度地防止都市地区的污水排入泰晤士河中"。从19世纪中期开始,英国政府和伦敦市政当局对泰晤士河的污染治理基本可以分为三大阶段。(1)第一次治理(1852—1891年):修建了两大排污下水道系统,基本确定了河流污染治理的规划。1858年的伦敦大恶臭促使英国政府将泰晤士河的污染治理提上日程,具体措施则由1855年成立的"都市工务局"负责。总工程师巴扎尔基特制定了一项全市污水排放规划,根据这项规划,将在泰晤士河南北两岸建造两套庞大的隔离式排污下水道管网,以汇总两岸的污水。北岸排污干渠在贝肯顿(Beckton)附近注入泰晤士河,南岸排污干渠在克罗斯内斯(Crossness)附近注入泰晤士河,这两地距泰晤士河入海口约25km,离当时的伦敦主城区较远。按照规划,将在两地建造巨大的污水库以蓄存污水,在退潮时刻开启闸门,让污水排入北海。(2)第二次治理(1955—1975年):对泰晤士河进行全流域治理,通过隔离排污和集中处理污水,基本修复了泰晤士河的生态系统。自20世纪60年代起,英国对河段实施统一管理,把泰晤士河划分成10个区域,合并了200多个管水单位,而建成一个新的"泰晤士河水务管理局"。同时对伦敦原有下水设施进行了大刀阔斧的改造。大伦敦地区的180个污水处理厂缩减合并为十几个较大的污水处理厂,对各类下水和污水处理设施重新布局,使之分布得更加合理,同时对原有设施进行了升级改造,革新污水处理技术。20世纪60年代,英国政府投资5000多万美元,对位于两大下水系统末端的克罗斯内斯和贝肯顿污水处理厂进行现代化的改造,两家污水处理厂每天所处理的污水占到当时大伦敦区700万人口所排放污水的一半以上。(3)第三阶段即巩固阶段(1975年至今):英国政府不断投资,对污水处理设施进行技术改造。近年来对污水的处理已采用超声波监测控制污泥密度和包膜电极监测溶氧等新技术,遥测技术也已在使用中。同时严格控制工业污水的排放,对沿河两岸的工矿企业严加监督,规定除了经过净化处理的水以外,工矿企业将任何东西排进泰晤士河都是非法的。随着英国产业的升级改造和大伦敦区的经济模式转换,原本对泰晤士河造成巨大污染的煤气厂、造船厂、炼油厂等工业企业相继关闭,代之以各类文化和服务机构,大大缓解了泰晤士河的污染压力。

今天的泰晤士河已经重现昔日的碧水青天,正如一家英国杂志《水》曾经报道的那样:"这一条河流曾经遭受到极其严重的污染以致已被人们视为死河。然而,今天它已经恢复到接近未受污染前的那种自然状态。在世界上这是前所未有的第一回。"(Sinha,2005)

三、太湖蓝藻暴发

太湖,中国五大淡水湖之一,位于江苏省南部和浙江省北部交界处,是江、浙两省的界湖，大部分水域位于苏州市。湖面周长近 400km，面积 2338km^2。太湖景色优美，是我国的重要风景名胜之一。同时，太湖地处江浙人口稠密地区，为两地的工农业发展和百姓民生提供了重要的水源保障。

2007 年五六月间，太湖蓝藻暴发，造成无锡市全城自来水污染，居民生活用水和饮用水严重短缺。蓝藻暴发即水体富营养化（eutrophication），俗称水华（water bloom），也称藻华（algal bloom），是指淡水环境中因氮、磷含量过高导致藻类突然性过度增殖的一种自然现象。蓝藻暴发的水体通常呈绿色或蓝色。一般而言，“水华”是淡水中的一种自然生态现象，常见的藻类如蓝藻（即蓝细菌）、绿藻、硅藻等在水中自然生长，自然形成的水华现象会很快消失，并不会带来环境影响。

但因人为因素而导致水体中氮素（主要是铵盐、硝酸盐和亚硝酸盐）和磷素（主要是正磷酸盐和各种形态的磷酸盐）的含量过高，而引起的水体富营养化，则会加速“水华”出现频率，导致水体失去自净能力，水质恶化，失去水体的正常功能。这些人为的原因包括：(1)污染物的直接排放。随着工农业的发展以及城市人口的高度集中，大量含有污染物质的工业废水和生活污水未经适当处理便直接排入水体，使水体中氨氮、磷以及有机污染物等耗氧物质浓度的升高，增加了水中的营养物质的负荷量；农业施用化肥逐年增加，经过雨水的冲刷和渗透，有更多的营养物质流失而进入水中，也增加了水中的营养物质的负荷量；水产养殖中大量饵料的投放，也成为水体接纳氮、磷等营养物质的主要渠道。(2)太湖周围的水泥钢筋围栏筑坝，以及围湖造田等行为，将太湖圈成一个个不活动的水池，导致太湖水体流动性比较差，无法及时冲走蓝藻。(3)城市污水收集管网不配套，导致污水处理设施建设远远赶不上污水增加的速度。甚至流域内个别污水处理厂接纳超出其日处理能力的污水而成为污染源。

随着长三角地区的经济发展及城市化进展，太湖的污染情况仍没有缓解的迹象。要想彻底将蓝藻清除掉并不现实，这是个世界性的难题。彻底治好太湖，绝非一朝一夕之功，除了治理现在已经发生的太湖污染，更重要的是改变产业结构，阻止新的污染排放。

四、松花江污染事件

松花江，满语“松啊察里乌拉”，汉译“天河”，有南北两源，正源为南源长白山天池。松花江全长 1927km，流域面积为 5.572×10^{7}km^2，占东北三省总面积近 70%。松花江径流总量 7.59×10^{10}m^3，河长、水资源总量、流域面积均位居中国第三。松花江流域内山岭重叠，林木资源丰富，大兴安岭、小兴安岭、长白山等森林木材储量超十亿立方米，是中国面积最大的森林区。松花江同时是东北的重要工农业及生活水源。

2005 年 11 月 13 日，吉林石化公司双苯厂一车间发生爆炸，爆炸除了造成人员死伤，还致使约 100t 苯类物质(苯、硝基苯等)流入松花江，造成了江水严重污染。2005 年 11 月 21 日，哈尔滨市人民政府向社会发布公告称全市停水 4 天，引发市民恐慌并抢购超市库存瓶装水。随后的几天内，哈尔滨市人民政府连续发布两个公告，证实上游化工厂爆炸导致了松花江水污染，动员居民储水。同年 11 月 23 日，国家环保总局向媒体通报，受中国石油吉林石化公司双苯厂爆炸事故影响，松花江发生重大水污染事件。这起水污染事件同时影响了俄罗斯居民的生活饮用水源供应，中国政府向俄道歉，并承诺提供援助以帮助其应对污染。

然而这起事件并未引起人们的足够重视。2010 年 7 月，永吉县两家化工企业的库房被洪水冲毁，导致约 7000 只物料桶被冲入温德河，进而流入松花江。由于水流湍急，同时江上集聚大量漂浮物，致使打捞工作十分困难。事后调查表明辅料桶内化学物品为三甲基一氯硅烷及六甲基二硅氮烷等物质。三甲基一氯硅烷是无色透明液体，工业上用作耦合剂，有刺激臭味，对环境及人体有一定的影响。此次事件对环境及人体健康的影响，仍不得而知。

人类的发展有自身的规律。科学技术的发展，在改善了人们生活条件的同时，也污染了环境。如何在发展的同时保护环境，并利用科技的发展改善环境、做到可持续发展，是摆在现代人面前的一道难题。

参考文献

[1]Railsback B. The origin and fate of petroleum[P/OL]. http://www.gly.uga.edu/railsbackPGSGPetroleumHydrocarbonCompounds02.jpg, 2015-10-19.

[2] Sinha S. From the great stink to now, 2005[EB/OL]. http://www.lbhf.gov.uk/external/la21/articles/stink.htm, 2015-06-17.

[3]Kimberly L Schulz. The nitrogen cycling[P/OL]. http://www.esf.edu/efb/schulz/Limnology/Nitrogen.html. 2015-10-19.

[4] 何晓文，伍斌. 水体污染处理新技术及应用[M]. 合肥：中国科学技术大学出版社，2013.

[5]环保部. 中国环境状况公报，2014[EB/OL]. http://www.mwr.gov.cnzwzchygb/szygb/qgszygb/201508/t20150828_719423.html，2015-10-19.

[6] 黎松强，涂常青．水污染控制与资源化工程[M]．武汉：武汉理工大学出版社，2009.

[7] 孟祥和，胡国飞．重金属废水处理[M]．北京：化学工业出版社，2000.

[8]水利部．2014 年水资源公报[EB/OL]．http://www.mwr.gov.cn/zwzc/hygb/szygb/qgszygb/201508/t20150828_719423.html，2015-10-19.

[9] 田禹，王树涛．水污染控制工程[M]．北京：化学工业出版社，2010.

[10] 杨健，章非娟，余志荣．有机工业废水处理理论与技术[M]．北京：化学工业出版社，2005.

[11] 叶常明，黄玉瑶，张景镛，等．水体有机污染的原理、研究方法及应用[M]．北京：海洋出版社，1990.

第五章　水体污染修复技术

第一节　水体自净作用

污染物进入水体后，经过水体的物理、化学与生物作用，使污染物浓度降低或减少，经过一段时间后，水体部分或完全恢复到受污染前的状态，这种现象称为水体的自净过程（self-purification）。水体自净主要通过三方面作用来实现：(1)物理作用，即通过沉淀、吸附及稀释等物理作用，使悬浮物、胶体和溶解性污染物稀释的过程，其中稀释作用是一项重要的物理净化过程；(2)化学作用，即通过氧化、还原、酸碱反应、分解、化合、吸附和凝聚等作用而使污染物质的存在形态发生变化和浓度降低的过程；(3)生物作用，即通过生物（藻类、微生物等）的活动使水中有机物氧化分解的过程，是水体自净的重要作用方式。

水体中的自净，往往是多种作用方式共同作用的结果。包括污染物的沉淀、稀释、混合等物理过程，氧化还原、分解化合、吸附凝聚等化学和物理化学过程，以及生物化学过程等。这些作用往往共同进行，并相互影响。一般说来，物理和生物化学过程在水体自净中占主要地位。

第二节　物理修复技术

一、格栅

污水处理格栅是一种可以连续自动拦截并清除流体中各种形状杂物的水处理专用设备，可广泛地应用于城市污水处理。格栅包括栅链、栅条和框架。

在电机减速器的驱动下，耙齿链进行逆水流方向回转运动，耙齿链运转到设备的上部时，由于槽轮和弯轨的导向，使每组耙齿之间产生相对自清运动，绝大部分固体物质靠重力落下。另一部分则依靠清扫器的反向运动把粘在耙齿上的杂物清扫干净。

二、重力沉降

（一）自由沉降

自由沉降又称离散沉降。沉淀法是水处理的最基本方法之一，即利用水中悬浮颗粒的可沉降性能，在重力作用下产生下沉，以达到固液分离的过程。通常悬浮颗粒浓度不高且不具有凝聚性能的污水中，固体颗粒以此方式进行沉降。在沉淀过程中，悬浮固体颗粒不改变形状和尺寸，彼此间也不聚合，颗粒各自单独进行匀速直线性沉降过程。如沙粒在沉沙池中的沉淀及悬浮物浓度较低的污水在初沉池中的沉淀过程。

（二）絮凝沉淀

水中悬浮颗粒浓度大于 50mg/L 时，会发生絮凝沉淀，即水中悬浮物的胶体及分散颗粒在分子力的相互作用下生成絮状体且在沉降过程中互相碰撞、凝聚，且尺寸和质量不断变大，沉速不断增加的沉淀方式。在此沉淀过程中，颗粒物的质量、形状和沉降速度是不断变化的。悬浮物的去除率不但取决于沉淀速度，而且与沉淀深度有关。地面水中投加混凝剂后形成的矾花，生活污水中的有机悬浮物，以及活性污泥在沉淀过程中都会出现絮凝沉淀的现象。

（三）区域沉降

当污水中悬浮颗粒浓度较高时，颗粒的沉降受到周围其他颗粒的影响，由于颗粒间的相互干扰和影响，所有颗粒以团状整体沉淀，与清水之间有清晰的液—固界面，沉淀显示为界面下沉。如二沉池中下部的沉淀过程与污泥浓缩池开始阶段就属于这种类型。

（四）压缩沉降

当污水中颗粒物浓度非常高时，颗粒间相互已挤压成团状结构，互相接触，互相支撑，下层颗粒间的水在上层颗粒的重力作用下被挤出，使污泥得到浓缩。如二沉池中污泥斗中的浓缩过程及浓缩池中的污泥浓缩过程都存在这种类型的沉降。

三、膜过滤

膜过滤是一种与膜孔径大小相关的筛分过程，以膜两侧的压力差为驱动力，以膜为过滤介质，在一定的压力下，当原液流过膜表面时，水及小分子物质可通过膜孔而成为透过液，而原液中体积大于膜表面微孔径的物质则被截留在膜的进液侧，成为浓缩液，因而实现对原液的分离和浓缩的目的。根据膜选择性的不同，可分为反渗透（RO）、纳滤（NF）、超滤（UF）和微滤（MF）等。

（一）反渗透

反渗透又称逆渗透，是一种以压力差为推动力，从溶液中分离出溶剂的膜分离操作。因为它和自然渗透的方向相反，故称反渗透。根据各种物料的不同渗透压，就可以使大于渗透压的反渗透法达到分离、提取、纯化和浓缩的目的（图 5-1）。

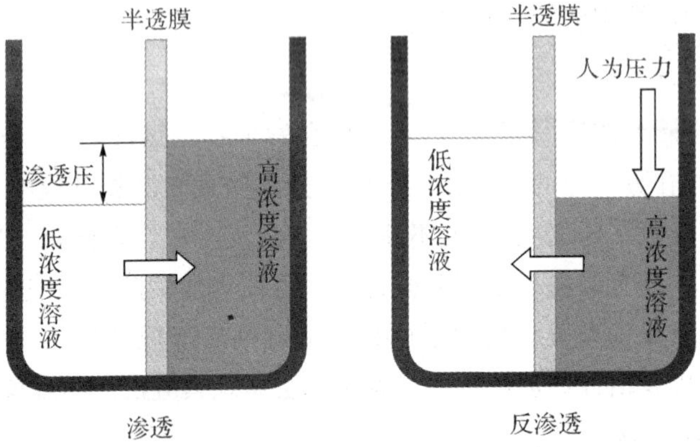

图 5-1 反渗透原理示意图（PureTec）

（二）超滤

超滤又称超过滤，用于截留水中胶体大小的颗粒，而水和低分子量溶质则允许透过膜。超滤的机理是指由膜表面机械筛分、膜孔阻滞和膜表面及膜孔吸附的综合效应，以筛滤为主。超滤膜孔径一般为 0.01～0.1μm，以压力为推动力。较常用的如中空纤维超滤器（膜），该膜具有单位容器内充填密度高、占地面积小等优点（图 5-2）。

超滤技术的关键是膜。膜有各种不同的类型和规格，可根据工作的需要来选用。早期的膜是各向同性的均匀膜，即现在常用的微孔薄膜，其孔径通常是

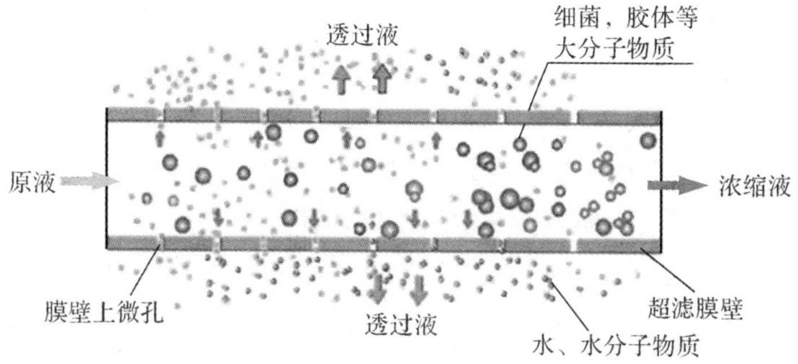

图 5-2 超滤膜结构及工作示意图(SolarSpring)

0.05～1.0mm。常用的膜一般是由乙酸纤维或硝酸纤维或此二者的混合物制成。近年来发展了非纤维型的各向异性膜，例如聚砜膜、聚砜酰胺膜和聚丙烯腈膜等。这种膜耐酸碱和高温(<90℃)。超滤膜的主要性能指标包括水通量、截留率、化学物理稳定性(包括机械强度)等。

(三)纳滤

纳滤是一种介于反渗透和超滤之间的压力驱动膜分离过程，纳滤膜的孔径范围为 1～2nm。与其他压力驱动型膜分离过程相比，纳滤膜分离过程出现较晚。纳滤膜大多从反渗透膜衍化而来，但与反渗透相比，其操作压力更低。纳滤膜本体带有电荷性，是一种允许溶剂分子或某些低分子量溶质或低价离子透过的功能性半透膜，可截留分子量为 150～500 的有机物，以及大部分溶解性盐。纳滤膜对盐的截留性能主要是由膜的电荷效应决定的，纳滤膜对中性不带电荷的物质(如乳糖、葡萄糖、麦芽糖)的截留则是由膜的筛分效应决定的。

第三节 化学修复技术

一、中和法

废水中和处理法即利用中和作用处理废水并使之净化的方法，是废水化学处理法之一种。其基本原理是，使酸性废水中的 H^+ 与外加的 OH^- 相互作用，或使碱性废水中的 OH^- 与外加的 H^+ 相互作用，生成弱解离的水分子，同时生成可溶解或难溶解的其他盐类，从而消除它们的有害作用(何晓文和何斌，2013)。采用此法可以处理并回收利用酸性废水和碱性废水，可以调节酸性或碱性废水的 pH 值。

含酸废水和含碱废水是两种重要的工业废液。一般而言，酸含量大于3%～5%的高浓度废水称为废酸液，碱含量大于1%～3%的高浓度废水称为废碱液，这类废液首先要考虑采用特殊的方法回收其中的酸或碱。酸含量小于3%～5%的酸性废水和碱含量小于1%～3%的碱性废水回收价值不大，常采用中和处理方法，使其pH值达到排放废水的标准。

（一）酸性废水的中和处理

酸性废水即含较低浓度的硫酸、硝酸、盐酸、磷酸、有机酸等酸性物质的废水。含酸废水主要来自制酸厂、化工厂、化学纤维厂、染料厂、金属酸洗车间和电镀车间等。其中有的含无机酸，有的含有机酸，或二者兼有。含酸浓度差异很大，低的小于1%，高的大于10%。

酸性废水常用的中和方法包括：(1)酸、碱废水（或废渣）中和法，即利用碱性废水对酸性废水进行中和的方法。强酸、强碱的中和达到等当点（即进行中和反应的酸碱当量数相等，二者恰好完全中和）时，由于所生成的强酸强碱盐不发生水解，因此等当点即中性点，溶液的pH值等于7.0。但中和的一方若为弱酸或弱碱，由于中和过程中所生成的盐易在水中进行水解，因此，尽管达到等当点，但溶液并非中性，而根据生成盐水的水解可能呈现酸性或碱性，pH值的大小由所生成盐的水解度决定。(2)投药中和法，即通过投加药物进行中和的方法。投药中和法是应用广泛的一种中和方法。最常用的碱性药剂是石灰，有时也选用苛性钠、碳酸钠、石灰石或白云石等。选择碱性药剂时，不仅要考虑其本身的溶解性、反应速度、成本、二次污染、使用方便等因素，而且还要考虑中和产物的性状、数量及处理费用等因素。(3)过滤中和法，一般适用于处理含酸浓度较低（硫酸＜20g/L，盐酸、硝酸＜20g/L）的少量酸性废水，对含有大量悬浮物、油、重金属盐类和其他有毒物质的酸性废水不适用。滤料可用石灰石或白云石，石灰石滤料反应速度通常比白云石快，但进水中硫酸允许浓度则较白云石滤料低。中和盐酸、硝酸废水，两者均可采用。中和含硫酸废水，采用白云石为宜。

（二）碱性废水的中和处理

碱性废水是指含较低浓度的苛性钠、碳酸钠、氢氧化钠、氨等碱性物质的废水，主要来自制碱厂、制浆造纸厂、印染厂、皮革厂、炼油厂等。其中有的含无机碱，有的含有机碱。

碱性废水中和法包括：(1)投酸中和法，即采用废强酸或酸性废水进行中和处理，所用设备和中和程序与酸性废水中和法相同。(2)烟道气中和，即利用烟道气中的二氧化碳与二氧化硫溶于水中形成的酸中和碱性废水。方法是将烟道气通入碱性废水，或利用碱性废水作为除尘的喷淋水，两者均可得到良好的处理效果。但该处理后废水中的悬浮物含量大大增加，硫化物、耗氧量和色度也都有所增加，还需对废水进行补充处理。

二、化学沉淀法

化学沉淀即向废水中投加某些化学物质，使它和废水中欲去除的污染物发生直接的化学反应，生成难溶于水的沉淀物而使污染物分离除去的方法。水中难溶解盐类服从溶度积原则，即在一定温度下，在含有难溶盐的饱和溶液中，各种离子浓度的乘积为一常数，也就是溶度积常数。为去除废水中的某种离子，可以向水中投加能生成难溶解盐类的另一种离子，并使两种离子的乘积大于该难溶解盐的溶度积，形成沉淀，从而降低废水中这种离子的含量。废水中某种离子能否采用化学沉淀法与废水分离，首先取决于能否找到合适的沉淀剂。一般来说，废水中的汞、铅、铜、锌、6 价铬、硫、氰、氟等离子都有可能用化学沉淀法从废水中分离出来。根据使用的沉淀剂不同，常见的化学沉淀法有氢氧化物沉淀法、硫化物沉淀法、碳酸盐沉淀法、钡盐沉淀法、卤化物沉淀法等。例如，向废水中投加氢氧化物、硫化物、碳酸盐、卤化物等生成金属盐沉淀可以去除废水中的金属离子，向废水中投加钡盐可使含 6 价铬的工业废水生成铬酸盐沉淀，向废水中投加石灰生成氟化钙沉淀可以去除水中的氟化物。

（一）氢氧化物沉淀法

氢氧化物沉淀法即采用氢氧化物作沉淀剂使工业废水中的许多重金属离子生成氢氧化物沉淀而得以去除的方法。因为除了碱金属和部分碱土金属外，其他金属的氢氧化物大都是难溶的（表 5-1）。因此，可用氢氧化物沉淀法去除废水中的重金属离子。沉淀剂为各种碱性药剂，常用的有石灰、碳酸钠、苛性钠、石灰石、白云石等。

金属氢氧化物的生成条件和存在状态与溶液的 pH 值有直接关系。此外，有些金属如 Zn、Pb、Cr、Al 等的氢氧化物为两性化合物，若 pH 值过高，它们会重新溶解。

表 5-1 某些金属氢氧化物的溶度积

化学式	K_{sp}	化学式	K_{sp}	化学式	K_{sp}
$AgOH$	1.6×10^{-8}	$Cr(OH)_3$	6.3×10^{-31}	$Ni(OH)_2$	2.0×10^{-15}
$Al(OH)_3$	1.3×10^{-33}	$Cu(OH)_2$	5.0×10^{-20}	$Pb(OH)_2$	1.2×10^{-15}
$Ba(OH)_2$	5×10^{-3}	$Fe(OH)_2$	1.0×10^{-15}	$Sn(OH)_2$	6.3×10^{-27}
$Ca(OH)_2$	5.5×10^{-6}	$Fe(OH)_3$	3.2×10^{-38}	$Th(OH)_4$	4.0×10^{-45}
$Cd(OH)_2$	2.2×10^{-14}	$Hg(OH)_2$	4.8×10^{-26}	$Ti(OH)_3$	1.0×10^{-40}
$Co(OH)_2$	1.6×10^{-15}	$Mg(OH)_2$	1.8×10^{-11}	$Zn(OH)_2$	7.1×10^{-18}
$Cr(OH)_2$	2×10^{-16}	$Mn(OH)_2$	1.1×10^{-13}		

注：表中所列溶度积，均为活度积，但应用时一般作为溶度积，不加区别。

(二)硫化物沉淀法

大多数过渡金属的硫化物都难溶于水，因此，可用硫化物沉淀法去除废水中的重金属离子。各种金属硫化物的溶度积(表 5-2)相差悬殊，同时溶液中 S^{2-} 离子浓度受 H^+ 浓度的制约，所以可以通过控制酸度，用硫化物沉淀法把溶液中不同金属离子分步沉淀而分离回收。硫化物沉淀法常用的沉淀剂有 H_2S、Na_2S、$NaHS$、CaS_x、$(NH_4)_2S$ 等。根据沉淀转化原理，难溶硫化物 MnS、FeS 等亦可作为处理药剂。

表 5-2 某些金属硫化物的溶度积

化学式	K_{sp}	化学式	K_{sp}	化学式	K_{sp}
Ag_2S	1.6×10^{-49}	Cu_2S	2×10^{-47}	MnS	1.4×10^{-15}
Al_2S_3	2×10^{-7}	CuS	8.5×10^{-45}	NiS	1.4×10^{-24}
Bi_2S_3	1×10^{-97}	FeS	3.7×10^{-19}	PbS	3.4×10^{-28}
CdS	3.6×10^{-29}	Hg_2S	1.0×10^{-45}	SnS	1×10^{-25}
CoS	4.0×10^{-21}	HgS	4×10^{-53}	ZnS	1.6×10^{-24}

(三)碳酸盐沉淀法

碱土金属(Ca、Mg 等)和重金属(Mn、Fe、Co、Ni、Cu、Zn、Ag、Cd、Pb、Hg、Bi 等)的碳酸盐等难溶于水(表 5-3)，所以可用碳酸盐沉淀法将这些金属离子从废水中去除。

对于不同的处理对象，碳酸盐沉淀法有三种不同的应用方式：(1)投加难溶碳酸盐(如碳酸钙),利用沉淀转化原理,使废水中重金属离子(如 Pb^{2+}、Cd^{2+}、Zn^{2+}、Ni^{2+} 等离子)生成溶解度更小的碳酸盐而沉淀析出;(2)投加可溶性碳酸盐(如碳酸钠),使水中金属离子生成难溶碳酸盐而沉淀析出;(3)投加石灰,与造成水中碳酸盐硬度的 $Ca(HCO_3)_2$ 和 $Mg(HCO_3)_2$,生成难溶的碳酸钙和氢氧化镁而沉淀析出。

表 5-3 碳酸盐的溶度积

化学式	K_{sp}	化学式	K_{sp}	化学式	K_{sp}
Ag_2CO_3	8.1×10^{-12}	$CuCO_3$	1.4×10^{-10}	$MnCO_3$	1.8×10^{-11}
$BaCO_3$	5.1×10^{-9}	$FeCO_3$	3.2×10^{-11}	$NiCO_3$	6.6×10^{-9}
$CaCO_3$	2.8×10^{-9}	Hg_2CO_3	8.9×10^{-17}	$PbCO_3$	7.4×10^{-14}
$CdCO_3$	5.2×10^{-12}	Li_2CO_3	2.5×10^{-2}	$SrCO_3$	1.1×10^{-10}
$CoCO_3$	1.4×10^{-13}	$MgCO_3$	3.5×10^{-8}	$ZnCO_3$	1.4×10^{-11}

(四)卤化物沉淀法

氯化物的溶解度都很大,唯一例外的是氯化银($K_{sp}=1.8\times10^{-10}$)。利用这一特点,可以处理和回收废水中的银。含银废水主要来源于镀银和照相工艺。氰化银镀槽中的含银浓度高达 13~45g/L。处理在镀件镀银后的清洗过程中所产生的含银废水时,一般先用电解法回收废水中的银,将银浓度降至 100~500mg/L,然后再用氯化物沉淀法,将银浓度降至 1mg/L 左右。当废水中含有多种金属离子时,调 pH 值至碱性,同时投加氯化物,则其他金属形成氢氧化物沉淀,唯独银离子形成氯化银沉淀,二者均沉淀。用酸洗沉渣,将金属氢氧化物沉淀溶出,仅剩下氯化银沉淀。这样可以分离和回收银。镀银废水中同时含有氰,它和银离了形成 $(Ag(CN)_2)^-$ 络离子,对处理不利,一般先采用氯氧化法氧化氰,产生的氯离子又可与银离子生成沉淀。

当废水中含有比较单纯的氟离子时,投加石灰,调 pH 值至 10~12,生成 CaF_2 沉淀,可有效去除氟离子。

三、高级氧化法

高级氧化技术是 20 世纪 80 年代发展起来的处理废水中有毒有害高浓度污染物的新技术(张光明等,2007)。它的特点是通过反应把氧化性很强的羟基自由基—OH 释放出来,将大多数有机污染物矿化或有效分解,甚至彻底地转化为无害的小分子无机物。由于该工艺具有显著的特点和独特的优点，因此引起世界各国的重视，并相继开发了各种各样的处理工艺和设备，使高级氧化系统具有很强的生命力和竞争力，应用前景广阔。根据所用氧化剂及催化条件的不同，高级氧化技术通常可分为六类。

（一）化学氧化法

化学氧化法是利用化学氧化剂的强氧化性，将废水中的无机物和有机物彻底氧化成无毒的小分子物质或气体，从而达到处理目的的方法。常见的化学氧化剂有 O_3、H_2O_2、ClO_2、$KMnO_4$ 和 K_2FeO_4 等。这些氧化剂通常情况下都是强氧化剂，在酸性和碱性溶液中可以氧化多种有机污染物。特别是可溶性 Fe^{2+} 和 H_2O_2 按一定的比例混合所组成的芬顿(Fenton)试剂，能氧化许多有机物，且操作不需要高温高压，处理效果好。目前，化学氧化法所需的费用还较高，仅用于饮用水处理、特种工业用水处理、有毒有害高浓度有机废水的处理以及以回收利用为目的的废水深度处理等。

（二）化学催化氧化法

化学催化氧化法是在传统的湿式氧化处理工艺中，加入适宜的催化剂以降低反应所需的温度与压力，提高氧化分解能力，缩短反应时间，防止设备腐蚀和降低成本的方法。化学催化氧化法主要应用于石油炼制和化学工业废水的处理，它对气态污染物、液态污染物、固态污染物的处理都有成功的实例。气相催化氧化法一般是用 V_2O_5 作催化剂，将 SO_2 氧化成 SO_3 而制得 H_2SO_4。催化还原法净化 NO_x 气体是利用不同的还原剂，在一定温度和催化剂的作用下将 NO_x 还原为 N_2 和 H_2O。

（三）湿式氧化法

湿式氧化技术是从 20 世纪 50 年代发展起来的一种处理有毒有害、高浓度有机废水的有效的水处理方法。它是在高温高压的条件下，以空气中的 O_2 为氧化剂，在液相中将有机污染物氧化为 CO_2 和 H_2O 等无机小分子或有机小分子的化学过程。湿式氧化技术的特点是应用范围广，几乎可以无选择地有效氧化各类高浓度有机废水，处理效果好。同时，它对有机污染物的氧化速率快，一般只需 30～60min，二次污染少，能耗较低。

湿式氧化技术在实际应用中还存在一定的局限性，它需要在高温高压的条件下进行，故要求反应器材耐高温高压、耐腐蚀，因此设备费用高。湿式氧化技术适用于处理高浓度、小流量的工业废水，对低浓度大流量的生活污水则不经济。自 20 世纪 70 年代以来，出现了在湿式氧化技术基础上发展起来的一系列新技术，例如使用高效、稳定的催化剂的湿式催化氧化技术，加入强氧化剂（如H_2O_2和O_3等）的湿式氧化技术，以及利用超临界水的良好特性来加速反应进程的超临界水湿式氧化技术，它们极大地改善了湿式氧化的工作条件和降解效率，使湿式氧化技术更具实用性和经济性。

（四）超临界水氧化法

超临界水氧化法的主要原理是利用超临界水作为介质来氧化分解有机物。有机污染物在超临界水中进行氧化的过程，速度很快且比较彻底。同时，超临界水在氧化过程中释放出大量的热，反应一旦开始，可以自己维持，不需要外界提供能量。为了加快反应速率，减少反应时间，降低反应温度，优化反应程序，使超临界水氧化法能充分发挥出自身的优势，许多学者将催化剂引入超临界水氧化技术，开发了超临界湿式氧化技术，它已成为一个重要的研究方向。目前，已对许多污染物（包括硝基苯、尿素、氰化物、酚类、乙酸和氨等）进行了超临界水的氧化实验，实验结果表明效果很好。

（五）光化学氧化法和光化学催化氧化法

光化学催化即利用光化学反应，在无催化剂和有催化剂参与下的光化学氧化过程。有机物在光作用下，逐步氧化成小分子中间产物，最终形成CO_2、H_2O及其他离子等。光催化氧化降解水中有机污染物具有能耗低、操作简便、反应条件温和、可减少二次污染等突出优点，同时它对高浓度的有机工业废水具有很强的净化能力，另外，它的重要意义还在于可以充分利用太阳能，对节约能源、保护环境、维持生态平衡、实现可持续发展具有重大意义。在染料废水、表面活性剂、农药废水、含油废水、氰化物制药废水、有机磷化合物、多环芳烃等废水处理中，都能有效地进行光催化反应，使其转化为无机小分子，达到完全无机化的目的。近十年来，研究人员致力于纳米光催化剂的研制、光催化剂固定化技术的研究、复合光催化材料的研制以及高效光催化反应器的研究等。

（六）电化学氧化还原法

电化学氧化法是使污染物在电极上发生直接的电化学反应，或者利用电极表面产生的强氧化性活性物使污染物发生氧化还原反应，从而生成无害物的过程。前者叫作直接电化学反应，后者叫作间接电化学反应。直接电化学反应通过阳极氧化可使有机污染物和部分无机污染物转化为无害物质，阴极还原则可从水中去除重金属离子。这两个过程同时放出H_2与O_2，使电流效率降低，但通过电极材料的选择和电位控制可加以防止。间接电化学反应可利用电化学反应产生的氧化还原剂使污染物转化为无害物，这时产生的氧化还原剂是污染物与电极交换电子的中介体。

四、纳米材料的应用

纳米材料，广义上是指三维空间中至少有一维处于纳米尺度范围超精细颗粒材料的总称。根据 2011 年 10 月 18 日欧盟委员会通过的定义，纳米材料是一种由基本颗粒组成的粉状或团块状天然或人工材料，这一基本颗粒的一个或多个三维尺寸在 1nm 至 100nm 之间，并且这一基本颗粒的总数量在整个材料的所有颗粒总数中占 50%以上。

在纳米尺度下，金属的一些基本性质，诸如熔点、磁性、颜色、电学性能、光学性能、力学性能和化学性能等都与块体材料大为不同。纳米金属的表面原子特别是处于边和角上的原子有较高的化学活性，这些原子正是催化剂的活性中心，也是吸附剂的活性位点。由于纳米金属原子簇有较高的表面能，属于亚稳态，有团聚的倾向，因此纳米材料是良好的吸附材料。

纳米材料有良好的催化性能。由于纳米材料尺寸小、表面的体积分数较大、表面的化学键状态和电子态与颗粒内部不同、表面原子配位不全，导致表面的活性位置增加，使它具备了快速催化的条件。镍或铜锌化合物的纳米粒子对某些有机物的氢化反应是极好的催化剂，可替代昂贵的铂或钯催化剂。纳米铂黑催化剂可以使乙烯的氧化反应的温度从 600℃降低到室温。

碳纳米管(carbon nanotubes，CNTs)是日本科学家于 1991 年发现的一种晶型碳素材料，区别于传统晶型碳素材料石墨和金刚石的二维结构和三维结构，碳纳米管呈一维管状结构，由一层或多层石墨片沿轴向卷曲成圆柱状，两端由半球形的端帽封闭，石墨层片内的碳原子以 C—C 键相连，由一层石墨片层卷曲而成的碳纳米管称为单壁碳纳米管(single-walled carbon nanotubes，SWCNTs)，由多层石墨片层卷曲而成的碳纳米管则称为多壁碳纳米管(multi-walled carbon nanotubes，MWCNTs)，多壁碳纳米管层片间以范德华力结合。碳纳米管的直径为纳米量级，长度一般达几百微米或毫米量级，最长可达分米量级。碳纳米管因具有独特的电磁学、力学、光学和热学性能而被用于储氢材料、复合材料增强剂、催化剂载体、超导材料等领域。由于碳纳米管独特的纳米管状微观结构及其大比表面积、丰富孔隙结构、独特导电性能等特性，在水处理材料领域受到关注，自 20 世纪以来已被逐渐研究用作水处理吸附材料、催化材料以及吸附和催化材料载体(Lijima，1991)。

碳纳米管不仅具有良好的机械强度，而且具有良好的化学稳定性，耐酸碱、耐腐蚀，同时具有大的比表面积和独特的一维纳米结构，可实现吸附剂和催化剂在其表面的高度分散，是一种理想的吸附剂和催化剂载体。

由于碳纳米管具有大比表面积和丰富孔结构，因此在碳纳米管表面引入吸附无机离子的活性基团，将会显著提高其对无机离子的吸附效能。目前在碳纳米管表面引入无机离子吸附活性基团多采用化学氧化法，在碳纳米管表面引入羟基(—OH)、羧基(—COOH)等活性基团。目前一般认为，碳纳米管对无机污染物的吸附作用机理是无机污染物与碳纳米管表面的含氧官能团之间进行表面络合反应(图 5-3)。碳纳米管吸附重金属离子以后，一般可采用酸液洗脱的方法进行再生，再生后吸附效果无明显下降。

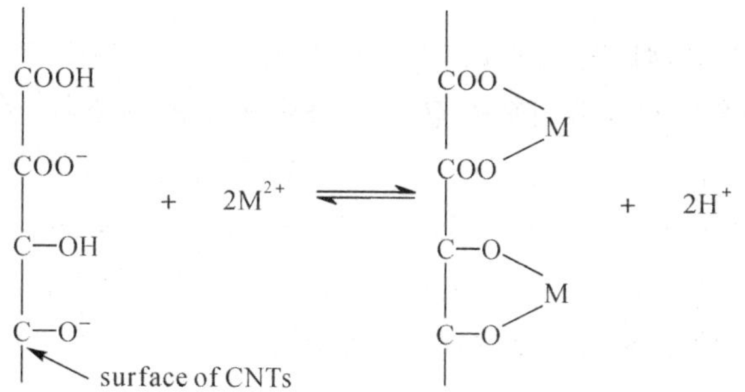

图 5-3　无机污染物在碳纳米管表面络合反应的表面吸附机理

碳纳米管对有机污染物的吸附受碳纳米管性质尤其是表面特性、吸附质分子特性和水质条件等因素影响。一般说来，碳纳米管经纯化后无定型碳杂质减少，比表面积增大，从而吸附量增大。富含表面含氧官能团的碳纳米管由于其表面亲水性而形成表面水化层，往往会降低其对有机污染物的吸附，而经表面疏水化处理往往可提高对有机污染物吸附能力，尤其可提高其对疏水有机物的吸附能力。碳纳米管对有机污染物的吸附还受水质条件影响。一般对于非离子有机污染物，在高 pH 值条件下，碳纳米管表面含氧官能团发生电离和水化，在碳纳米管表面产生水化层，会降低碳纳米管对其吸附量。对于腐殖质等天然有机物这类离子型有机污染物，因其分子性质受 pH 值影响，在低 pH 值条件下，其分子电负性减弱，从而与碳纳米管表面静电斥力减弱，同时低 pH 值条件下分子疏水性增强，有利于吸附进行(彭先佳，2009)。

碳纳米管作为催化剂载体已有较长的研究历史，最早是用作氨合成、不饱和烃催化加氢、碳氢化合物氧化脱氢以及甲醇合成与分解等领域。后来研究人员开始以碳纳米管为载体负载催化活性组分，作为水处理催化剂。在非均相催化过程中，催化效率通常受催化剂与分散相间的传质传热过程所控制，碳纳米管具有比较丰富的中孔孔隙，作为非均相催化氧化的催化剂载体，与典型载体活性炭相比，碳纳米管载体将更易于传质和实现反应物分子进入催化活性位点。最近研究工作者已开始研究将碳纳米管导电性、吸附性能好等特性应用于污染物电催化降解中。

除了碳纳米管以外，还有多种新的纳米材料不断在水污染治理中得到应用，如纳米二氧化钛、纳米氧化锌、纳米石墨烯等。

第四节 生物技术

广义的水体生物修复，是指利用生物为主体的水污染的治理技术，包括利用植物、动物和微生物吸收、降解、转化污染水体中的污染物，使污染物的浓度降低到可接受的水平，或将有毒有害的污染物稳定化或转化为无害终物质，以减少其向周边环境扩散的过程。而狭义的水体生物修复，是指通过微生物的作用清除水体中的污染物，或是使污染物无害化的过程，包括自然的和人为控制条件下的污染物降解或无害化过程。生物修复的对象主要是有机污染物、重金属和放射性物质。

一、植物修复

植物修复技术是指利用绿色植物及其根际微生物的共同作用，清除水体污染物的一种原位治理技术。水生植物对污染水体的修复净化是在适宜的条件下通过吸附、吸收、富集和降解几个环节来进行修复的。植物可以通过根系吸收污染水体，也可以通过茎、叶等器官的体表吸收并贮存在体内。

植物修复是以植物能耐和超量积累某种或某些化学元素的理论为基础，利用植物及其共存微生物体系清除环境中的污染的过程（周刚和周军，2011），包括植物吸收、植物挥发、植物吸附和植物固定四种主要的技术类型。植物吸收又称植物萃取或植物富集技术，指利用专性植物根系吸收一种或几种重金属，并将其转移、贮存到地上部分，然后收获茎叶、离地处理的一种技术方法。植物挥发是指植物吸收污染物后，将其降解，散发到大气中，或把原先非挥发性的污染物变为挥发性污染物而挥发掉的方法。植物吸附是直接发生在植物根、茎或叶表面，通过螯合交换或选择性吸收等物理及化学过程共同作用而去除污染物的方法。植物固定是利用植物及一些添加物将重金属吸收、累积到根部或迁移到根际，使环境中的金属流动性降低，也降低其生物有效性并防止其进入地下水和食物链，减少其对环境和人类健康的污染风险的方法。

（一）植物修复重金属污染废水

能用于植物修复的植物类型通常具有以下几个特性：(1)较高的污染物积累率和耐受性；(2)可同时吸收多种重金属；(3)生长快，生物量大；(4)抗病虫害能力及逆境生长能力强。用于修复的水生植物主要包括挺水植物、沉水植物和水面漂浮植物。挺水植物终年生长在淹水环境中，因为重金属多与硫化物等结合、沉淀而不易被吸收，所以挺水植物一般不作为修复植物。尽管某些藻类对某些重金属离子有较高的去除率，但因为死亡的藻类沉入水底会造成底泥污染，从而增加污染物修复的难度，因此沉水植物通常也不作为水体污染修复植物。目前对重金属的修复主要集中于水面漂浮植物，如水葫芦、水芹等。

植物可通过根部直接吸收水溶性重金属。重金属主要通过两种途径靠近植物根部：(1)质体流作用，即植物在吸收水分时，重金属随溶液向根系流动到根部；(2)扩散作用，即根表面吸收离子，降低根系周围水溶液离子浓度，引起离子向根部扩散；(3)重金属随水流靠近植物根部。

而植物吸收重金属的生理过程包括两个步骤。首先是细胞壁质外空间对重金属的吸收，其次是重金属移过细胞质膜，进入植物细胞。当重金属浓度较低时，重金属首先被细胞壁吸附，当外界污染物浓度升高到一定浓度时，平衡被打破，部分颗粒重金属透过细胞壁，穿过质膜，进入细胞。金属离子进入根部后，或被贮存，或被转运到茎叶部分。尽管很多研究表明重金属主要分布在植物根部，但一些流动性较大的元素还是可以通过导管向上迁移到叶片。

人们在近年来的研究中将微生物等对重金属的抗性基因转移到植物体内，从而进行植物的重金属修复。例如，将来源于细菌中的汞抗性基因转导入植物后，可以使其具有在较高汞浓度下生长的能力，且可将水中的汞吸收并转化成可挥发性的单质汞。

（二）植物修复有机污染废水

植物因为可通过提取、挥发和降解作用而对水体进行有机物的原位修复，因此受到广泛的重视。如水生植物可吸收水体中的酚类和氰类污染物，且吸收后并不都积累在体内，而是通过酶系的作用和生化作用进行转化和分解，使其失去毒性，而根系吸附的部分酚和氰则可通过微生物作用而分解转化成无毒物质。植物对有机物的修复主要有三种机理：(1)植物直接吸收，即植物通过根际的直接吸收作用将亲脂性有机物吸收到根际而贮存在体内，如苯系物、有机氯化剂和短链脂肪烃化合物等都可以通过植物的直接吸收作用而被去除。(2)植物分泌物的酶的共同作用，即植物通过分泌包括糖类、氨基酸、有机酸、脂肪酸等化合物或某些功能酶类，而改变水环境的理化条件，从而实现对水体中的有机物的降解和去除。(3)植物和根际微生物的联合作用，即植物通过向根际分泌氨基酸等低分子有机物而刺激微生物的大量繁殖，从而间接促进有机物的根际微生物对有机物的降解作用。

(三)植物修复富营养化水体

随着人类对环境资源开发利用活动日益增加，大量含有氮、磷营养物质的污水排入湖泊、水库和河流，增加了这些水体的营养物质的负荷量。为了提高农作物产量，农田施用的化肥和牲畜粪便逐年增加，经雨水冲刷和渗透，进入水体的营养物质不断增多。这些人为因素的影响使湖泊及水库水体的污染及富营养化问题日益严重。

水生植物生长过程需要吸收大量氮、磷作为营养物质合成自身物质，利用植物的这一生理生化特性，在污染水体中有选择地种植一些植物，能够有效地吸收水体中的氮、磷元素，减轻水体的富营养化程度，实现对水体的原位修复，还能在一定阶段收获植物作为饲料，获得一定的经济效益。种植水生植物特别是大型水生植物这一改善水质的高效低耗的方法日益受到人们的重视，已成为环境领域的研究热点之一(黄亚等，2005)。

水生植物的存在可以提高水体净化的效率，这一点已经得到充分的证明。植物可以直接从水层和底泥中吸收氮、磷，并同化为自身的结构组成物质(蛋白质和核酸等)，从而加快水体中氮、磷营养物质的去除，但这种同化作用并非植物去除水体中氮、磷的主要途径。植物促进富营养化水体的净化的作用机制主要表现在促进反硝化作用、植物与微生物的协同作用以及相关酶的活性等三个方面。(1)反硝化作用：人工湿地去除水体中氮的机制首先是将有机氮氧化为氨态氮，再经过硝化细菌的硝化作用将氨态氮转化为硝酸盐，然后在厌氧条件下由反硝化细菌将硝酸盐氮反硝化为氮气，最终达到除氮的目的。其中，反硝化通常是最终除氮的关键步骤，而缺氧是进行反硝化作用的必要条件。植物根部所在的底质周围通常处于缺氧状态，湿地的挺水植物能将空气传输到根部周围，使湿地植物能在缺氧条件下生长，为反硝化创造了适宜的氧环境。反硝化作用除了跟氧条件有关以外，还与原水中碳氮质量浓度比有关，碳源是否充足是系统能否有效除氮的关键。植物的存在能够为反硝化作用提供充足的碳源。(2)植物与微生物的协同作用：湿地中的微生物与其净化功能之间存在显著关系，数量越多，则去除率越高。例如，污水中 BOD_5 的去除率与湿地细菌总数显著相关,氨氮的去除率与硝化细菌和反硝化细菌的数量密切相关。尽管植物对大多数污染物质有一定的耐受性,但是在污染水体中,植物的生长情况通常不佳,植株也较通常情况更为矮小。为了改善植物的生长状况,可向植物根部加入促进植物生长的细菌,这类细菌能降低植物体内抑制生长的乙烯含量,并为植物提供铁离子,从而显著增加植物种子的发芽率和植物的生物量,使植物修复过程更加迅速有效。(3)湿地酶的作用:湿地酶在人工湿地净化污水过程中起到极其重要的作用。其中纤维素酶能酶促纤维素的水解,将纤维素分解成为葡萄糖分子;磷酸酶能酶促磷酸酯的水解并释放出正磷酸盐;蛋白酶能酶解蛋白质和肽类等大分子氮化物,生成氨基酸;脲酶能酶促有机质分子中肽键的水解(基质的脲酶活性与基质的微生物数量、有机物质含量、总氮和速效氮含量呈正相关);过氧化氢酶能促进过氧化氢对各种化合物的氧化(湿地的过氧化氢酶活性与湿地呼吸强度和湿地微生物活动有关,在一定程度上反映了湿地微生物学过程的强度)。在复合垂直流构建湿地净化污水过程中,植物根区磷酸酶活性与总磷去除率相关性不显著,表明根区磷酸酶对磷的降解不是磷去除的主要因素。根区脲酶活性与凯氏氮去除率之间的相关性较显著,说明凯氏氮的去除以湿地脲酶对其降解为主要因素。

二、微生物修复

微生物修复技术是20世纪80年代以来出现和发展的治理环境污染的微生物工程技术。它以微生物的代谢活动为基础,通过对有毒有害物质进行降解和转化,修复受破坏的生态平衡,以达到治理环境的目的。

(一)活性污泥

活性污泥法(activatcd sludge process)是以活性污泥为主体的废水生物处理的主要方法。1912年,英国人Clark等人发现,对废水进行长时间曝气会产生污泥并使水质明显改善。其后Arden等人进一步研究,发现由于实验容器洗不干净,瓶壁留下残渣反而使处理效果提高,从而发现活性微生物菌胶团,定名为活性污泥。活性污泥法是指向废水中连续通入空气,经一定时间后因好氧性微生物繁殖而形成的污泥状絮凝物。利用活性污泥的生物凝聚、吸附和氧化作用,以分解去除污水中的有机污染物。然后使污泥与水分离,大部分污泥再回流到曝气池,多余部分则排出活性污泥系统。

活性污泥处理工艺的主要组成部分包括:(1)曝气池,即反应主体;(2)二沉池,主要进行泥水分离,保证出水水质;保证回流污泥,维持曝气池内的污泥浓度;(3)回流系统,主要用于维持曝气池的污泥浓度并改变回流比,以改善曝气池的运行工况;(4)剩余污泥排放系统,主要作用为维持系统的稳定运行,并排放去除有机物;(5)供氧系统,即通过供氧曝气风机和专用曝气器构成向曝气池内提供足够的溶解氧(图 5-4)。

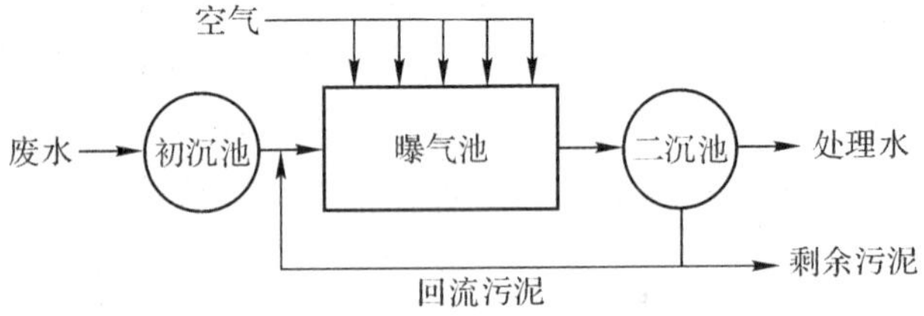

图 5-4 普通活性污泥处理系统组成

影响活性污泥效果的因素主要包括:(1)营养物质:污水中含有微生物生长所必需的营养物质,如碳源、氮源、无机盐类以及某些生长素等。碳是构成微生物细胞的重要物质,参与活性污泥处理的微生物对碳源需求量较大,一般废水中 BOD_5 不应低于 100mg/L,生活污水中碳源比较充足,对于一些碳源不足的工业废水则应补充碳源,如生活污水或淀粉等。氮是组成微生物细胞内蛋白质和核酸的重要元素,可来自 N_2、NH_3、NO_3^- 等无机氮化合物,也可以来自蛋白质以及氨基酸等有机含氮化合物。生活污水中氮源充足,工业废水在必要时需投加尿素、硫酸铵等。磷是合成核蛋白、卵磷脂以及其他磷化合物的重要元素,在微生物的代谢和物质转化中起重要作用。微生物主要从无机磷化合物中获取磷。磷源不足将影响酶的活性,从而使微生物的生理功能受到影响。一般三大营养物质(碳源、氮源、磷源)比例关系为 BOD∶N∶P=100∶5∶1。除此之外,硫、钠、钾、钙、镁、铁等也是微生物生长所需要的元素。(2)温度:参与活性污泥处理的微生物,多属嗜温菌,其适宜温度为 10～45℃。为安全计,一般将活性污泥处理的温度控制在 15～35℃。低于 5℃则微生物生长缓慢。(3)pH 酸碱度:生物的生理活动与环境的酸碱度密切相关,只有在适宜的酸碱度条件下,微生物才能进行正常的生理活动。参与污水生物处理的微生物,一般最佳的 pH 值范围是 6.5～8.5。(4)溶解氧:参与污水活性污泥处理的是以好氧菌为主体的微生物种群。根据运行经验数据,曝气池中溶解氧浓度以不低于 2mg/L 为宜(以出口处为准)。局部区域有机污染物浓度高、耗氧速率高,溶解氧浓度不易保持在 2mg/L 以上。(5)有毒物质:即对微生物生理活动具有抑制作用的某些无机质及有机质,主要有重金属离子(如锌、铜、镍、铅、铬等)和一些非金属化合物(如酚、醛、氰化物、硫化物等)。污水中的各种有毒物质只要低于这一浓度，微生物的生理功能就不受影响。

（二）生物膜法

生物膜法(biomembrane process)又称固定膜法，是一种与活性污泥法并列的废水好氧生物处理技术，主要利用附着生长于某些固体物表面的微生物（即生物膜）进行有机污水处理的方法。生物膜是由高度密集的好氧菌、厌氧菌、兼性菌、真菌、原生动物以及藻类等组成的生态系统，其附着的固体介质称为滤料或载体。生物膜自滤料向外可分为厌气层、好气层、附着水层、运动水层。在生物膜处理废水过程中，生物膜首先吸附水层有机物，由好气层的好气菌将其分解，再进入厌气层进行厌气分解，流动水层则将老化的生物膜冲掉以生长新的生物膜，如此往复，以达到净化污水的目的。

生物膜中的生物反应器主要有生物滤池、生物转盘、曝气生物滤池或厌氧生物滤池几种。前三种用于需氧生物处理过程，后一种用于厌氧过程。生物滤池是最常用的一种生物器，以小块料（如碎石块、塑料填料）或塑料型块，堆放或叠放成滤床（滤料）。生物滤池的滤床暴露在空气中，废水通过布水器洒到滤床上（图 5-5）。布水器以两根或多根对称布置的水平穿孔管为主体，能绕池心旋转，穿孔管贴近滤床表面，水从孔中流出。滤床的下面有用砖或特制陶块、混凝土块铺成的集水层，再下层是池底。集水层和池外相通，既排水又通风。工作时，废水沿载体表面从上向下流过滤床，和生长在载体表面上的大量微生物和附着水密切接触进行物质交换。污染物进入生物膜，代谢产物进入水流。出水并带有剥落的生物膜碎屑，需用沉淀池分离。生物膜所需要的溶解氧直接或通过水流从空气中取得。

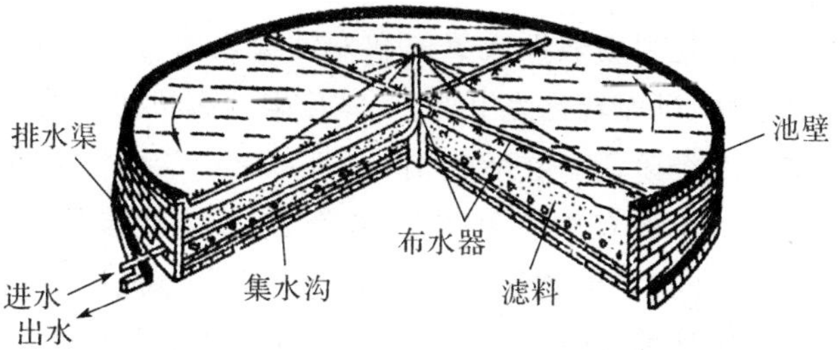

图 5-5　生物滤池的基本构造

生物转盘是另一种常用的生物反应器，以数十层塑料或玻璃钢圆盘用轴贯穿，平放在一个断面呈半圆形的条形槽的槽面上而形成的盘径不超过 4m 的圆盘，通过电动机和减速装置转动盘轴，从而实现微生物挂膜并去除污染物。生物转盘运行时，废水从槽的一端流向另一端，盘轴高出水面，约 40%盘面浸在水中，约 60%暴露在空气中，通过转盘，盘面交替与废水和空气接触。盘面为微生物生长形成的膜状物所覆盖，生物膜交替地与废水和空气充分接触，不断地取得污染物和氧气，净化废水。膜和盘面之间因转动而产生切应力，随着膜的厚度的增加而增大，到一定程度，膜从盘面脱落，随水流走(图 5-6)。同生物滤池相比，生物转盘法中废水和生物膜的接触时间比较长，而且有一定的可控性，主要用于水量较小的污水处理。

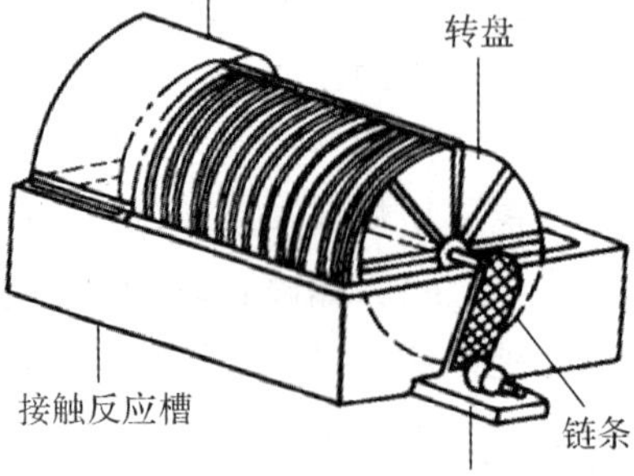

图 5-6 生物转盘构造

生物膜法对水量、水质、水温变动适应性强，因具有良好的硝化功能而处理效果好。生物膜产生污泥量小(约为活性污泥法的 3/4)且易于固液分离，因而运行费用较低。

(三)厌氧生物法

厌氧生物处理法是利用兼性厌氧菌和专性厌氧菌将污水中大分子有机物降解为低分子化合物，进而转化为甲烷、二氧化碳的有机污水处理方法，分为酸性消化和碱性消化两个阶段。在酸性消化阶段，由产酸菌分泌的外酶作用，使大分子有机物变成简单的有机酸和醇类、醛类氨、二氧化碳等。在碱性消化阶段，酸性消化的代谢产物在甲烷细菌作用下进一步分解成甲烷、二氧化碳等构成的生物气体。这种处理方法主要用于处理高浓度的有机废水和粪便污水等。

三、生态修复技术

生态修复是指依靠生态系统的自我调节能力与自组织能力使生态环境向有序的方向进行演化，或者利用生态系统的这种自我恢复能力，辅以人工措施，使遭到破坏的水生态系统逐步恢复或使水生态系统向良性循环方向发展的技术方法(顾宗濂,2002)。

(一)人工浮岛

浮岛,原本是指由于泥炭层向上浮起作用,使湖岸的植物一部分被切断,漂浮在水面的一种自然现象。人工浮岛是在某种人工浮体上栽培水生植物如芦苇等,放在水中而净化水体的工艺设施。人工浮岛除了净化水质、改善景观外,还为鸟类、鱼类等创造生息空间;并对岸边构成保护作用。因此,人工浮岛在水位波动大的水库、因波浪难以恢复岸边水生植物带的湖沼或有景观要求的池塘等闭锁性水域得到广泛应用。随着人工浮岛工程事例的不断增加,经验也越来越丰富,在评价人工浮岛的功能及效果方面已逐步从定性评价上升到定量评价的高度。

人工浮岛对水质的净化机理主要表现在两方面。(1)表面积很大的植物根系在水中形成浓密的网,吸附水体中大量的悬浮物,并逐渐在植物根系表面形成生物膜,膜中微生物吞噬和代谢水中的污染物成为无机物,使其成为植物的营养物质,通过光合作用转化为植物细胞的成分,促进其生长,最后通过收割浮岛植物和捕获鱼虾减少水中营养盐。(2)浮岛通过遮挡阳光抑制藻类的光合作用,减少浮游植物生长量,通过接触沉淀作用促使浮游植物沉降,有效防止“水华”发生,提高水体的透明度,其作用相对于前者更为明显,同时浮岛上的植物可供鸟类栖息,下部植物根系形成鱼类和水生昆虫生息环境(图 5-7)。

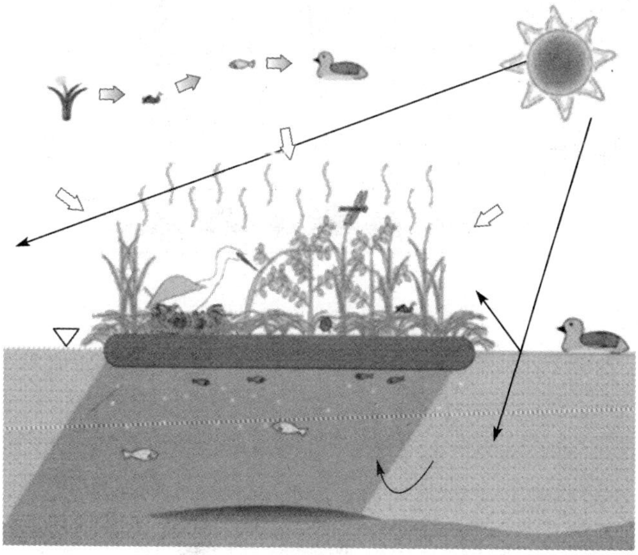

图 5-7　人工浮岛示意图

人工浮岛有净化水质、美化水面景观、提供水生生物栖息空间及进行环境教育等多种功能。与其他水处理工艺相比，其主要优点包括：(1)浮岛浮体可大可小，形状变化多样，易于制作和搬运；(2)植物更容易栽培；(3)无须专人管理，大大减少人工和设备的投资，降低了维护保养费和设备的运行费用等。

(二)人工湿地

人工湿地系统是指由人为因素形成的湿地，主要利用土壤、人工介质、植物、微生物的物理、化学、生物三重协同作用，对污水、污泥进行处理的一种技术。它应用生态系统中物种共生、物质循环再生原理，以及结构与功能协调原则，在促进废水中污染物质良性循环的前提下，充分发挥资源的生产潜力，防止环境的再污染，获得污水处理与资源化的最佳效益。人工湿地处理系统具有缓冲容量大、处理效果好、工艺简单、投资省、运行费用低等特点，非常适合中、小城镇的污水处理。常见的人工湿地处理系统可以分为：(1)表面流人工湿地处理系统；(2)人工潜流湿地处理系统；(3)垂直水流型人工湿地处理系统。

表面流人工湿地系统中，废水从它表面流过。表面流人工湿地系统一般由一个或几个填料床组成，床底填有基质，并有防漏层来阻止废水渗入地下而污染地下水(图 5-8)。在系统中种植一些水生植物如水葫芦、芦苇、蒲草等，废水同表层水流相混合，在湿地内流动，持续时间一般为 10 天左右。这种类型的湿地，对 BOD、COD、悬浮物等指标的去除率高于渗漏人工湿地。

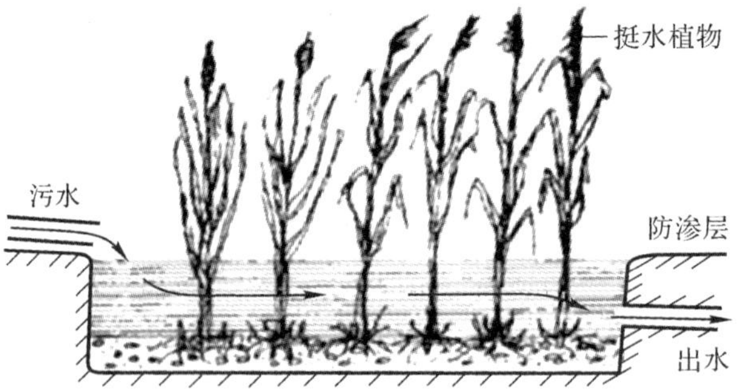

图 5-8 表面流人工湿地示意图

人工潜流湿地以亲水植物为表面绿化物，以砂石土壤为填料，让水自然渗透过滤(图 5-9)。该湿地类型无表面水流，占地面积小，使用率高且维护方便。在潜流湿地中，污水在湿地床的内部流动，一方面可以充分利用填料表面生长的生物膜、丰富的根系及表层土和填料截流等的作用，提高其处理效果和处理能力；另一方面由于水流在地表以下流动，具有保温性能好、处理效果受气候影响小、卫生条件较好的特点。这种工艺利用了植物根系的输氧作用，对有机物和重金属等去除效果好，但控制相对复杂，脱氮除磷效果欠佳。

垂直流人工湿地系统中，污水由表面纵向流至床底。在纵向流的过程中，污水依次经过不同的介质层，达到净化的目的（图 5-10）。垂直流潜流式湿地具有完整的布水系统和集水系统，其优点是占地面积较其他形式湿地小，处理效率高，整个系统可以完全建在地下，地上可以建成绿地，配合景观规划使用。

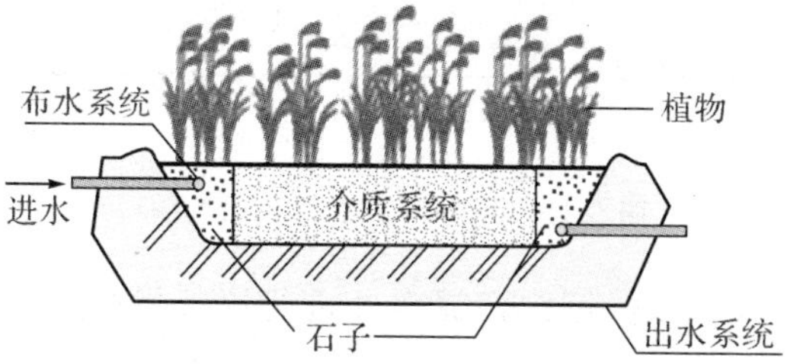

图 5-9　潜流湿地水平流剖面图

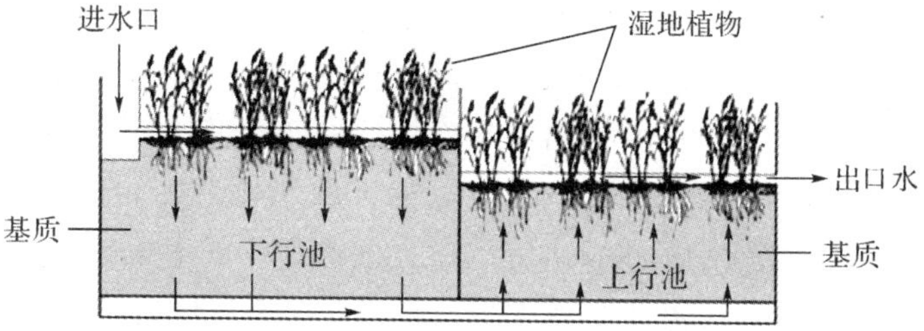

图 5-10　垂直流人工湿地示意图

（三）稳定塘

稳定塘又称氧化塘或生物塘，是一种利用天然净化能力对污水进行处理的构筑物的总称，其净化过程与自然水体的自净过程相似。该技术通过对土地进行适当的人工修整，建成池塘，并设置围堤和防渗层，依靠塘内生长的微生物与藻类的共同作用来处理污水（图 5-11）。稳定塘污水处理系统具有基建投资和运转费用低、维护和维修简单、便于操作、有机物和病原体去除率高、无须后续处理等优点，在我国，特别是在缺水干旱的地区，是实施污水的资源化利用的有效方法，所以稳定塘处理污水近年来成为我国着力推广的一项新技术。

稳定塘通常分为四类：(1)好氧塘：深度较浅，一般小于 0.5m。塘内存在着细菌、原生动物和藻类，由藻类的光合作用和风力搅动提供溶解氧，好氧微生物对有机物进行降解。(2)兼性塘：深度较大，一般大于 1m。上层为好氧区；中间

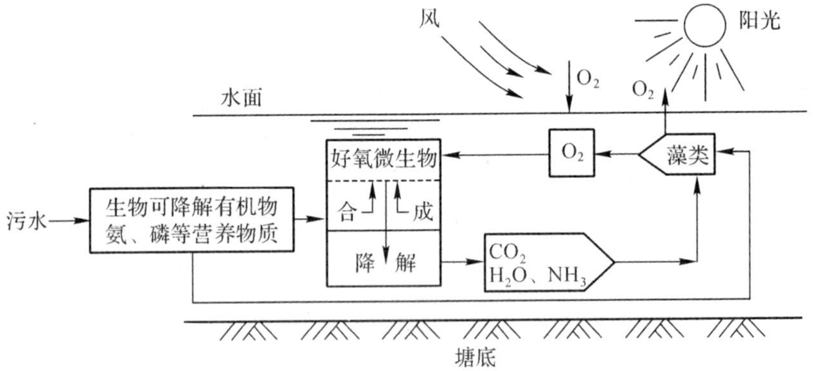

图 5-11 稳定塘工作原理示意图

层为兼性区;塘底为厌氧区,沉淀污泥在此进行厌氧发酵。(3)厌氧塘:塘水深度一般在 2m 以上。(4)曝气塘:塘深大于 2m,采取人工曝气方式供氧,塘内全部处于好氧状态。

兼性塘是最常见的一种稳定塘。兼性塘的有效水深一般为 1.0～2.0m,从上到下分为三层:上层好氧区,中层兼性区(也叫过渡区),塘底厌氧区。好氧区中藻类进行光合作用,产生氧气,溶解氧充足,有机物在好氧性异养菌的作用下进行氧化分解。兼性区的溶解氧的供应比较紧张,含量较低,且时有时无,异养型兼性细菌既能利用水中的少量溶解氧对有机物进行氧化分解,也能在无氧条件下以 NO_3^-、CO_3^{2-} 作为电子受体进行无氧代谢。厌氧区内不存在溶解氧,进水中的悬浮固体物质以及藻类、细菌、植物等死亡后所产生的有机固体下沉到塘底,形成 10～15cm 厚的污泥层,厌氧微生物在此进行厌氧发酵和产甲烷发酵过程,对其中的有机物进行分解。

四、水体生物修复实例

Clear-Flo 系列菌剂是由美国 Alken-Murry 公司研究开发的系列产品,专门用于湖泊和池塘生物清淤(bio-dredging)、养殖水体净化、河流修复及污泥去除,有不少成功案例。

(一)河流修复及污泥去除

1992 年,美国 Moulin Vert 水渠用 Clear-Flo 1200 三个月,0.02mg/L NH_4^+ 被完全降解,COD 下降了 84%,BOD 降低了 74%,且无毒性检出。由于菌剂不断矿化污泥,恢复了水渠自净的容量。1993 年,该公司用 Clear-Flo 7018、1200

和 7000 修复我国昆明的一条河流。该河由于接纳农家肥、动物粪便、渔场副产品、化粪池渗漏液、工业废水和倾倒的垃圾，悬浮有机废弃物负荷很高，导致该河流臭气熏天，富营养化严重。治理后，NH_4^+ 和 H_2S 降低，污泥被分解，并随着鱼副产品所含的 H_2S 的氧化，溶解氧开始增高。

（二）池塘和湖泊修复

1997 年，美国马里兰州盖瑟斯堡城的一个湖泊，用补充了添加剂 C 的 Clear-Flo 1200 阻止了丝状蓝绿藻的过度生长。1998 年，西班牙瓜达拉哈拉城的某个湖泊，用 Clear-Flo 抑制了大部分池塘表面的藻类，但水体仍持续呈现绿色。将少量聚合物加到 Clear-Flo 1001 中后撒入湖泊，水面立即变清。之后持续用 Clear-Flo 1200 补加 Clear-Flo 1001 对水体进行处理，治理后的 BOD 下降了 97%，COD 下降了 85%，SS 总量下降了 98%，水体环境得到极大改善(顾宗濂，2002)。

近几十年来，随着工农业生产迅速发展、城镇化速度加快和人民生活水平提高，污染湖泊的因素不断增多，尤其是未经处理的城市污水大量入湖，农田化肥、农药的大量使用以及水产养殖规模的不断扩大，致使我国大量湖泊水污染状况日趋严重。以太湖为例，从 20 世纪 80 年代初到 90 年代中期，太湖水体营养状况上升了两个等级，由以中营养、中富营养为主，上升到目前以富营养为主，个别水体已达重富营养化，太湖 70%左右的水体处于富营养状态。全湖由原来的以Ⅱ类水为主变为以Ⅲ类水为主，Ⅳ、Ⅴ类污染水域不断扩大。太湖水体的富营养化给水资源的利用带来巨大困难，并且造成了巨大的经济损失。近年来屡次发生的富营养化导致太湖周边城市如苏州、无锡等自来水厂运行受到巨大影响，给周边居民的生活饮用水带来了安全隐患。

如何利用物理、化学和生物技术结合的手段，对我国的污染水体进行安全的生态修复，使水体功能得以恢复，水环境得以改善，是我国在接下来相当长时间内，除了改善经济发展方式、优化产业结构之外，必须要面对的长期压力和课题。

参考文献

[1] Lijima S. Helical microtubules of graphic carbon[J]. *Nature*. 1991(354): 56-58.

[2] PureTec. What is reverse osmosis? 2012[P/OL]. http://puretecwater.com/what-is-reverse-osmosis.html,2015-10-19.

[3] SolarSpring. Ultrafiltration[EB/OL]. http://www.solarspring.de/index.php? id

＝20,2015-10-19.

[4] 顾宗濂. 中国富营养化湖泊的生物修复[J]. 农村生态环境,2002(18):42—45.

[5] 何晓文,何斌. 水污染处理新技术与应用[M]. 合肥:中国科学技术大学出版社,2013.

[6] 黄亚,傅以刚,赵建夫. 富营养化水体水生植物修复机理研究进展[J]. 农业环境科学学报,2005(24):379—383.

[7] 彭先佳,贾建军,栾兆坤,等. 碳纳米管在水处理材料领域的应用[J]. 化学进展,2009(21):1988—1992.

[8] 张光明,张盼月,张信芳,等. 水处理高级氧化技术[M]. 哈尔滨:哈尔滨工业大学出版社,2007.

[9] 周刚,周军. 污染水体生物治理工程[M]. 北京:化学工业出版社,2011.

第六章　土壤污染及其对环境健康的危害

第一节　土壤污染类型及成因

一、土壤概念

土壤(soil)是发育于地球陆地表面、具有生物活性和孔隙结构的介质，是地球陆地表面的脆弱薄层土壤，是各种陆地地形条件下的岩石风化物经过生物、气候诸自然要素的综合作用，以及人类生产活动的影响而发生发展起来的自然体，位于地球陆地表面，具有一定肥力，能够提供植物生长的疏松层。土壤是一个复杂而多相的物质系统。它由各种不同大小的矿物颗粒、各种不同分解程度的有机残体、腐殖质及生物活体、各种养分、水分和空气等组成(朱祖祥等，1983)。

土壤的主要成分包括以下五种物质。(1)矿物质：即岩石经过风化作用形成的不同大小的矿物颗粒(包括砂粒、土粒和胶粒)，土壤矿物质种类很多，化学组成复杂，它直接影响土壤的物理、化学性质，是作物养分的重要来源之一。(2)有机质：包括新鲜有机质、半分解有机质和腐殖质。腐殖质是指新鲜有机质经过酶的转化所形成的灰黑土色胶体物质，通过阳光杀灭了致病的有害菌病毒寄生虫后，保留其营养物质的土壤，一般占土壤有机质总量的85%～90%。土壤有机质含量的多少是衡量土壤肥力高低的一个重要标志，它和矿物质紧密地结合在一起。在一般耕地耕层中，有机质含量只占土壤干重的0.5%～2.5%。(3)微生物：包括细菌、真菌、放线菌、原生动物等。上壤微生物种类多，数量大。土壤越肥沃，微生物的利用率也越高。(4)水分：土壤中的水分可以分为束缚水和自由水两种。束缚水又细分为吸湿水和膜状水，自由水则分为毛管水和重力水。束缚水是水分受土粒间的吸力所阻，不轻易在土壤中移动。吸湿水是被矿物吸收的水分，膜状水是被吸引在土粒间呈薄膜状的水分。自由水是在土壤中自由移动的水分。正常情况下，水分受重力作用影响而向下移动，称为重力水。如果在气候干旱地区，蒸发率大于下渗率，水分会在泥土中向上移动，称为毛管水。(5)土壤空气：土壤空气来自大气，但由于生物活动的影响，土壤空气与大气的组成有差异。土壤空气通常湿度较高，二氧化碳成分较高，氧气成分较少，对作物种子发芽、根系发育、微生物活动及养分转化都有极大的影响。

土壤的形成主要受以下几个因素的影响。(1)土壤母质：风化作用使岩石破碎，理化性质改变，形成结构疏松的风化壳，其上部可称为土壤母质。母质代表土壤的初始状态，它在气候与生物的作用下，经过上千年的时间，才逐渐转变成可生长植物的土壤。母质对土壤的物理性状和化学组成均产生重要的作用，这种作用在土壤形成的初期最为显著。随着成土过程进行得越久，母质与土壤间性质的差别也越大，尽管如此，土壤中总会保存有母质的某些特征。成土母质的类型不但与土壤质地关系密切，也与土壤的矿物组成和化学组成密切相关。(2)气候：气候影响土壤与大气之间的水分和热量交换，并通过影响岩石风化过程以及植被类型等间接地影响土壤的形成和发育。(3)生物因素：包括微生物、植物和动物的混合作用。(4)地形因素：如在陡峭的山坡上，重力作用和地表径流的侵蚀力往往会加速疏松地表物质的迁移，所以很难发育成深厚的土壤；而在平坦的地形部位，地表疏松物质的侵蚀速率较慢，使成土母质得以在较稳定的气候、生物条件下逐渐发育成深厚的土壤。阳坡由于接受太阳辐射能多于阴坡，温度状况比阴坡好，但水分状况比阴坡差，植被的覆盖度一般是阳坡低于阴坡，从而导致土壤中物理、化学和生物过程的差异。(5)时间因素：土壤发育时间的长短称为土壤年龄。从土壤开始形成时起直到目前为止的年数，称为绝对年龄。如北半球现存的土壤大多是在第四纪冰川退却后形成和发育的，高纬地区冰碛物上的土壤绝对年龄一般不超过一万年，而低纬地区的土壤绝对年龄可能达到数十万年至百万年。(6)人为因素：人类生产活动对土壤形成的影响亦不容忽视，主要表现在通过改变成土因素作用于土壤的形成与演化。其中以改变地表生物状况的影响最为突出，典型例子是农业生产活动。

根据土类间的发生和性状的共性加以概括，全国土壤共分铁铝土、淋溶土、半淋溶土、钙层土、干旱土、漠土、初育土、半水成土、水成土、盐碱土、人为土、高山土等 12 土纲。

土壤环境容量又称土壤负载容量，它是指土壤环境单元所容许承纳的污染物质的最大数量或负荷量，是一定土壤环境单元在一定时限内遵循环境质量标准，既维持土壤生态系统的正常结构与功能，保证农产品的生物学产量与质量，又不使环境系统污染超过土壤环境所能容纳污染物的最大负荷量。影响土壤环境容量的主要因素有土壤类型、污染物数量及特性、作物生态效应等。不同土壤的环境容量是不同的，同一土壤对不同污染物的容量也不相同。

土壤环境背景值指的是未受人类活动影响或受人类活动影响较少的土壤环境本身的化学元素组成及其含量。土壤环境背景值是一个相对的概念，在未受污染影响的情况下，其化学元素的正常含量，以及环境中能量分布的正常值，又称土壤环境本底值。

土壤的自净作用即土壤本身通过吸附、分解、迁移、转化而使土壤污染物浓度降低甚至消失的过程。土壤自净能力一方面与土壤自身理化性质如土壤黏粒、有机物含量、土壤温湿度、pH 值、阴阳离子的种类和含量等因素有关，另一方面受土壤系统中微生物的种类和数量制约。污染物一旦超过土壤最大环境容量，将会引起不同程度的土壤污染，进而影响土壤中生存的动植物，最后通过生态系统食物链危害牲畜及人体健康。土壤的自净作用包括：(1)物理净化作用，即污染物在土壤中的分散、稀释和转移过程；(2)物理化学净化作用，即污染物在土壤环境中的吸附与解析过程；(3)化学净化作用，即污染物在土壤环境中的凝聚和沉淀过程；(4)生物化学净化作用，即通过生物作用最终将污染物矿化的过程，是真正意义上的净化(周启星等，2004)。

土壤不仅是历史自然体，也是人类赖以生存、生产、生活的物质基础。在自然界中，土壤作为一个开放系统，与环境之间不断进行着物质、能量的交换和转化。从环境科学角度来看，土壤在陆地生态环境系统中起着重要的作用，主要包括：(1)保持生物活性、多样性和生产性；(2)对水体和溶质流动起调节作用；(3)对有机、无机污染物具有过滤、缓冲、降解、固定和解毒作用；(4)具有贮存并循环生物圈及地表的养分和其他元素的功能(环保部，2013)。

二、土壤污染物

土壤污染是指土壤环境中收纳的有机和无机废弃物的量超过了土壤的自净能力，从而在卫生学上和流行病学上产生有害影响的现象。污染物可以通过多种途径进入土壤，引起土壤正常功能的变化，从而影响植物的正常生长和发育。根据污染物的性质，可把土壤环境污染物大致分为无机、有机、生物和放射性污染物四大类。

土壤污染与大气污染和水污染不同，具有隐蔽性和滞后性。大气污染、水污染和废弃物污染等问题一般都比较直观，通过感官就能发现。而土壤污染则不同，它往往要通过对土壤样品进行分析化验和农作物残留检测，甚至通过研究对人畜健康状况的影响才能确定。因此，土壤污染从产生污染到出现问题，通常会滞后较长的时间。另外，土壤污染有一定的累积性。污染物质在大气和水体中，一般都比在土壤中更容易迁移。而污染物质在土壤中并不像在大气和水体中那样容易扩散和稀释，因此容易在土壤中不断积累而超标，同时也使土壤污染具有很强的地域性。再者，土壤污染有不可逆转性。如重金属对土壤的污染基本上是一个不可逆转的过程，许多有机化学物质的污染也需要较长的时间才能降解。正因为以上几个特点，土壤污染非常难治理。不同于大气和水体污染，通过切断污染源、利用稀释、自净化作用即可使污染减轻，积累在污染土壤中的难降解污染物则很难靠稀释作用和自净化作用来消除。土壤污染一旦发生，仅仅依靠切断污染源的方法往往很难恢复，有时要靠换土、淋洗土壤等方法才能解决问题，其他治理技术可能见效较慢。因此，治理污染土壤通常成本较高、周期较长。

（一）有机污染物

土壤有机污染主要来源于石油化工、农药、畜禽饲养及林木加工业等。农药是主要有机污染物来源。目前大量使用的农药主要为有机氯和有机磷两大类，如滴滴涕、六六六、狄氏剂（有机氯类）、马拉硫磷、对硫磷和敌敌畏（有机磷类）。农药直接进入土壤后，大部分被植物吸附。石油化工业排出的石油、多环芳烃、多氯联苯、酚等也是常见的有机污染物。

土壤有机污染物通常可在土壤中长期残留，并在生物体内富集，严重影响生态及人类健康。在生物和非生物作用下，土壤中有机物可转化和降解成不同稳定性的产物，或最终矿化成为无毒无机物。土壤中有机污染物按降解性难易分成易分解类有机污染物和难降解类有机污染物。易降解有机污染物主要为有机磷类农药及酚类等。难降解有机物主要为 PAHs 及 PCBs 等。

（二）无机污染物

土壤无机污染物包括两大类，一类是典型的无机盐污染物，如硝酸盐、硫酸盐氯化物、可溶性碳酸盐等常见且大量存在的无机污染物，这些无机污染物会使土壤板结、盐渍化，改变土壤结构，影响水质。另一类为重金属污染物，包括典型的汞、镉、铅、砷、铬、锌等重金属污染物。重金属污染物主要来自冶炼厂、矿山、化工厂等工业废水渗入和汽车尾气沉降，某些类金属则来源于农牧业等，如砷多来源于杀虫剂和除草剂，镉多来源于磷肥。土壤一旦被重金属污染，将难以彻底修复，对环境和人类造成严重危害。

（三）生物性污染物

未经消毒的人畜粪便、工业废水、医疗废水等未经处理而直接排放进入农田灌溉或利用底泥、垃圾施肥，病畜尸体处理不当或未经深埋，都会引起土壤中细菌、放线菌、真菌以及寄生虫卵等大量繁殖，从而造成土壤生物污染。

传染性细菌和病毒污染土壤后严重危害人体健康。一般来自粪便和城市生活污水的致病细菌包括沙门氏菌属、志贺氏菌属、芽孢杆菌属、拟杆菌属、梭菌属、假单胞杆菌属、丝杆菌属、链球菌属、分枝杆菌属等。另外，随患病动物的排泄物、分泌物或其尸体进入土壤而传染至人体的还有炭疽、破伤风、恶性水肿、丹毒等疾病的病原菌。土壤生物污染还会引起植物病害，如烟草花叶病毒、烟草坏死病毒、小麦花叶病毒和莴苣大脉病毒等。

（四）放射性污染物

土壤中的放射性污染物主要来源于核试验和原子能工业中所排出的“三废”，放射性物质通过自然沉降、雨水冲刷和废弃物堆积而污染土壤。土壤中的放射性污染难以去除，一般只能靠自然衰变达到稳定状态。

三、土壤污染来源

土壤污染物主要来自大气沉降、工业废水和生活污水排放、农药施用、工业固废和生活垃圾堆放，以及矿产资源开放和炼制等。

（一）大气沉降

地球大气中的微量成分通过参与地球环境循环与土壤等环境实现元素交换和平衡，如碳、氮、硫及某些重金属等。由于工业的迅速发展，大量化石燃料燃烧排放的酸性气体和微量金属打破了地球物质平衡。大量的有害物质沉降到土壤环境，造成土壤污染。大气 Hg 沉降和酸沉降造成的土壤污染尤其严重。

全球大气环境中 Hg 含量约为 4 万 t。Hg 在大气中随水汽的运行而循环，在循环中通过大气干沉降和湿沉降到达土壤。大气 Hg 人为污染源中主要有煤、石油、天然气以及薪柴燃烧，这些燃烧过程产生的 Hg 主要以气态形式存在，量大而广。我国的主要能源是煤，燃煤成为我国大气 Hg 污染的主要来源。

大气酸性沉降物主要有 SO_2 和 NO_x 等，这些酸性物可以通过干、湿沉降两种形式沉降到地面。2000 年全球人为源大约排放 SO_2（以 S 计）7700 万 t，排放 NO_x（以 N 计）2800 万 t。排入大气的 SO_2 和 NO_x 经过大气光化学氧化反应，绝大部分生成相应的可完全离解的硫酸和硝酸。根据区域大气输送研究结果，我国排放的酸性气体约90%以上沉降在我国境内，对我国境内的土壤和水体酸化造成严重影响。

(二)工业废水和生物废水

生活污水和工业废水中含有氮、磷、钾等许多植物所需要的养分，合理使用污水灌溉农田有一定的增产效果。但由于我国污水处理、排放达标率较低，污水中通常含有重金属、酚、氰化物等许多有毒有害物质，如冶炼、电镀、燃料等工业废水能引起镉、汞、铬、铜等重金属污染，石油化工、肥料、农药等工业废水会引起酚、三氯乙醛、农药等有机物的污染。如果用此类污水直接灌溉农田，会将污水中的有毒有害物质输入农田而污染土壤。我国农业部全国污灌区调查表明，在约140万公顷的污灌区中，遭受重金属污染的土地面积占污灌区面积的64.8%。我国每年因重金属污染减产粮食1000多万吨，被重金属污染的粮食每年多达1200万t，造成了严重的经济损失。特别是湖南、辽宁、甘肃、云南等地，这些地区是有色金属资源大省，在矿产开采及冶炼过程中，造成大量的重金属排放，从而污染土壤。

(三)工业固废和城市垃圾

我国工业固体废弃物主要来自采矿业、冶金工业、非金属矿物加工、电力工业、化工工业等，如煤矸石、铬渣、粉煤灰、碱渣以及其他各种矿渣等。工业固废产量巨大，不但占据大面积土地，而且因为其中含有各种重金属元素而造成严重的土壤污染。随着经济发展，人民群众生活水平提高，城市垃圾不仅产生量迅速增长，而且化学组成也发生了根本的变化。早期的城市垃圾主要为厨余垃圾，厨余垃圾含有大量生物有机质，可用作农田肥料。而现代城市垃圾的化学组成更加复杂，各种重金属和其他有害物质的含量较大，随意堆弃容易对土壤环境造成严重的污染。

(四)农业化肥施用及畜禽粪便

随着化工行业的发展，及对农产品需求量的大量增加，化学农药如杀虫剂、杀菌剂、除草剂和植物生长剂等在农业中得到了广泛的应用。农药的不合理、不科学施用，不仅污染了农产品，而且还残留在土壤中。长期大量使用氮肥，会使土壤板结，生物学性质恶化，影响农作物的产量和质量。有机氯农药虽已停止生产20多年，但是各地的土壤中仍发现含有较高的残留浓度。

随着畜禽生产的迅速发展，畜禽废弃物的污染也越来越引起人们重视。由于畜禽粪便中含有大量氮、磷和微生物等，畜禽粪便的堆弃和随意排放容易造成严重的土壤无机污染和生物污染，并进而引发水体的富营养化等水环境灾害。

第二节　土壤重金属污染及其对环境健康的危害

一、土壤重金属污染概况

土壤重金属污染是指由于人类活动，引起重金属的过量沉积，造成土壤中的重金属元素在土壤中的含量超过背景值的现象。污染土壤的重金属主要包括汞、镉、铅、铬和类金属砷等生物毒性显著的元素，以及有一定毒性的锌、铜、镍等元素。土壤中的重金属污染主要来自采矿、废气排放、污水灌溉、农药、污泥和大气沉降等，如汞主要来自含汞废水，镉、铅污染主要来自冶炼排放和汽车废气沉降，砷则被大量用作杀虫剂、杀菌剂、杀鼠剂和除草剂（范拴喜，2011）。

重金属具有不易移动溶解的特性，不易随水淋滤，不为微生物所降解，可通过食物链进入人体，进入生物体后不能被排出，会造成慢性中毒。过量重金属可引起植物生理功能紊乱、营养失调，镉、汞等元素在作物籽实中富集系数较高，即使超过食品卫生标准，也不影响作物生长、发育和产量，此外，汞、砷能减弱和抑制土壤中硝化、氨化细菌活动，影响氮素供应。重金属污染形态多变，不同重金属随 Eh、pH、配位体不同，常有不同的价态、化合态和结合态，形态不同引起有效性和毒性的不同。一般来说，工业化程度越高的地区污染越严重，市区高于远郊及农村，地表高于地下。

目前，世界各国的土壤存在不同程度的重金属污染，全世界平均每年大约排放汞 1.5 万 t、铜 340 万 t、铅 500 万 t、锰 1500 万 t、镍 100 万 t。目前我国受镉、砷、铬、铅等重金属污染的耕地面积近两千万公顷，约占耕地总面积的五分之一，全国每年因重金属污染而减产粮食 1000 多万吨。中国农业部进行的全国污水灌溉区调查显示，在约 140 万公顷的污水灌溉区中，遭受重金属污染的土地面积占污水灌区面积的 64.8%，其中轻度污染的占 46.7%，中度污染的占 9.7%，严重污染的占 8.4%。如何有效地控制及治理土壤重金属的污染，改良土壤质量，将成为生态环境保护工作中十分重要的一项内容。

二、土壤重金属污染危害

(一)镉污染及其环境危害

镉在地壳中的丰度约为0.2mg/kg,全球范围内土壤中镉的本底值为0.01～0.70mg/kg,我国土壤中镉含量为0.02～0.33mg/kg。土壤中镉污染主要来源于矿山开采、冶炼及工农业生产。因为镉与锌属同族元素,且化学性质相似,所以大部分的镉存在于闪锌矿(ZnS)中,此外,铜矿、铅矿和其他含锌矿物中也有镉的存在。含镉矿物在开采、冶炼中通过冲刷溶解和挥发作用被释放到大气和水体中,并通过沉降等自然过程,蓄积于土壤中。此外,电镀、塑料化工工业等的污水中通常也含有较高浓度的镉。农业中施用的磷肥也可能引发镉的污染,如我国磷肥中镉的浓度为0.1～3.0mg/kg。

土壤对镉的吸附能力很强,所以土壤中多数镉以吸附交换态的形式存在。当pH为6时,大多数土壤对镉的吸附率为80%～95%。多数土壤中镉的主要存在形式为Cd^{2+}、$CdCl^-$、$CdSO_4$,石灰性土壤中还有$CdHCO_3$。难溶性的镉化合物在旱地中多以$CdCO_3$、$Cd_3(PO_4)_2$、$Cd(OH)_2$的形式存在,而在水田中多以CdS的形式存在。因为碳酸根(CO_3^{2-})对镉有良好的吸附性,通常碳酸钙被用来去除土壤中的镉污染。

长期食用遭到镉污染的食品(如镉污染水源灌溉生产的稻米),体内富集的镉损坏肾小管功能,造成体内蛋白质从尿中流失,久而久之形成软骨症和自发性骨折,即所谓"痛痛病"。慢性镉中毒对人体生育能力也有影响,它会通过损伤染色体中的Y染色体而使出生的婴儿多为女性。

进入人体的镉,在体内形成镉硫蛋白,通过血液到达全身,并有选择性地蓄积于肾、肝中。肾脏可蓄积吸收量的1/3,是镉中毒的靶器官。此外,镉在脾、胰、甲状腺、睾丸和毛发也有一定的蓄积。镉与含羟基、氨基、巯基的蛋白质分子结合,能使许多酶系统受到抑制,从而影响肝、肾器官中酶系统的正常功能。镉还会损伤肾小管,使人出现糖尿、蛋白尿和氨基酸尿等症状,并使尿钙和尿酸的排出量增加。肾功能不全又会影响维生素D的活性,使骨骼的生长代谢受阻碍,从而造成骨骼疏松、萎缩、变形等。急性镉中毒,大多是由于在生产环境中一次吸入或摄入大量镉化物引起的。含镉气体通过呼吸道会引起呼吸道刺激症状,如出现肺炎、肺水肿、呼吸困难等。镉从消化道进入人体,则会出现呕吐、胃肠痉挛、腹疼、腹泻等症状,甚至可因肝肾综合征死亡。

（二）铅污染及其环境危害

自然情况下，土壤中的铅主要来源于母岩和残落的生物物质，一般情况下含量比较低，不会对人体及生态系统造成危害。人为活动是造成土壤铅污染的重要原因，如矿业开发、金属冶炼、农业施肥等。同时，交通工具排放的铅对土壤造成的污染也不容小觑。

我国土壤中铅的平均背景值为 12～25mg/kg，土壤含铅量为 2～200mg/kg。受铅锌矿企业污染的土壤含铅量可超过 10g/kg。一般远离城市及未污染土壤的含铅量较低，而城区公路两旁及低污染区土壤的铅含量则较高。我国含铅汽油中铅含量为 400～1000mg/kg，所以交通工具排出的尾气中含有的铅，会通过沉积作用积累于公路两旁土壤。

绝大部分进入人体的铅以不溶性磷酸盐形态储存在骨骼中，正常人血液中铅的含量平均为 0.15mg/kg，当血液中铅含量达 0.6～0.8mg/kg 时，就会出现铅中毒症状。铅及铅的化合物一般不能通过完整的皮肤进入人体内，但有机铅可被皮肤吸收。铅对人体神经系统、骨髓造血系统、消化系统、心血管系统、生殖系统、免疫系统及肾脏等都会造成危害。另外，无机铅或有机铅均有致畸、致癌和致突变作用。铅作为中枢神经系统毒物，对儿童的身体和智力危害更为严重。铅过量积累会导致染色体损伤、肾脏疾病、智力低下等，如动脉内膜炎、血管痉挛、动脉硬化、神经机能障碍、绞痛、精神呆滞等。

（三）汞污染及其环境危害

地壳中汞的平均含量为 0.8mg/kg，土壤中的背景值为 0.01～0.05mg/kg。我国南方土壤汞的含量较低，为 0.032～0.05mg/kg，北方土壤汞含量较高，为 0.17～0.24mg/kg。土壤中的汞污染除了来源于土壤母质，还有相当部分来源于人为污染，如节能灯。

在节能灯逐步替代白炽灯成为趋势之际，节能灯汞污染引发社会各方关注。节能灯的发光原理就是汞蒸气受激发而发光，所以每支节能灯都含汞。即便按欧洲最新环保标准，一只节能灯的汞含量也为 3～5mg，一旦破碎，即对环境造成严重污染。随着全世界范围内取消白炽灯，节能灯产量将会大幅度增加。预计在 2015 年左右，仅中国市场节能灯的年需求量可达 20 亿只左右。而节能灯的废弃灯管如处理不善，将会对土壤和水环境造成严重的污染。

土壤中的汞可挥发进入大气，也可被降水冲淋进入地面水和渗透入地下水中。地表水中的汞一部分由于挥发而进入大气，大部分则沉淀进入底泥。底泥中的汞，不论呈何种形态，都会直接或间接地在微生物的作用下最终转化为甲基汞或二甲基汞，而二甲基汞在酸性条件可以分解为甲基汞。甲基汞可溶于水，因此又从底泥回到水中。水生生物摄入的甲基汞，可以在体内积累，并通过食物链不断富集，如受汞污染水体中的鱼体内甲基汞浓度可比水中高上万倍，严重危及水产养殖业，并通过食物链危害人类。

汞的人体致死量为130～150mg，人体主要是以食用粮食、蔬菜、鱼肉和饮水的方式摄入汞。无机汞中毒通常是由于长期的职业接触而引起的，典型临床特征为兴奋、阵颤、口腔牙龈炎等。常见的无机汞化物有甘汞（HgCl）和升汞（$HgCl_2$）等。甘汞的溶解度小，少量的甘汞可当作泻药和利尿剂；升汞较易溶于水，其毒性较大，误服升汞可造成急性腐蚀性胃肠炎、坏死性肾病和周围循环衰竭等。吸入汞蒸气能引起急性中毒，造成腐蚀性气管炎、支气管炎、毛细支气管炎和间质性肺炎，表现为剧烈咳嗽、呼吸急促、发热，伴有神经系统症状，如头痛、头晕、多梦、失眠，还有口腔病变。甲基汞则可扰乱细胞膜功能，破坏细胞的离子平衡，抑制营养物进入细胞并引起离子渗出细胞膜，使细胞坏死。而且，甲基汞易蓄积于脑组织中，损害中枢系统。

（四）铬污染及其环境危害

铬是冶金工业、金属加工电镀、制革、油漆、颜料、印染、制药、照相制版等行业必不可少的原料，在天然土壤—水系统常以6价铬Cr(Ⅵ)和3价铬Cr(Ⅲ)两种稳定价态存在。3价铬的盐类可在中性或弱碱溶液中水解，生成不溶解于水的氢氧化铬而沉淀，因此自然界的3价铬主要被吸附而存在于沉积物中。6价铬多溶于水中，主要以 $HCrO_4^-$ 和 CrO_4^{2-} 两种形态存在，化学活性大，毒性强，是造成地下水污染的主要污染物。在工业废水中，主要以6价铬的形态存在。6价铬可通过还原作用生成毒性较低的3价铬，因此6价铬还原为3价铬后被吸附或生成氢氧化铬沉淀是水溶液中去除6价铬的重要途径。

正常成人体内含铬总量仅有6mg左右，主要分布在肝、肺组织内。铬缺乏易导致糖尿病及动脉粥样硬化。成年人每人每天铬的正常摄入量为20～50μg，但是，摄入过多的铬却又有害人体健康。

6价铬被列为对人体危害最大的八种化学物质之一，是国际公认的三种致癌金属物之一，同时也是美国EPA公认的129种重点污染物之一。6价铬有可能引起急性病，如肝损伤，皮肤刺激、溃疡和过敏，鼻刺激、溃疡和鼻中隔穿孔，呼吸过敏等，甚至会引起呼吸系统癌症。流行病学研究证实，长期暴露在高浓度6价铬中（如老旧的铬盐厂、铬酸盐颜料厂和使用铬酸的电镀厂）可使呼吸系统癌发病率大大提高，且此类癌症普遍潜伏期较长。

（五）砷污染及其环境危害

砷（As）是亲硫元素，在地壳中以硫砷矿（雌黄 As_2S_3，雄黄 As_4S_4，砷硫铁矿 FeAsS）存在或者伴生于 Cu、Pb、Zn 等硫化物。土壤中砷的本底主要来源于成土母质，其浓度大小和分布由成土过程的环境因素所决定，但一般不会超过 15mg/kg。造成土壤污染的高浓度 As 主要来源于各种各样的人为源，包括：（1）制造业：As_2O_3 是主要的 As 原料，被广泛应用于陶瓷、玻璃、电子产品、涂料、去污剂、化妆品和烟花爆竹等制造业。（2）采矿业：砷作为 Pb、Zn、Cu 和 Au 等矿产中的主要矿伴，在采矿和冶炼过程中造成大气、土壤和地下水的污染。（3）煤炭工业：煤炭中普遍含一定浓度的砷，褐煤中砷浓度高达 1500 mg/kg，煤的露天堆放中会直接释放部分砷到大气中，煤燃烧过程产生的飞灰和灰渣中含有大量的砷，会对大气和土壤造成严重的污染。（4）林业：砷化物，特别是砷铬酸铜型（CCA），被广泛用作木材保护剂。（5）农业：砷化物曾经或正被广泛用在农业中做杀虫剂、消毒液、杀菌剂和除草剂等，一些化肥中也含有一定量的砷。

砷主要有－3、0、＋3、＋5 等 4 种价态。砷在土壤中的存在形态决定着砷对生物的有效性和毒性。土壤中砷以无机态为主，而无机态砷又以 As（Ⅴ）为主，土壤中的 5 价砷和 3 价砷之间可以通过氧化还原反应而发生价态转变，二者之间保持动态平衡。进入土壤的砷，通过径流机械作用、物理化学作用和生物作用，部分水溶性砷和黏土颗粒吸附砷随径流进入水体，但是绝大部分砷通过吸附—沉淀、离子交换、络合、氧化还原反应等作用滞留在土壤中。

植物吸收砷主要通过根系，砷对作物毒害的外观症状十分明显，表现为根条数减少，根系发褐、发黑，根重量、根体积下降，植株矮小，叶片失绿发黄，植株长势弱，生长发育延迟，严重时不能开花结实，甚至死亡。过量的砷可降低伤流和蒸腾速率，抑制根系的活性，阻碍对水分、氮、磷、钾、镁、钙等养分的吸收和运输。

人体平均每日交换砷 0.5mg，其中随食物摄取 0.3mg，随水摄入 0.2mg。如果摄入量超标，砷就会在人体内蓄积，过量的砷对人有明显的危害或使人中毒。如一次误服 AS_2O_3（砒霜）0.1g 便可危及生命，美国 EPA 于 2001 年 1 月规定饮用水砷浓度必须低于 10ppb。砷化物主要是与人体细胞中酶系统的硫基相结合，致使细胞酶系统作用障碍，从而影响细胞的正常代谢，砷进入血循环后，还可直接损害毛细血管，同时可使心、肝、肾等实质性器官发生脂肪性病变。急性中毒症状初期为恶心、呕吐、腹泻，继而出现中毒性神经炎和肾炎等症状。砷有致癌作用，接触砷的人易患肺癌和皮肤癌。

第三节 土壤有机污染及其对环境健康的危害

土壤有机污染是指有毒有害有机物质进入土壤后，其数量和速度超过了土壤的净化作用的速度，破坏了自然动态平衡，使污染物的积累过程逐渐占据优势，从而导致土壤自然正常功能失调，土壤质量下降，并影响到作物的生长发育，以及产量和质量下降(洪坚平，2011)。

土壤有机物污染主要包括石油污染、农药污染、木材防腐剂污染以及能源燃烧引起的多环芳烃污染等。

一、石油类物质污染及危害

石油是一类物质的总称，由上千种化学性质不同的物质组成，主要是碳链长度不等的烃类物质。石油类物质有气态、液态和固态三种，如气态甲烷、液态油脂和固态沥青，不同物质组分物理化学性质差异较大。

石油的开采、冶炼、使用和运输过程，是造成土壤石油污染的主要原因，含油废水的排放、污水灌溉、石油制品挥发、石油制品不完全燃烧等都会造成土壤中石油类物质污染。特别是石油开采过程的落地原油，是土壤中石油污染的最主要来源。

石油污染中最常见的污染物为 BTEX，即苯(benzene)、甲苯(toluene)、乙苯(ethylbenzene)和二甲苯(xylene)四种物质英文首字母缩写。BTEX 主要存在于原油和石油产品中，作为化工原料，广泛应用于农药、塑料和合成纤维等制造业。BTEX 在生产、储存和运输过程中，容易释放到环境中，造成环境污染，并对生态系统和人体健康构成危害。BTEX 具有挥发性，容易进入大气中参与光化学反应，促进臭氧生成，进一步加剧光化学烟雾的形成。据美国环保部门研究发现，25％以上的地下储油罐有不同程度的泄漏，特别是防腐处理不好的储油罐和加油设备，使土壤和地下饮用水受到污染，直接危害人类健康。BTEX 会刺激中枢神经系统，使人出现抽搐、麻木和恶心等症状。BTEX 化合物中苯是已知的致癌物质，已被许多国家列为优先级污染物黑名单。中国地表水环境质量标准、污水综合排放标准和室内空气质量标准也把 BTEX 列为污染参数和环境监测项目。鉴于近年来这类化合物进入环境系统中的数量急剧增加，研究其在环境中的污染来源与分布特点、迁移转化及其对人体健康的危害，对于控制这类化合物对环境的污染，修复此类污染环境，以及评价这类化合物对环境系统所造成的生态影响，具有重要的科学参考价值和现实意义。

二、多环芳烃污染及其危害

多环芳烃(polycyclic aromatic hydrocarbons, PAHs)，即分子中含有两个以上苯环的碳氢化合物，包括萘、蒽、菲、芘等150余种化合物，是煤、石油、木材、烟草、有机高分子化合物等有机物不完全燃烧时产生的挥发性碳氢化合物，有些多环芳烃还含有氮、硫和环戊烷，是重要的环境污染物。迄今已发现有200多种PAHs，其中有相当部分具有致癌性，如苯并芘、苯并蒽等。PAHs广泛分布于环境中。

大部分多环芳烃是无色或淡黄色的结晶，个别具深色，熔点及沸点较高，蒸气压很小，大多不溶于水，易溶于苯类芳香性溶剂中，微溶于其他有机溶剂。一般说来，随着多环芳烃分子量的增加，熔沸点升高，蒸气压减小。多环芳烃的颜色、荧光性和溶解性主要与多环芳烃的共轭体系和分子苯环的排列方式有关。

多环芳烃在环境中大多数是以吸附态和乳化态形式存在，一旦进入环境，便受到各种自然界固有过程的影响，发生变迁。通过复杂的物理迁移、化学及生物转化反应，在大气、水体、土壤、生物体等系统中不断变化，分布状况也随之改变。处在不同状态、不同系统中的多环芳烃则表现出不同的变化行为。多环芳烃进入大气后，可通过化学反应、降尘、降雨、降雪等过程进入土壤及水体中。

多环芳烃有强烈的致癌性。1932年，人们从煤矿焦油和矿物油中分离出了重要的多环芳烃——苯并芘，并在实验动物中发现它有强烈的致癌性。苯并芘主要导致上皮组织产生肿瘤，如皮肤癌、肺癌、胃癌和消化道癌。用含苯并芘的饲料饲喂小鼠，除使小鼠产生胃癌外还可诱导其白细胞增多和产生肺腺瘤。每周三次摄入100mg的苯并芘，有超过60%的大鼠发生皮肤肿瘤，当剂量降为3mg时，大鼠皮肤肿瘤的发生率下降到约20%；当剂量恢复到10mg后，皮肤肿瘤的发生率又可急剧上升至近100%。苯并芘除诱导胃癌和皮肤癌外，还可引起食管癌、上呼吸道癌和白血病，并可通过母体使胎儿致畸。随食物摄入人体内的苯并芘大部分可被人体吸收，经过消化道吸收后，经过血液很快在人体乳腺和脂肪组织中蓄积。人体吸收的苯并芘一部分与蛋白质结合，另一部分则参与代谢分解，与蛋白质结合的苯并芘可与亲电子的细胞受体结合，抑制细胞生长的酶发生变异，使细胞失去控制生长的能力而发生癌变。

三、农药污染及危害

(一)有机氯农药污染及危害

有机氯农药主要分为以苯为原料和以环戊二烯为原料两大类。以苯为原料的有机氯农药包括使用最早、应用最广的杀虫剂滴滴涕以及六六六、林丹、乙滴涕等,也包括从滴滴涕结构衍生的杀螨剂,如三氯杀螨砜、三氯杀螨醇、杀螨酯等,同时还包括一些杀菌剂,如五氯硝基苯、百菌清、稻丰宁等。以环戊二烯为原料的有机氯农药包括作为杀虫剂的氯丹、七氯、艾氏剂、狄氏剂、异狄氏剂、硫丹、碳氯特灵等。此外以松节油为原料的莰烯类杀虫剂、毒杀芬和以萜烯为原料的冰片基氯也属有机氯农药。

有机氯农药一般蒸气压低,挥发性小。多数有机氯农药是疏水性的脂溶性化合物,在水中溶解度低,因此有机氯农药在土壤中难以大量地向地下层渗漏流失,而是较多地被吸附于土壤颗粒,尤其是在有机质含量丰富的土壤中。所以有机氯农药在土壤中的滞留期均可长达数年。而且有机氯农药一般结构较为稳定,不易为生物体内酶系所降解,所以有机氯农药分子容易残留于动、植物体内,且多数有机氯农药的代谢中间体也有较强的环境毒性。

有机氯农药由于具有这些特性,易通过生物富集和食物链作用而造成环境公害并危害人体健康。有机氯农药通过食物链进入人体和动物体,能在肝、肾、心脏等组织中蓄积,由于这类农药脂溶性大,所以在脂肪中蓄积最多。蓄积的残留农药也能通过母乳排出,或转入卵蛋等组织,影响后代。因此,各国对有机氯农药在食品中的残留控制甚严,德国、日本、美国等不容许在食品中检测出环戊二烯类杀虫剂。中国于20世纪60年代开始禁止在蔬菜、茶叶、烟草等作物上施用滴滴涕、六六六,在一般作物上也注意控制使用。

(二)有机磷农药污染及危害

有机磷农药(organophosphorus pesticide),是用于防治植物病、虫、害的含有机磷农药的有机化合物。这一类农药品种多、药效好、用途广、易分解,在人、畜体内一般不积累,在农药中是极为重要的一类化合物。有机磷农药为油状液体,工业品呈淡黄色至棕色,具有大蒜臭味。一般不溶于水,而溶于有机溶剂及动植物油,对光、热、氧均较稳定,遇碱易分解。

有机磷农药多为磷酸酯类或硫代磷酸酯类,根据其毒性强弱分为高毒、中毒、低毒三类。高毒类有机磷农药少量接触即可中毒,低毒类大量进入体内亦可发生危害。人体对有机磷的中毒量、致死量差异很大，由消化道进入与一般浓度的呼吸道吸入或皮肤吸收相比，中毒症状重、发病急，但如吸入大量或浓度过高的有机磷农药，可在5min内发病并迅速致死。

有机磷农药可经消化道、呼吸道及完整的皮肤和黏膜进入人体。吸收的有机磷农药在体内分布于各器官，其中以肝脏含量最大，脑内含量则取决于农药穿透血脑屏障的能力。有机磷农药中毒的主要机理是抑制胆碱酯酶的活性。有机磷与胆碱酯酶结合，形成磷酰化胆碱酯酶，使胆碱酯酶失去催化乙酰胆碱水解作用，积聚的乙酰胆碱会破坏兴奋和抑制的平衡，引起中枢神经调节功能紊乱、昏迷等症状。

体内的有机磷首先经过氧化和水解两种方式进行生物转化。氧化使毒性增强，如对硫磷在肝脏滑面内质网的混合功能氧化酶作用下，氧化为毒性较大的对氧磷。水解可使毒性降低，对硫磷在氧化的同时，被磷酸酯酶水解而失去作用。其次，经氧化和水解后的代谢产物，部分再经葡萄糖醛酸与硫酸结合反应而随尿排出，部分水解产物如对硝基酚或对硝基甲酚等直接经尿排出，而不需经结合反应。

四、环境激素类污染及危害

环境激素是指人类在生产和生活活动中向环境释放的以及自然界本身存在的，对人体或动物自身的激素分泌产生影响，从而干扰内分泌系统的化学物，也叫环境荷尔蒙，是外源性内分泌干扰素。环境激素与荷尔蒙的受体结合，影响本来身体内荷尔蒙的量，以及使身体产生对体内荷尔蒙的过度作用；或直接刺激，或抑制内分泌系统，使内分泌系统失调，进而阻碍生殖、发育等机能，甚至引发恶性肿瘤与生物绝种。

环境激素不易分解，可在食物链中循环，易形成区域性或全球性的威胁。随着工业的发展，大量环境激素在制药、塑料制品添加剂生产、除草剂的使用和垃圾处理等过程中不断释放，对生态环境造成了巨大危害。常见的环境激素包括有机氯化物（如多氯联苯）、芳香族化合物（如双酚A、烷酚等）、重金属有机物（如三苯化锡）和激素类化合物（如黄酮类）。多数环境激素也属于“持久性有机污染物”（POPs），在环境中十分稳定而难以分解，因此可存在甚长的时间，不易清除。

环境激素进入人体时，被人体内的内分泌系统吸收，从而引发内分泌紊乱，造成人体正常激素调节失常，引起包括发育障碍、生殖异常、器官病变、畸胎率增加、母乳减少、男性精子数下降、精神和情绪等多方面的问题。有研究报道称，环境激素会导致怀孕胎儿的致畸。研究发现，育龄妇女长期受环境激素的污染，会使受孕胎儿畸形的可能性大大增加，导致胎儿的五官、肢体或性器官的局部畸形。

五、土壤抗生素污染及其危害

抗生素(antibiotics)是由微生物(包括细菌、真菌、放线菌属)或高等动植物在生活过程中所产生的具有抗病原体或其他活性的一类次级代谢产物，能干扰其他生活细胞发育功能的化学物质。现临床常用的抗生素有转基因工程菌培养液中提取物以及用化学方法合成或半合成的化合物。

抗生素是世界上用量最大、使用最广泛的药物之一，全球抗生素年均使用总量为10万～20万t。我国每年有成千上万吨的抗生素类药物被用于畜禽养殖业和人的医疗中。大部分抗生素不能完全被机体吸收，高达85%以上抗生素以原形或代谢物形式经由病人和畜禽粪尿排入环境，经不同途径对环境造成污染。土壤是抗生素重要的归属场所。虽然抗生素在环境中存在浓度极低，但其对环境的影响不容忽视。抗生素及其代谢产物在土壤环境中能维持很长时间的活性，对土壤中的微生物、植物、动物均产生不同程度的影响。

土壤中抗生素主要有两大来源。(1)农用抗生素：大量未经无害化处理或经简单堆肥处理的含有抗生素残留的禽畜粪便作为有机肥施于农田，是土壤环境中抗生素的主要来源之一，由于抗生素在土壤中长期持留性和应用的广泛性，将对土壤环境造成更大的潜在威胁。在水产养殖中使用抗生素后，鱼塘污泥用作土壤调节剂施入农田土壤后也会造成抗生素的污染。(2)医用抗生素：医用抗生素是土壤中抗生素污染的另一重要来源，在某些地区甚至成为土壤中抗生素污染的主要来源。除了农用抗生素和医用抗生素外，抗生素生产过程损失和废弃的抗生素也是土壤中抗生素污染的一个来源。

在土壤环境中的抗生素残留，尽管浓度较低，但对环境中的微生物抗性、动物和植物产生的生态毒性效应及其在环境中引起的耐药性是不容忽视的。抗生素对土壤环境中微生物、动物、植物的生长发育均具有明显的抑制作用。与大多数已研究较清楚的污染物相似，低浓度抗生素可促进植物生长，高浓度则抑制植物生长，抗生素对植物生长发育的影响取决于抗生素的类型、植物种类和土壤性质等因素。

抗生素多为抗微生物药物，能直接杀死土壤环境中某些微生物或抑制其生长,影响环境中微生物群落的组成,进而降低土壤微生物对其他污染物的固定或降解能力。抗生素影响土壤微生物的呼吸等活动。由于各种抗生素可能对土壤微生物群落结构有所影响,应该谨慎使用各种兽药抗生素,对抗生素的环境风险进行更详细的研究。抗生素污染的另一个重要的潜在危害是土壤环境中微生物抗药性的发展。抗生素往往随粪便被施入土壤,因此土壤微生物会很快获得群落抗性,从而对整个土壤系统产生潜在危害。土壤中长期存在抗生素极有可能导致土壤中大量抗药菌的出现。已有报道表明,兽药随有机物一起施入土壤时土壤中微生物群落的抗性明显增加。

第四节　土壤生物污染及其对环境的危害

土壤生物污染(biological pollution of soil),即病原体和带病有害生物种群从外界侵入土壤,破坏土壤生态系统的平衡,引起土壤质量下降的现象。未经处理的人畜粪便施肥、生活污水、垃圾、医院含有病原体的污水和工业废水(作为农田灌溉或作为底泥施肥),以及病畜尸体处理不当等,都会引起土壤生物污染。

土壤的生物污染物主要包括真菌、细菌和病毒。致病细菌主要来自粪便和城市生活污水,包括沙门氏菌属、志贺氏菌属、芽孢杆菌属、拟杆菌属、梭菌属、假单胞杆菌属、丝杆菌属、链球菌属、分枝杆菌属等。另外,随患病动物的排泄物、分泌物或其尸体进入土壤而传染至人体的还有炭疽、破伤风、恶性水肿、丹毒等疾病的病原菌。目前,在土壤中已发现有100多种可能引起人类致病的病毒,例如脊髓灰质炎病毒、人肠细胞病变孤儿病毒、柯萨奇病毒等。其中,最为危险的是传染性肝炎病毒。土壤传染的植物病毒有烟草花叶病毒、烟草坏死病毒、小麦花叶病毒和莴苣大脉病毒等。土壤污染物对环境耐受力强,如炭疽杆菌能形成芽孢以抵抗恶劣环境,可在土壤中生活几年甚至几十年。

土壤中各种生物污染源通过不同途径污染人类(图6-1)。如有些人畜共患的传染病或与动物有关的疾病可通过土壤传播给人。破伤风杆菌和气性坏疽杆菌等致病菌则多来自动物粪便,当人们受伤时,受污染土壤的破伤风杆菌通过接触而使人患破伤风,伤口越深,越有利于破伤风杆菌在厌氧环境下生长,甚至可能危及生命。土壤生物污染不仅可以由动物经土壤传播给人体,而且还可以直接从土壤危害人体健康。可以说土壤是培养微生物的温床,不管是霉菌还是真菌,都可以从土壤直接侵入人体,而放线菌则可以引起人体皮肤的足分枝菌病。

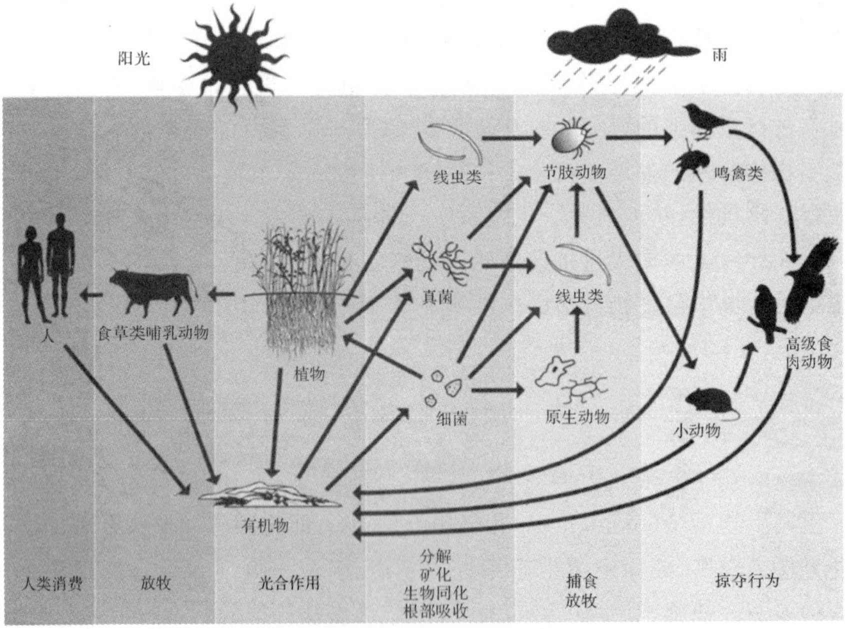

图 6-1 土壤生物污染及其循环途径(NSTC)

土壤生物污染不仅会危害人体健康,还会引起植物病害,造成农作物减产。一些植物致病菌污染土壤后能引起茄子、马铃薯和烟草等百余种植物的青枯病,能造成果树细菌性溃疡和根癌。某些真菌会引起大白菜、油菜和萝卜等一百多种蔬菜烂根,还可导致玉米、小麦和谷子等粮食作物的黑穗病。还有一些线虫可经土壤侵入植物根部并引起线虫病,甚至在土壤中传播植物病毒。另外,由于人类滥用化肥和农药,使一些通常无侵袭能力的镰刀菌和青霉菌等变得有侵袭能力,从而导致植物根坏死。

第五节 土壤放射性污染及其对环境的危害

在自然界和人工生产的元素中,有一些能自动发生衰变,并放射出肉眼看不见的射线。这些元素统称为放射性元素或放射性物质。在自然状态下,来自宇宙的射线和地球环境本身的放射性元素一般不会给生物带来危害。但 20 世纪中期以来,人类活动使得人工辐射和人工放射性物质大大增加,环境中的射线强度随之增强,严重危及环境安全,从而产生了放射性污染。

放射性污染的来源主要包括原子能工业排放的放射性废物、核武器试验的沉降物以及医疗、科研排出的含有放射性物质的废水、废气、废渣等。放射性污染物质散发在大气、沉降于水源中，最后进入土壤(有部分直接进入土壤)。放射性元素半衰期长，其污染物进入土壤后，危及生态系统的稳定，进入植物，通过食物链进入人体，威胁人类的生命健康和其他生物的生存。

环境中的放射性物质可以由多种路径危及人体健康(图 6-2)。放射性物质进入人体的途径主要有三种：呼吸道进入、消化道食入、皮肤或黏膜侵入。从呼吸道吸入的放射性物质的吸收程度与其气态物质的性质和状态有关。难溶性气溶胶吸收较慢，可溶性较快；气溶胶粒径越大，在肺部的沉积越少。气溶胶被肺泡膜吸收后，可直接进入血液流向全身。消化道食入是放射性物质进入人体的重要途径。放射性物质既能被人体直接吸收，也能通过生物体，经食物链进入体内。皮肤对放射性物质的吸收能力波动范围较大，一般为 1%～1.2%，经由皮肤侵入的放射性污染物，能随血液直接输送到全身。

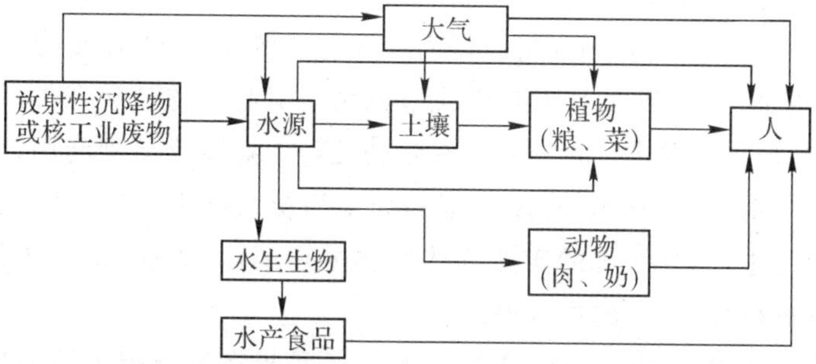

图 6-2　放射性污染进入人体途径

放射性物质发出的射线会破坏机体内的大分子结构，甚至直接破坏细胞和组织结构，给人体造成损伤。如果人体在短时间内受到大剂量的 X 射线、γ 射线和中子的全身照射，会产生急性损伤。轻者有脱毛、感染等症状，当剂量更大时，会出现腹泻、呕吐等肠胃损伤，在极高的剂量照射下，发生中枢神经损伤直至死亡。放射能引起淋巴细胞染色体的变化。放射照射后的慢性损伤会导致人群白血病和各种癌症的发病率增加。

第六节 固体废物污染及其对环境健康的危害

一、固体废物污染定义及分类

固体废物是指在生产建设、日常生活和其他活动中产生的污染环境的固态、半固态废弃物质。《中华人民共和国固体废物污染环境防治法》(以下简称《固废法》),把固体废物分为三大类:工业固体废物、城市生活垃圾和危险废物。由于液态废物(排入水体的废水除外)和置于容器中的气态废物(排入大气的废物除外)的污染防治适用于《固废法》,所以有时也把这些废物称为固体废物。

工业固体废物(industrial solid waste)是指工业生产中产生的固体、半固体以及除高浓度废水以外的液体废弃物,如高炉渣、钢渣、赤泥、有色金属渣、粉煤灰、煤渣、硫酸渣、废石膏、盐泥等。随着工业生产的发展,工业废物数量日益增加,尤其是冶金、火力发电等工业排放量最大。工业废物数量庞大,种类繁多,成分复杂,处理相当困难。目前只是有限的几种工业废物得到利用,如美国、瑞典等国利用了钢铁渣,日本、丹麦等国利用了粉煤灰和煤渣。其他工业废物仍以消极堆存为主,部分有害的工业固体废物采用填埋、焚烧、化学转化、微生物处理等方法进行处置,有的投入海洋。

城市生活垃圾(municipal solid waste),一是指在城市内生活的居民,在生活、工作中产生的垃圾,如残羹剩饭、菜叶、粪便、废纸、废塑料、破旧家具、废弃家电等;二是指为人们日常生活提供服务的餐饮业、宾馆、招待所、车站、码头、医院、商店等在提供社会服务时产生的各类固体废物;三是除上述生活垃圾外,法律、法规规定作为城市生活垃圾管理的固体废物,如建筑施工过程中产生的渣土、拆除或破损的砖瓦、废木料等建筑垃圾。

危险废物(dangerous waste)是指列入《国家危险废物名录》或者根据国家规定的危险废物鉴别标准和鉴别方法认定的具有危险特性的废物。《国家危险废物名录》将危险废物定义为具有下列情形之一的固体废物或液态废物:(1)具有腐蚀性、毒性、易燃性、反应性或者感染性等一种或者几种危险特性的;(2)不排除具有危险特性,可能对环境或者人体健康造成有害影响,需要按照危险废物进行管理的。发达国家每年向发展中国家大规模转运危险废物,危险废物的越境转移给发展中国家乃至全球环境都带来了严重的危害。因为废物的输入国基本上都缺乏处理和处置危险废物的技术手段和经济能力，危险废物的输入必然会导致对当地生态环境和人群健康的损害。

除了工业固体废物、生活垃圾和危险废物以外，还有其他多种固体废弃物来源，如农业废物、矿业垃圾、建筑垃圾和新型电子垃圾等。

二、固体废物污染及危害

固体废物若不及时清除，必然会污染空气，会对土壤、水体都会造成严重污染。固体废物经日晒雨淋，它们的渗出液中所含有毒物质渗入土壤后，会改变土壤结构，影响土壤中微生物的活动，妨碍植物根系生长或在植物体内积累。

工业废物消极堆存不仅占用大量土地，造成人力物力的浪费，而且许多工业废渣含有易溶于水的物质，通过淋溶污染土壤和水体。粉状的工业废物随风飞扬，污染大气，有的还散发臭气和毒气。有的废物甚至淤塞河道，污染水系，影响生物生长，危害人身健康。工业废物经过适当的工艺处理，可成为工业原料或能源，较废水、废气容易实现资源化。对于工业废物的管理，如今各国大多以工业部门处理为主，即在政府的管理下，由排放的工业部门、工厂自行处理和利用。随着工业废物排放量的增长，日本等国发展了专业化承包处理，以最终处理为目标。

生活垃圾收集量越来越大，占用大量土地。另外，居民习惯性地把生活垃圾堆积在田头、路旁、山脚和溪边，这些垃圾多数未经处理，或仅经农民简易处理后用于农田，破坏了土壤结构，其中的有害成分通过食物链进入人体，危害人类健康。生活垃圾腐化后排放的氨、硫化氢等气体对大气造成了严重污染。同时，生活垃圾在堆放分解过程中会产生大量酸性和碱性污染物，并将垃圾中的重金属溶解出来，对土壤和地下水源造成严重污染。例如，贵阳市年夏哈马井和望城坡垃圾堆放场所在地区同时发生痢疾流行，其原因就是地下水被垃圾渗沥水污染，大肠杆菌值严重超标。

危险废物对环境的危害也不容忽视。首先，随意排放、贮存的危险废物在雨水和地下水的长期渗透、扩散作用下，会污染水体和土壤，降低地区的环境功能，危害生态健康。其次，危险废物通过摄入、吸入、皮肤吸收、眼接触而引起毒害，或引起燃烧、爆炸等危险性事件，长期危害包括重复接触导致的长期中毒、致癌、致畸、致突变等。危险废物不处理或不规范处理处置所带来的大气、水源、土壤等的污染也成为可持续发展的瓶颈。

第七节 全球重大土壤污染事件及影响

一、日本痛痛病事件

富山县位于日本中部地区，流经境内的神通川河贯穿富山平原，注入富山湾。该河不仅是两岸居民的饮用水源，也是流域内农田的重要灌溉水源，是日本主要粮食基地的命脉水源。

痛痛病(Itai-itai Disease)又叫骨痛病，于1955年至1972年发生在日本富山县神通川流域，是20世纪发生在日本的一种公害性疾病。患者不能进食，疼痛无比，常常大叫“痛死了！”“痛死了！”，甚至有患者因无法忍受痛苦而自杀。这种病由此得名为“痛痛病”。

20世纪初期开始，人们发现该地区的水稻普遍生长不良。1931年又出现了一种怪病，患者大多是妇女，病症表现为腰、手、脚等关节疼痛。病症持续几年后，患者出现全身神经痛、骨痛现象，行动困难，甚至连呼吸都会带来疼痛。到了患病后期，患者骨骼软化、萎缩，四肢弯曲，脊柱变形，骨质松脆，就连咳嗽都能引起骨折。

自1946年开始，日本医学人员经过长期研究后发现，痛痛病是由于神通川上游的神冈矿山废水引起的镉中毒现象。神冈矿山从19世纪80年代开始成为日本铝矿、锌矿的生产基地，神通川流域从1913年开始炼锌，铅锌矿中大量的含镉废水和尾矿渣未经处理直接排放到神通川河中，致使该河流域下游稻田土壤受到污染，土壤中镉严重超标，镉通过生物富集作用富集于稻米中，产生了“镉米”，人们长期食用“镉米”和饮用含镉的水而导致体内镉浓度过高，从而得病。镉在人体内形成镉硫蛋白，通过血液到达全身，并有选择性地蓄积于肾、肝中，损坏肾小管功能，使人出现糖尿、蛋白尿和氨基酸尿等症状，并使尿钙和尿酸的排出量增加。肾功能不全会抑制维生素D的活性，缺乏维生素D会妨碍钙、磷在人体骨质中的正常沉着和储存，最后导致骨软化，使骨骼的生长代谢受阻碍，从而造成骨骼疏松、萎缩、变形等，久而久之形成软骨症和自发性骨折，周身疼痛。痛痛病成为日本战后头号公害病。

1961年，富山县成立了“富山县地方特殊病对策委员会”，开始了国家级的调查研究。1967年研究小组发表联合报告，表明痛痛病主要是由重金属尤其是镉中毒引起的。1968年开始，患者及其家属对金属矿业公司提出民事诉讼，1971年法院判决原告胜诉。被告不服上诉，1972年再次败诉。

痛痛病至今尚无特效的治疗方法，而且体内积蓄的镉也没有安全有效的排除方法，除用络合剂疗法(即化学促排)外，主要是脱离镉接触和增加营养，一般是服用大量钙剂、维生素C和维生素D。

二、越南橙剂污染事件

越南战争时，越南游击队藏于茂密的热带雨林中，美国的武装直升机发现不了，因此处于暗处的游击队很容易攻击处于明处的美国军队。为此，美国空军实施了一场“牧场行动计划”。从1961年到1971年的十年间，美军采用了人力、汽艇、吉普车、卡车甚至飞机和直升机喷洒，在越南南部地区喷洒下了两千万加仑的落叶剂，其中60%是一种被称为“橙剂”(agent orange)的落叶剂。橙剂是一种有机氯混合农药，主要成分为2,4-D和2,4,5-T(即二噁英)，该农药因被保存于橙色标签的鼓形圆桶而得名。由于橙剂的大量使用，大量树木、水稻和其他农作物被毁，同时，越南南部地区的土壤和水源遭受了严重的二噁英污染。

越战后，“橙剂后遗症”逐渐显现，越南人民和参加越战的美国老兵深受其害。他们血液中的四氯代苯和二氧芑的含量远远高于常人，致使他们身体出现各种病变，甚至出现了基因突变。美国的一项跟踪研究数据表明，参加过“牧场行动计划”的老兵糖尿病的发病率也要比正常人高出47%，心脏病的发病率高出26%；患何杰金氏淋巴肉瘤病的概率较普通美国人高50%；他们妻子的自发性流产率和新生儿缺陷率均比常人高30%。

三、美国 Russel Bliss 公司废油污染事件

Times Beach 是密苏里州离圣路易斯城27km的一个小镇，20世纪60至70年代有居民近2300人，该镇曾是著名的消暑度假中心。为了解决镇上土路尘土飞扬的问题，1971年，该镇政府雇用废物运输公司 Russel Bliss 公司对该镇上的土路进行沥青浇灌，从1972年到1976年，Russel Bliss 公司用废油产品(每加仑约6美分)完成了土路的沥青浇灌。Russel Bliss 公司使用的废油产品有部分来源于一家名叫西北药物化学的公司(NEPACCO，曾生产越南橙剂)，而该公司提供给 Russel Bliss 公司的废弃物中含有浓度超过橙剂浓度2000倍

的二噁英。

同样在1971年，Russel Bliss公司曾用喷洒废油控制牧场灰尘的技术对该州的马厩进行废油喷撒，之后62匹马死亡引起了人们的质疑。之后其他使用了该公司技术的马厩同样出现马匹死亡的消息，引起了全美的广泛关注，州政府在1980年起诉了NEPACCO公司。

美国环保局随后对该镇的受污染土壤进行了取样调查，并发现受污染土壤中二噁英的含量为未受污染土壤中浓度的300倍。1983年，EPA出资3200万美元买下了该镇。1985年，该镇几乎成为一座空城，除了一对年老的夫妇不愿迁出以外，所有居民均搬出该镇。1996年3月到1997年6月，政府投资约1.1亿美元，对该镇共约26.5万t受污染土壤进行高温焚烧，从而彻底解决了困扰该镇几十年的二噁英污染问题。

四、辽宁化工废渣事件

1992年10月和1993年5月，在未经有关部门同意的情况下，辽宁省沈阳冶炼厂两次非法向黑龙江省鸡西市梨树区转移有毒化工废渣，造成重大环境污染。转移的废渣中含有三氧化二砷(俗称砒霜)等10多种有毒物质332t。这些有毒物质使穆棱河下游约20km^{2}范围内的土壤、植物和地下水环境造成不同程度的污染。其中以土壤和植被受到的污染和破坏最为严重，残留在废渣堆放地及周围的砷、铜、铅、钢等重金属污染平均超标75倍，其中砷的超标指数最高，是103倍。废渣倾倒现场寸草不长，26棵20cm直径树木枯死，地表裸露面积达500m^2，大约7公顷地表植物受到较严重污染，污染深度为0～140cm。经预测，在自然状况下，要想将土壤恢复到原有水平，大概需要几百年甚至几千年。

鸡西市法院于1995年12月做出一审判决，判令沈阳冶炼厂和鸡西市化工局限期对污染损害进行治理，如逾期不治理，则将治理费用185.5万元付给原告进行治理，并判决两被告偿还原告经济损失、环境补偿费和人体健康检查费共计90万元。

参考文献

[1] Economic expert. Times：Beach[EB/OL]. http://www.economicexpert.com/a/Times：Beach：Missouri.htm，2015-10-19.

[2] National Science and Technology Center. Soil biological communities[P/OL]. ht-

tp://www. blm. govnstcsoil/foodweb/,2015-10-19.

[3] Wikipedia. Haimitai disease[EB/OL]. http://en. wikipedia. org/wiki/itai-itai_disease,2015-10-19.

[4] Wikipedia. Agent orange[EB/OL]. http://en. wikipedia. org/wiki/agent_Orange,2015-10-19.

[5] Wikipedia. Times beach. Missouri [EB/OL]. http://en. wikipedia. org/wiki/Times. Beach_Missouri,2015-10-19.

[6] 范拴喜. 土壤重金属污染与控制[M]. 北京:中国环境科学出版社,2011.

[7] 洪坚平. 土壤污染与防治[M]. 北京:中国农业出版社,2011.

[8] 环境保护部自然生态保护司. 土壤污染与人体健康[M]. 北京:中国环境出版社,2013.

[9] 张颖,伍钧. 土壤污染与防治[M]. 北京:中国林业出版社,2012.

[10] 朱祖祥,俞震豫,周鸣铮,等. 土壤学[M]. 北京:高等教育出版社,1983.

[11] 周启星,宋玉芳,等. 污染土壤修复原理与方法[M]. 北京:科学出版社,2004.

第七章　土壤污染修复技术

第一节　物理修复

一、物理分离技术

土壤物理分离技术主要用于土壤中无机污染物的修复处理，通过利用土壤介质及污染物的不同物理特性而将污染物从土壤中富集分离，从而清洁土壤，恢复土壤功能。分散于土壤中的重金属颗粒，可以根据它们的颗粒直径、密度或其他物理特性得以分离，如汞可以通过重力法分离去除。以单质或盐离子态存在的重金属则可通过被某一粒径范围内的土壤颗粒或胶体吸附而去除。

物理分离技术需要挖掘土壤，因此修复工作所耗费的时间较长，这取决于待处理土壤的体积及土壤处理设备的处理速度。主要的物理分离技术包括以下几种。

（一）粒径分离

粒径分离又称筛分，即根据颗粒直径分离固体而将污染物去除的方法。根据处理对象的物理特性可将筛分分为干筛分和湿筛分（或摩擦洗涤）两个不同的处理阶段。干筛分的作用即将砾石、树枝等较大物质从土壤中分离。湿筛分主要用于去除土壤中以颗粒状态存在的大量重金属，而摩擦洗涤可以打碎土壤团聚体结构，将氧化物或其他胶膜从土壤胶体上洗下来（周启星等，2004）。

（二）水动力学分离

水动力学分离，或粒度分级，是基于颗粒在流体中的移动速度将其分成两部分或大部分的分离技术。与筛分类似，颗粒在流体中的移动速度取决于颗粒大小、形状，但与筛分方式不同，粒度分级还与颗粒物密度有关。分级机适用于较宽范围内的颗粒的分离，如大的淘选机可分离直径几毫米的汽车蓄电池铅，螺旋分级机和沉淀筒可从泥浆中分离细小颗粒，水力旋风分离机则可分离粒径更小的沙砾等。

(三)密度分离

密度分离，即基于物质密度，通过重力富集方式分离颗粒的方法。在重力或其他反方向作用力的作用下，不同密度的颗粒产生的运动行为不同，在颗粒大小和形状的影响下，不同密度、粒径和形状的土壤颗粒被分离开。该方法对颗粒密度差异较大的土壤效果更好，对颗粒密度差异不大但事先经过分级的土壤也有一定的处理效果。

(四)脱水分离

因为湿筛分等技术的运用，脱水处理步骤对于土壤修复和水的循环利用都很有必要。常用的脱水法有过滤、压滤、离心和沉淀。更多情况下是多种脱水法的联用，不但可以提高脱水效果，也可以提高土水资源的循环利用率。

(五)磁分离

磁分离基于各种矿物磁性上的区别，主要是指将铁从非铁材料中分离出来的技术。磁分离设备通常将传送带或转筒运送来的移动颗粒流连续不断地通过强磁场而达到最终的分离目的。

二、土壤蒸气浸提技术

土壤蒸气浸提(soil vapor extraction, SVE)技术，是美国 Terravac 公司于 1984 年发明的土壤物理修复方法，它是典型的原位物理修复过程，即通过降低土壤孔隙内的蒸气压把土壤环境中的污染物转化为气态形式而加以去除的方法，主要针对不饱和土壤中挥发性有机组分(VOCs)污染，如汽油及有机溶剂(如全氯乙烯、三氯乙烯、二氯乙烯、三氯乙烷、苯、甲苯、乙基苯和二甲苯)等高挥发性化合物污染土壤的修复。空气注入井系统的应用，提高了土壤空气流的速率，扩大了清洁空气穿过土壤的范围，使得这一技术的实际效率大大提高(USEPA,2001)。

原位土壤蒸气浸提技术是利用真空，通过布置在不饱和土壤层中的提取物向土壤导入气流，气流经过土壤时，具有挥发性和半挥发性的有机物挥发随空气进入真空，气流经过以后，土壤得到修复。根据受污染地区的实际地形、钻探条件或其他现场具体因素的不同，可选用垂直或水平提取并进行修复(图 7-1)。

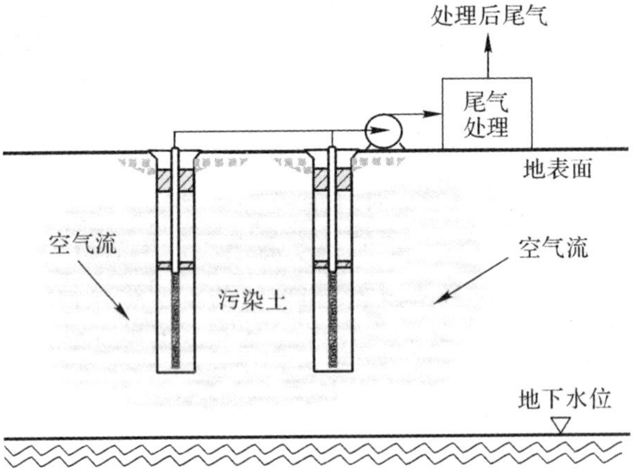

图 7-1 土壤原位蒸气浸提技术(Google)

异位土壤蒸气浸提技术是利用真空，通过布置在堆积着的污染土壤中开着狭缝的管道网络向土壤中引入气流，促使具有挥发性和半挥发性的污染物挥发进入土壤中的清洁空气流，进而被提取脱离土壤。

三、固化—稳定化技术

固化—稳定化技术是将污染物在污染介质中固定，使其处于长期稳定状态，是较普遍应用于土壤重金属污染的快速控制修复方法，对同时处理多种重金属复合污染土壤具有明显的优势。固定化技术是将污染物囊封入惰性基材中，或在污染物外面加上低渗透性材料，通过减少污染物暴露的淋滤面积达到限制污染物迁移的目的，同时固化产物可以方便地进行运输，而不需要任何辅助容器；稳定化是指从污染物的有效性出发，通过形态转化，将污染物转化为不易溶解、迁移能力或毒性更小的形式来实现无害化，以降低其对生态系统的危害风险，且稳定化不一定改变污染土壤的物理性状。

固化技术具有工艺操作简单、价格低廉、固化剂易得等优点，但常规固化技术也具有如固化反应后土壤体积都有不同程度的增加，固化体的长期稳定性较差等缺点。而稳定化技术则可以克服这一问题，如近年来发展的化学药剂稳定化技术，可以在实现废物无害化的同时，使废物少增容或不增容，从而提高危险废物处理处置系统的总体效率和经济性；还可以通过改进螯合剂的结构和性能使其与废物中的重金属等成分之间的化学螯合作用得到强化，进而提高稳定化产物的长期稳定性，减少最终处置过程中稳定化产物对环境的影响。因此，美国环保署将固化—稳定化技术称为处理有害有毒废物的最佳技术。中国一些冶炼企业场地重金属污染土壤和铬渣清理后的堆场污染土壤也采用了这种技术(图 7-2)。

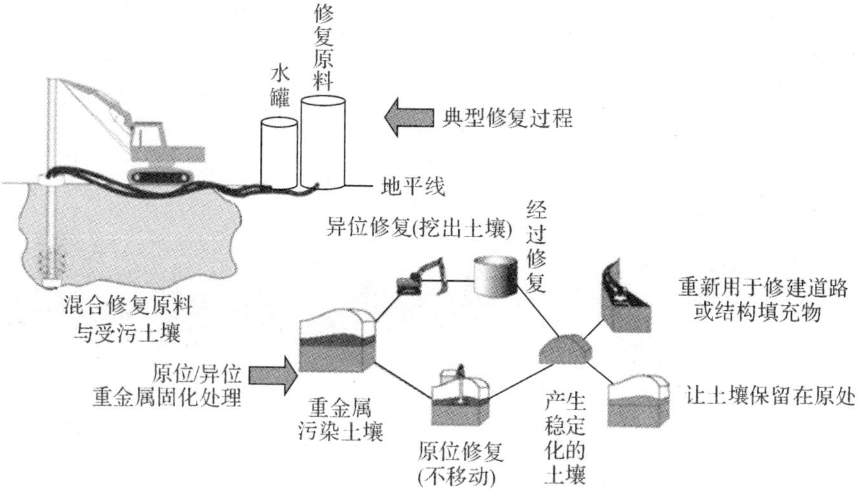

图 7-2　土壤固化稳定化修复技术(Google)

因为水泥和石灰的水化作用是固化的必要条件，因此，影响水化反应的因素都会影响污染土壤固化—稳定化的效果。污染土壤的理化性质如土壤 pH 值、土壤物质组成和固化—稳定化工艺，包括凝胶材料和添加剂品种与用量、水分含量、混合均匀程度、养护条件等是影响固化—稳定化的主要原因。

四、热力学修复技术

热力学修复是利用热传导或辐射实现对污染环境的修复。与标准土壤蒸气提取过程类似，热力学修复是指利用气提井和鼓风机将水蒸气和污染物收集起来，通过热传导加热。在土壤饱和层中利用各种加热手段让土壤温度升高，输入的热量将会使地下水沸腾，溢出蒸气，带走污染物，从而达到污染修复的目的(图 7-3)。该技术主要包括高温原位加热修复、低温原位加热修复和原位电磁波加热修复技术三种。

高温原位加热修复技术与标准土壤蒸气提取过程类似，利用气提井和鼓风机将水蒸气和污染物收集起来，通过热传导进行地表土(加热毯)或深层土壤

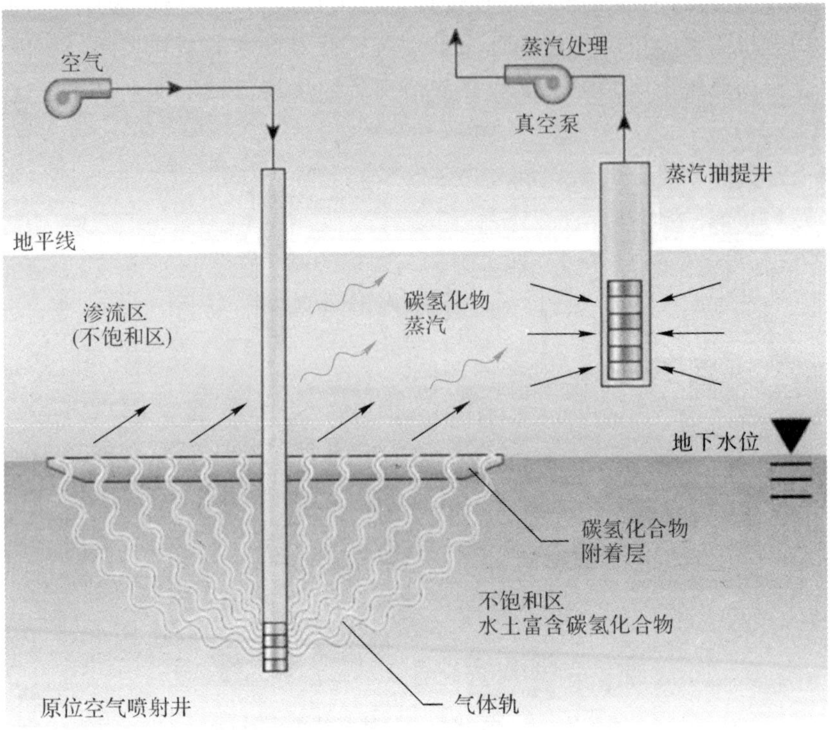

图 7-3　土壤热力学修复示意图(Marley, 2014)

(加热组件)加热(可达 1000℃)。系统温度不断升高,地下水流速下降,输入的热量足以将水很快加热至沸腾蒸汽。土壤加热以及加热毯下抽风机造成的负压,使得污染物蒸发、气化迁移到土壤表层,再利用管道将气态污染物引入热处理设施,进行氧化处理。高温原位加热技术主要用于半挥发性有机物和非卤代有机物、多氯联苯以及密度较高的非水质液体有机物等的处理与修复。

低温原位修复技术指利用蒸气井加热,包括蒸气注射钻头、热水浸泡或依靠电阻加热产生蒸气等技术将土壤加热到近 100℃,从而蒸发污染物,使非水质液体进入提取井,使流体和气体分别得到收集并处理,从而去除污染物的一种技术。低温原位加热主要用于半挥发性卤代物和非卤代物及浓的非水溶性液态物质等的处理和修复。

原位电磁波加热主要利用无线电波中的电磁能量进行加热,用经过改造的无线电发射器作为能量来源,使用工业、科研和医疗用波段内可用频率进行电磁加热,能量由埋在钻孔中的电极导入土壤介质,加热机制类似于微波炉。

五、热解吸附修复技术

热解吸附又称热脱附(thermal desorption)技术，是用直接或间接的热交换，加热土壤中有机污染组分到足够高的温度(通常150～540℃)，使其蒸发并与土壤介质相分离的过程(图7-4)。热脱附技术具有污染物处理范围宽、设备可移动、修复后土壤可再利用等优点，主要针对苯、甲苯、乙苯、二甲苯类等石油烃类化合物，特别对PCBs这类含氯有机物，非氧化燃烧的处理方式非常有效，不但可高效去除，而且可以显著减少二噁英生成。目前，欧美国家已将土壤热脱附技术工程化，广泛应用于高污染的场地有机污染土壤的离位或原位修复，但是相关设备价格昂贵、脱附时间过长、处理成本过高等问题尚未得到很好解决，限制了热脱附技术在持久性有机污染土壤修复中的应用。发展不同污染类型土壤的前处理和脱附废气处理等技术，优化工艺并研发相关的自动化成套设备正是国内外环境科学家共同努力的方向(Stegemeier & Vinegar, 2001)。

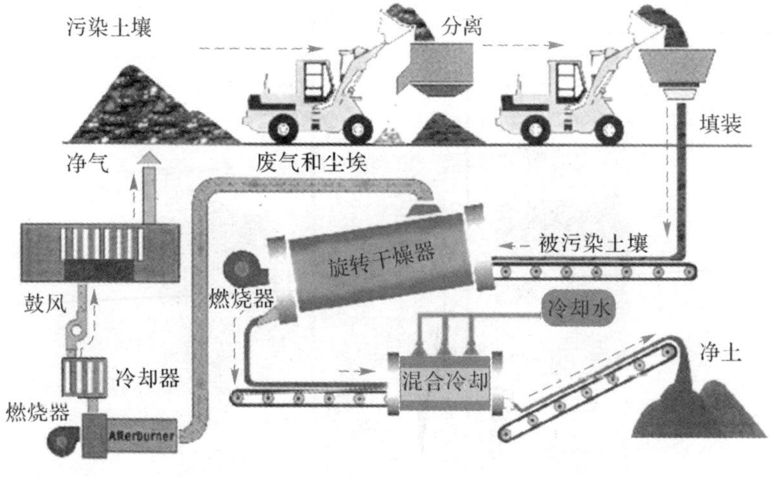

图7-4　热脱附流程图(Factsheet,2004)

土壤热脱附技术分为两类：土壤或沉积物加热温度为150～315℃的技术为低温热解吸技术，而温度达到315～540℃的为高温热解吸技术。通常，高温修复技术费用较高，所以不太常用。低温修复技术面对绝大多数有机污染物已比较有效，所以在实际工程中应用较为广泛。

六、电动力学修复技术

电动力学修复的基本原理类似于电池，利用插入介质中的两个电极在污染介质两端加上低压直流电场，在低强度直流电的作用下，水溶的或者吸附在土壤颗粒物表层的污染物根据各自所带电荷的不同而向不同的电极方向运动，阳极附近的酸开始向介质的毛细孔移动，打破污染物与介质的结合键，此时，大量的水以电渗透方式在介质中流动，土壤等介质毛细孔中的液体被带到阳极附近，这样就能将溶解到介质溶液中的污染物吸收至土壤表层得以去除，通过电化学和电动力学的复合作用，土壤中的带电颗粒在电场内定向移动，土壤污染物在电极附近富集或者被收集回收。污染物去除主要涉及电迁移、电渗析、电泳和酸性迁移 4 种电动力学过程(图 7-5)。

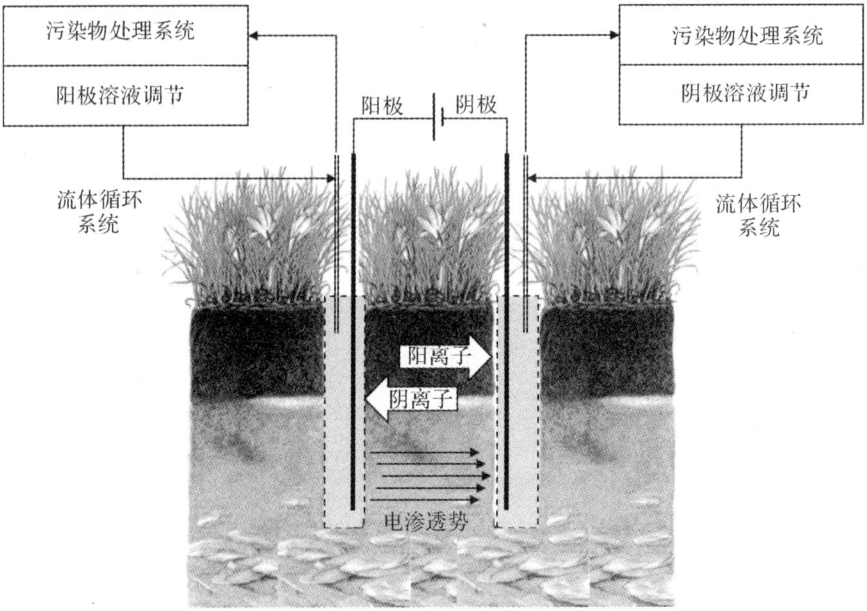

图 7-5 土壤电动力学修复示意图(Camesellel,2013)

电动力学修复技术在油类提取工业和土壤脱水方面的应用已有几十年的历史，但在土壤原位修复方面的应用才刚刚起步。目前大量实验结果证明，这项技术具有高效性，对金属离子(如铬、汞、镉、铅、锌、锰、钼、铜等)和有机物(如苯酚、乙酸、六氯苯、三氯乙烯及一些石油类污染物)去除率可达 90%以上(张宝杰等，2014)。

第二节　化学修复

土壤的化学修复是利用加入到土壤中的化学修复试剂与污染物发生一定的化学反应，使污染物被降解和毒性被去除或降低的修复技术。化学修复技术包括化学淋洗技术、溶剂浸提技术、化学还原与氧化技术和土壤性能改良修复技术等。

一、化学淋洗技术

(一)原位淋洗技术

化学淋洗修复技术是指在重力或物理作用下，将可促进土壤环境中污染物溶解或迁移作用的化学或生物化学溶剂注入被污染土层中，再将含有污染物的液体从土层中抽提出来，进行分离和污水处理的技术。过程中所使用的化学或生物化学溶剂即清洗液，具有增容、乳化或改变污染物的化学性质的作用。化学淋洗技术主要体现为用表面活性剂处理有机污染物，用螯合剂或酸处理重金属来修复被污染的土壤。

原位化学淋洗修复技术即在污染土壤原地进行化学试剂淋洗从而去除污染的技术，需要在污染土壤处搭建修复设施，如清洗液投加系统、土壤下层淋出液收集系统和淋出液处理系统等。污染物在与化学清洗剂相互作用的过程中，通过解吸、螯合、溶解或络合等物理化学过程而形成了可迁移态化合物，因此通常采用隔离墙等物理屏障将污染区域封闭。化学清洗液投加系统通常采用漫灌、挖掘或沟渠和喷淋等方式。具体采用何种方式要根据污染物在土壤中所处的深浅位置。投加方式包括：(1)采用挖空土壤后再填充多孔介质的浸渗沟和浸渗床方式，将淋洗液分散到污染区去；(2)采用压力驱动的分散系统加快清洗液的分散。工程实施中，除了要考虑地形因素外，还要人为构筑地理梯度，以保证流体的渗入速度均匀。污染物淋出液的收集是该方法的重要组成部分，一般用梯度井或抽提井等方式收集。如石油类污染物可采用空气浮选法处理，如果浓度足够高，对羟基类化合物可以在添加额外的碳源后，采用生物手段处理；重金属污染土壤的淋出液可利用化学沉淀或离子交换法进行处理(图 7-6)。通常为了降低处理费用，原位淋洗工艺会包括淋出液再生设备，纯化的清洗液就可以再次注入清洗液投加系统而得以循环利用。

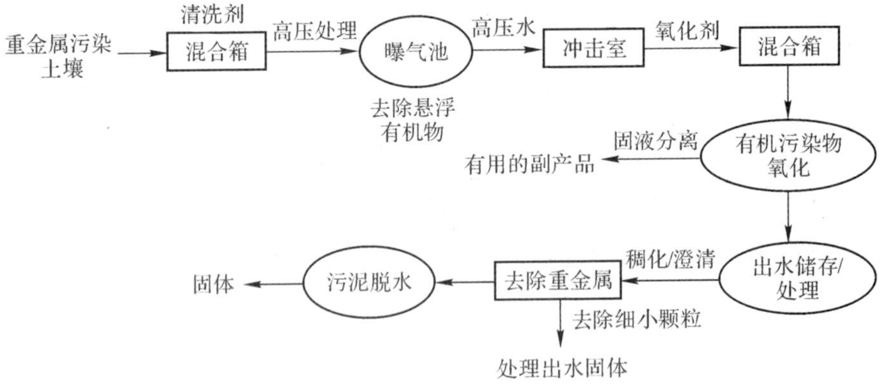

图 7-6　土壤重金属淋洗技术示意图

原位化学淋洗技术修复污染有长效性、易操作性、高渗透性、费用合理、应用广泛等优点，重金属、具有低辛烷或水分配系数的有机化合物、羟基类化合物、低分子量乙醇和羧基酸类比较适合采用这项技术。此外，土壤淋洗技术最适用于多孔隙、易渗透的土壤，水传导系数大于 10cm/s 的土壤可被推荐采用土壤淋洗技术进行修复。土壤淋洗技术不适用于非水溶态液态污染物、强烈吸附于土壤的呋喃类化合物、极易挥发的有机物以及石棉等。

(二)异位淋洗技术

异位化学淋洗是将污染土壤转移到一个特定的容器或地方进行化学淋洗后再回置到原来地方的修复技术。该技术由美国国家环保局等机构于 20 世纪 80 年代提出，通过水(或水中加酸)和以表面活性剂为主的淋洗液，淋洗土壤中重金属和有机污染物而去除。

异位化学淋洗修复需要根据处理土壤的物理状况，将土壤分成不同的部分，如石块、沙砾或黏粒等，再根据二次利用的用途和最终处理需求，采用不同的方法对这些不同部分进行淋洗。由于污染物不能强烈地吸附于沙质土上，所以沙质土只需要初步淋洗。而污染物容易吸附于土壤质地较细的部分，所以壤土和黏土是主要的处理对象。

淋洗剂主要有化学表面活性剂(生物表面活性剂)，酸、碱或络合剂等。在固液分离过程及淋洗液的处理过程中，污染物或被降解破坏，或被分离。最后将处理后土壤置于恰当的位置。异位化学淋洗修复石油类污染土壤的效率与土壤的性质密切相关。化学淋洗技术对污染物集中于大粒级土壤处理更有效，砂粒、沙和细沙以及相似土壤组成中的污染物更容易处理成功，而黏土则较难清洗。污染物的性质、浓度和老化时间以及淋洗试剂的性质和浓度、淋洗工艺等条件同样影响异位淋洗效果。

异位化学淋洗技术有灵活方便、有利于技术推广、适用于各种类型污染物治理等特点，对重金属、放射性元素、石油烃、易挥发有机物、多氯联苯以及多环芳烃等都有良好的淋洗效果。

二、溶液浸提技术

溶剂浸提修复技术是一种利用溶剂将有害化学物质从污染土壤中提取出来或去除的技术。化学物质如 PCBs、油脂类等是不溶于水的，而倾向于吸附或黏贴在土壤上，而溶剂浸提技术能够克服其他技术瓶颈，将土壤中 PCBs 与油脂类污染物浸提出来并进行深度处理。溶剂浸提技术的设备组件运输方便，可以根据土壤的体积调节系统容量，一般在污染地点就地开展，属于异位处理技术。

溶剂浸提修复技术以批量平衡法为原理，将污染土壤挖掘出来并放置在一系列提取箱内，在其中进行溶剂与污染物的离子交换等化学反应。溶剂的类型依赖于污染物的化学结构和土壤特性。当土壤中的污染物基本溶解于浸提剂时，再借助泵的力量将其中的浸出液排出提取箱并导引到溶剂恢复系统中。不断重复该提取过程，直到目标土壤中污染物水平低于污染标准。该技术适用于修复被 PCBs、石油烃、氯代烃、多环芳烃和农药等有机污染物污染的土壤。湿度大于 20%的土壤要先风干，避免水分稀释提取液而降低提取效率，而黏粒含量大于 15%的土壤不适于采用这项技术。通常，在处理后的土壤中引入活性微生物群落和富营养介质，会加快残留的浸提液的降解速度。

三、原位化学氧化技术

原位化学氧化修复技术即通过在污染区的不同深度钻井，将化学氧化剂掺入土壤，与污染物发生氧化反应而使污染物降解或转化为低毒、低移动性产物的修复技术（图 7-7）。

一般采用土壤深度混合、液压破裂等方式分散注入注射井中的氧化剂，以提高氧化效果。常用的氧化剂有 K_2MnO_4、H_2O_2 和臭氧气体等。(1) K_2MnO_4 将有机物氧化生成 MnO_2、CO_2 和中间有机产物。Mn 是地壳中贮量丰富的元素，MnO_2 比较稳定，在土壤中天然存在，因此氧化产物 MnO_2 没有环境风险。(2) H_2O_2 是一种强氧化剂，产生的自由基—OH 可与有机物分子中的 C—H 键发生反应，从而对有机溶剂如酯、芳香烃以及农药等有害有机物实现修复。然

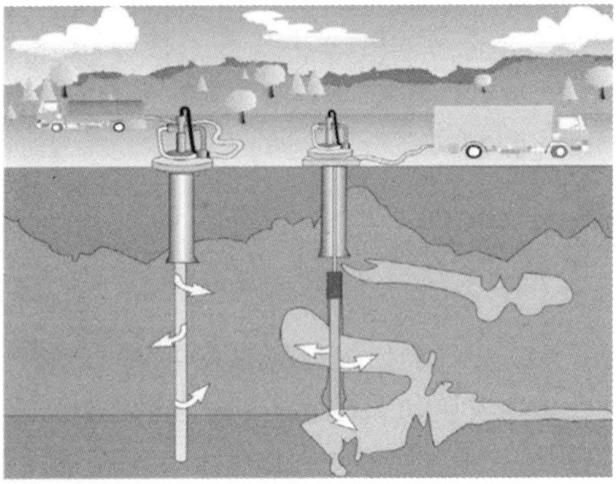

图 7-7 土壤原位化学氧化修复技术示意图(Google Scholar)

而,由于—OH 进入土壤后立即分解成水蒸气和氧气,所以要采取特别的分散技术,避免氧化剂失效。

原位化学氧化修复技术主要用来修复被油类、有机溶剂、多环芳烃、PCP、农药以及非水溶态氯化物等污染物污染的土壤,通常这些污染物在污染土壤中长期存在,难以生物降解。土壤原位氧化修复技术不但可以将此类污染物氧化脱毒,而且反应产生的热量能够使土壤中的一些污染物和反应产物挥发或变成气态,溢出地表,进而集中收集、再处理。但土壤中加入氧化剂后可能生成有毒副产物,使土壤生物量减少或影响重金属的存在形态,这是该技术的一大缺点。

四、原位化学还原技术

原位化学还原技术即通过向土壤中添加强还原剂而将土壤中氧化态污染物去除的技术手段,该技术主要用于土壤中有机氯类污染物的去除与修复。该技术通常需要在污染土壤的下方或污染源附近的含水土层中构建一个可渗透反应区并填充以化学还原剂,修复土壤和地下水中铀、铬酸盐和一些氯代试剂。当这些污染物迁移到反应区时,被还原或者转化成固定态,从而使污染物在土壤环境中的迁移性和生物可利用性降低。常用的还原剂有 SO_2、H_2S 气体和 Fe^0 胶体等。

利用 SO_2 作还原剂时,通常将 SO_2 溶解在碱性溶液中,以碳酸盐和重碳酸盐为缓冲溶液注入污染土壤。SO_2 将土壤矿物结构中的 Fe^{3+} 还原成 Fe^{2+},接下来由 Fe^{2+} 还原迁移态的还原敏感污染物,使之成为活性反应区。在该反应区，氯代试剂分子因还原脱氯作用而发生变化，铀被还原成难溶态，铬酸盐被还原成3价铬而沉淀。原位实施修复工程时，由于 H_2S 呈气态，所以需要通过钻井注射方法将 H_2S 注入污染土壤的中部，并在外围建造一系列的抽提井，除去多余的还原剂并控制气流状态。为了防止废气溢出地表，地面还要覆盖一层不透气的遮盖物。在处理过程的最后阶段，整个系统通入空气将残余的还原剂清理出去。

Fe^0 胶体是很强的还原剂，能够脱掉很多氯代有机物中的氯离子，并将可迁移的含氧阴离子(如 CrO_4^{2-} 等)转化成难迁移态。Fe^0 既可以通过井注射，也可以放置在污染物流经的路线上，或者直接向天然含水土层中注射微米级甚至纳米级 Fe^0 胶体。反应的活性表面积增大，因此用小剂量的纳米级 Fe^0 胶体还原剂就可达到设计的处理效率。深度土壤混合技术和液压技术都能用来向土壤下层注射 Fe^0 胶体，也可以布置一系列的井，以创造 Fe^0 活性反应墙。实际操作中，最好是将 Fe^0 胶体以高速注入，同时应用一种具有较高黏性的液态载体，保证 Fe^0 胶体在其中很好地悬浮并快速分散到污染土壤。

可渗透反应墙(图7-8)，即用具有一定渗透性的介质代替原土壤基质，以去除土壤中有机氯污染的技术。可渗透反应墙墙体可以由特殊种类的泥浆填充，再加入其他被动反应材料，如滞留重金属的螯合剂或沉淀剂，或可提高微生物降解作用的营养物质等。理想的墙体材料除了要能够有效进行物理化学反应外，还要保证不造成二次污染。通过在处理墙内填充不同的活性物质，可以使多种无机和有机污染物原位吸附而失活。根据污染物的特征，可分别采用不同的吸附剂，如活性铝、活性炭、铁铝氧石、离子交换树脂、三价铁氧化物和氢氧化物、磁铁、泥炭、褐煤、煤、钛氧化物、黏土和沸石等，使污染物通过离子交换、表面络合、表面沉淀以及对非亲水有机物而言的厌氧分解作用等不同机制吸附、固定。

为了保证修复工作的高效率，原位处理墙必须要建得足够大，确保污染物流全部通过。同时，为使反应墙长期有效，设计方案要考虑众多的自身因素和影响因素。首先，要求墙体的渗透性要达到含水土层的2～10倍以上。土壤环境的复杂性，地下水及污染物组分的变化，土壤颗粒的进入和沉积，碳酸盐、碳酸亚铁、氧化铁、氢氧化铁以及其他金属化合物的沉淀析出等不确定因素，常使系统的渗透性逐渐下降。其次，墙体内应包含管道，用于注入水、空气，缓解沉积或泥沙堵塞状况。再者，反应墙应为开放系统，便于技术人员进行检查和监测，更新墙体材料。

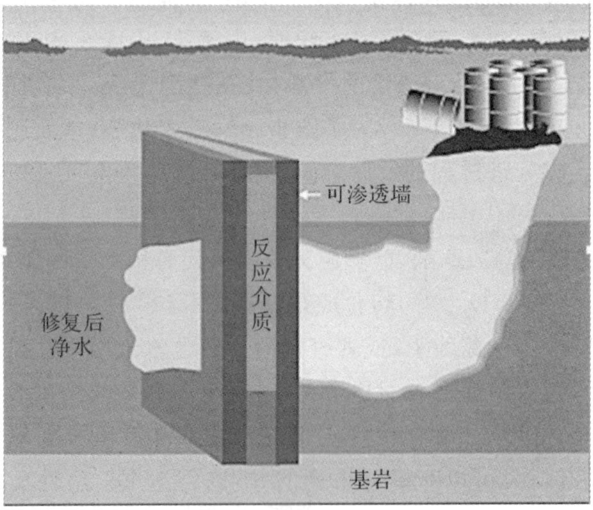

图 7-8 可渗透反应墙工作原理示意图(www.frtr.gov)

第三节 植物修复

一、植物修复定义

土壤植物修复是利用植物修复有毒重金属、有机物、放射性核素污染土壤的一项技术。植物利用光合作用在生长过程中将土壤中污染物吸收、吸附或转化为低毒性物质。石油烃类作为早期有机污染植物修复的研究对象,其修复机理研究报道较多。

二、植物修复原理

(一)植物修复有机物

石油烃是石油冶炼生产等活动中产生的化学物质,主要包括天然气、原油、柏油和沥青,它们最终组成各种比例的烷烃、芳香族化合物和多环芳香族烃。目前认为,植物修复石油污染土壤及地下水主要有降解、抑制和从土壤转移到大气三种主要作用机制。

1.降解作用

植物降解石油烃有直接降解和间接降解两种途径。植物可直接降解多环芳香族烃,大豆可降解蒽、苯和芘,叶片和根系具有同化烷烃的能力。植物转化烷烃的途径一般为:烷烃→伯醇→脂肪酸→乙酰辅酶A→各种化合物。植物间接降解石油烃途径:一是根际提供的分泌物引起的根际效应与增强共同代谢的降解;二是与根有关的酶释放转化有机污染物;三是植物物理和化学特性及其根系对土壤环境的影响。

根际是土壤距植物根系最近的区域,受根系的直接影响。植物为根际提供含碳根系分泌物、能量、养分和酶,有时还为微生物群体供应氧气。植物诱导的微生物群体增加的根际效应可提高根际有机污染物的降解。

根分泌物是导致根际效应的植物与微生物间的联系物。根分泌物的类型与数量依赖于植物种类和植物发育阶段。分泌物类型影响植物和土壤微生物间的相互作用。根据分泌物种类,相互作用可表现为专一性和非专一性。当植物对存在的污染物响应并分泌专一化合物时,专一性相互作用随之发生。当典型或正常植物分泌物的化学性质与有机污染物相似时,发生非专一性相互作用,导致微生物活性增加和污染物降解。

共同代谢指一种本身不能支持微生物生长的化合物可在另一种支持底物存在时被降解或改变。有机分子,包括植物分泌物,可为微生物群体提供能量而共同代谢石油烃。

2.植物抑制

植物抑制是植物减少或消除污染物对其他生物区系的生物有效性,污染物并不一定被降解。抑制的主要机制包括植物体对石油烃的积累、污染物在根系表面的吸附作用及利用植物作为有机泵分离根区污染物,从而防止污染物外延。植物间接通过腐质化过程供应酶把污染物结合到土壤有机质中,或通过增加土壤有机质含量而抑制污染物。研究证明,植物可通过根系吸收石油烃且少部分可在其根系和茎中积累。

(二)植物修复重金属

土壤重金属污染植物修复的主要场所,是以植物根系为中心聚集了大量的生命物质及其分泌物形成的极为独特的根际圈。根际圈以植物根系为中心,聚集了大量的细菌、真菌等微生物和蚯蚓、线虫等土壤动物,形成了一个特殊的生物群落。根际圈通过植物根及其分泌物质和微生物、土壤动物的新陈代谢活动对污染物进行吸收、吸附、降解等一系列活动,在土壤重金属污染植物修复中起着重要作用。

根是植物体重要的器官，它具有固定植株、吸收土壤中的水分和溶解于水中的矿质营养等生理功能。此外，根还通过吸收和吸附作用在根部积累大量污染物，加强对污染物的固定。其中，根系对污染物的吸收在污染土壤修复中起重要作用。植物根系的吸收是化学物质进入植物体内最重要的途径之一，许多无机和有机污染物都能不同程度地从根系进入植物体内，有的还在植物体内富集。植物修复的原理之一就是利用植物对土壤中污染物的吸收和富集功能，从土壤中“提取”污染物，再收集植物地上部分和根进行集中处理，进而达到污染土壤原位修复的目的。根还有生物合成的作用，可以合成多种氨基酸、植物碱、有机氮和有机磷等有机物，同时还能向周围土壤中分泌有机酸、糖类、氨基酸和维生素等有机物，这些分泌物能不同程度地降低根际圈内污染物质的可移动性和生物有效性，减少污染物对植物的毒害。例如，各种有机物与重金属络合后可降低重金属的活性，减少其毒性。根分泌物对根际圈内的环境也有重要影响，可以改变根际圈 pH 值和氧化还原电位，从而改变污染物的化学形态，对污染物起钝化、固定作用。

土壤受重金属污染后，植物会不同程度地从根际圈内吸收重金属，吸收数量的多少受植物根系生理功能及根际圈内微生物群落组成、pH 值、氧化—还原电位、重金属种类和浓度以及土壤的理化性质等因素影响。植物对重金属的吸收可能有以下三种情形：(1)“避”，当根际圈内重金属浓度较低时，根依靠自身的调节功能完成自我保护，也可能是无论根际圈内重金属浓度有多高，植物本身就具有这种“避”机理，可以免受重金属毒害；(2)“耐”，对重金属产生耐性，吸收根际圈内重金属后，植物本身虽也能生长，但根、茎、叶等器官及各种细胞器受到不同程度的伤害，使植物生物量下降；(3)某些植物因具有某种遗传机理，将一些重金属元素作为其营养需求，该元素浓度过高时根际圈也不受其伤害。

三、超积累植物

超积累植物(hyperaccumulator)是指那些能够超量积累重金属的植物，也有人称之为超累积植物或超富集体。超积累植物通常针对重金属而言。

重金属超积累植物是指对重金属的吸收量较大，并能将其运移贮藏到地上部分，且地上部分重金属含量显著高于根部的植物。这类植物地上部分的重金属含量是常规植物的 10～500 倍。超积累植物吸收修复被重金属污染土壤的综合指标是净化率，即植物地上部分吸收某种重金属的量与土壤中此种重金属总量的百分比。超积累植物一般对某种元素是专一的，但是某些植物也能同时超积累两种或多种重金属。理想的重金属超积累植物一般具有以下特征：(1)可以耐受高水平的重金属；(2)地上部分超量积累某种或几种重金属时，不影响植物的正常生长，通常超出普通植物的100倍以上，如超积累植物积累的镉含量可达100mg/g(干重)以上；(3)生长迅速；(4)生物量大；(5)根系发达。超积累植物可以用于环境污染的植物修复提取、回收重金属或地质探矿等方面，同时也为研究植物进化机制提供了优良素材。

(一)植物对重金属的运输与转运

重金属由根系进入木质部至少需要三个过程：(1)进入根细胞；(2)由根细胞运输到中柱；(3)装载到木质部(图7-9)。内皮层由于凯氏带的存在，使得共质体运输在重金属进入木质部的过程中起着主导作用。对锌、镍、镉、铜超积累植物的研究证实，有机酸、蛋白质、多肽、氨基酸和酚类在超积累植物对重金属的运输、储存中起重要作用，它们可以促进重金属在植物体内的运输，将根系吸收的重金属转运到植物的地上部分，以金属复合物形态存在于木质部汁液中、表皮细胞或叶肉细胞汁液中、液泡内或附着在细胞壁上，从而使植物尤其是超积累植物吸收、积累和贮存重金属成为可能，并在一定程度上起到体内解毒作用。

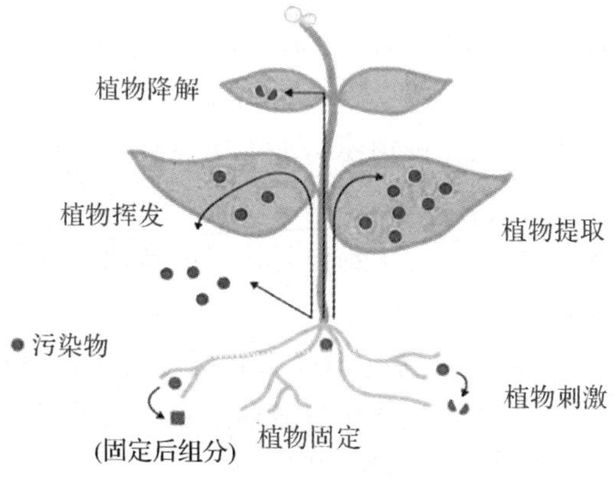

图7-9　超积累植物对重金属的吸收转运示意图(Google)

(二)植物对重金属的吸收

植物吸收金属离子均从根系开始，但土壤中可被植物直接利用的金属形态非常有限，这就要求植物自身产生一些活化机制来活化土壤中的重金属。超积累植物对根际土壤重金属的活化可以通过以下几方面来实现：(1)植物根系分泌质子酸化根际环境，促进重金属溶解；(2)植物根系分泌特殊有机物，促进土壤重金属溶解;(3)植物根系分泌金属螯合分子,螯合和溶解与土壤结合的重金属;(4)在根细胞膜上的专一性金属还原酶作用下,还原土壤中高价金属离子,从而提高其溶解性。总之,超积累植物对重金属的胁迫有多方面的防卫机制,通常是几种机制同时发挥作用,不能用单一的耐性机理来解释植物对重金属的耐性;而且对于不同的超积累植物,起主导作用的机制可能不同。

(三)超积累植物的耐性机制

耐性是指植物体内具有某些特定的生理机制,使植物能生存于高含量的重金属环境中而不受损害,此时植物体内具有较高浓度的重金属。受植物的生态学特性、遗传学特性等因素影响,不同种类植物对金属污染的耐性不同。同种植物的不同种群由于其分布和生长环境的差异,再加上长期受不同环境条件的影响,也会表现出不同的耐性。植物对重金属的耐性是植物体内的生理作用机制,是基因突变产生的基因型,因而是具有遗传性的(陈一萍,2008)。

第四节 微生物修复

土壤微生物修复即利用天然存在的或所培养的功能微生物群,在适宜环境条件下,促进或强化微生物代谢功能,从而达到降低土壤中有毒污染物浓度或活性的修复技术。土壤微生物是土壤生态系统的重要组成部分,不仅可以指示污染土壤的生态系统稳定性,还可用作污染土壤修复。生物修复技术已广泛应用于地下水、地表水和海洋污染的治理和恢复,而在土壤污染的修复方面,则相对发展较慢。近年来,人们对土壤生物修复技术的基础理论和应用进行了系统的研究(张宝杰等,2014)。

土壤微生物种类多、数量大,是土壤中有机活性胶体,比表面积大,带电荷,代谢活动旺盛,在污染土壤生物地球化学循环过程中起重要作用。土壤微生物对不同污染物的去除修复机理也不尽相同。

一、重金属污染土壤的微生物修复

微生物对土壤中的重金属进行固定、移动或转化,改变它们在土壤中的化学环境的行为,可促进有毒、有害物质解毒或降低毒性,从而达到生物修复的目的。

（一）微生物对重金属的生物累积和吸附作用

微生物对重金属的生物累积和生物吸附作用主要表现为胞外络合、沉淀及胞内累积三种形式。微生物对重金属有很强的亲和吸附性能，有毒金属离子可以沉积在细胞的不同部位或结合到胞外基质上，或被轻度螯合在可溶性或不溶性生物多聚物表面。如硫酸盐还原菌及某些藻类可在胞外产生多糖、蛋白等阴离子基团，与重金属形成络合物从而络合沉降。还有些微生物可直接通过生物积累或生物吸附作用在体外吸附多种重金属。

有些重金属可进入微生物细胞，并通过"区域化作用"分配于细胞内的不同部位，在细胞体内合成金属硫蛋白（metallothionein，MT）。MT 可通过半胱氨酸（cysteine，Cys）残基上的巯基与金属离子结合形成无毒或低毒络合物。微生物的重金属抗性与 MT 积累量呈正相关关系，即细菌体内重金属积累量越大，微生物对该重金属的抗性越强。

（二）微生物对重金属的生物转化作用

重金属污染土壤中存在一些特殊微生物种群，可通过生物氧化还原、甲基化与去甲基化、溶解作用或有机络合配位作用对重金属进行生物转化，从而去除土壤中的重金属或降低其毒性。细菌对汞（Hg）的抗性多数是因为微生物体内的两种诱导酶，汞还原酶和有机 Hg 裂解酶，汞还原酶将有机的 Hg^{2+} 化合物转化成低毒挥发性无机汞。

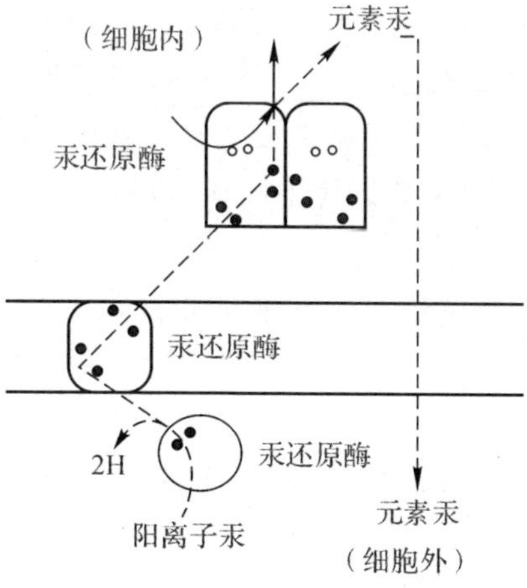

图 7-10　微生物还原减毒 Hg 离子示意图（Boyd & Barkay，2012）

此外，土壤中分布着多种可使铬酸盐和重铬酸盐还原的微生物，如产碱菌属（*Alcaligenes*）、棒杆菌属（*Corynebacterium*）、微球菌属（*Micrococus*）等，这些

菌能将高毒性的 Cr^{6+} 还原为低毒性的 Cr^{3+}。

微生物还可通过改变重金属的氧化还原状态，使重金属化合物发生变化，改变重金属的稳定性。如氧化亚铁硫杆菌（Thiobacillus-ferrobacillus）能氧化砷、铜、钼和铁等，假单孢杆菌属（*Pseudomonas*）能使砷、铁和锰等发生生物氧化，降低这些重金属元素的活性。硫还原菌可通过厌氧呼吸作用将硫酸盐还原成硫化物，或在同化过程中利用硫酸盐合成氨基酸（如胱氨酸），再通过脱硫作用使硫离子分泌到体外，与重金属（如镉）生成沉淀。

二、有机污染土壤的微生物修复

土壤中大部分有机污染物可被微生物降解并转化为无毒或低毒终产物。微生物通过主动运输、被动扩散、促进扩散、基因转位或胞饮作用等将微生物吸收到细胞体内进行降解或通过分泌胞外酶将有机污染物直接在体外降解。

微生物主要通过氧化作用、还原作用、基团转移作用、水解作用或酯化反应等作用将土壤中的有机污染物去除。如铜绿假单胞菌可通过甲基氧化作用将甲苯氧化为苯甲酸；大肠杆菌可通过乙烯基的还原作用将延胡索酸还原为琥珀酸；戊糖短棒菌苗可通过脱羧基团转移作用将琥珀酸脱羧转移为丙酸等。

氯代芳香族化合物的微生物降解主要为好氧降解和厌氧还原作用。脱氯是氯代芳香族有机化合物生物降解的关键步骤，好氧微生物可通过双加氧酶或单加氧酶作用使苯环羟基化（图 7-11），生成氯代儿茶酚，进行邻位、间位开环和脱氯，也可在水解酶作用下先脱氯再开环，并最终矿化。氯代芳香化合物的厌氧还原即在微生物厌氧呼吸中逐步脱氯生成低氯代中间产物的过程。一般而言，高氯代有机物先被还原为低氯代中间体，再通过共代谢作用被矿化为二氧化碳和水。

微生物对 PAHs 的降解通常有两种方式，一种是微生物的同化作用，即以 PAHs 为唯一碳源和能源而生长繁殖，并实现对 PAHs 的降解。另一种是微生物通过共代谢途径降解大分子 PAHs，在共代谢过程中，微生物分泌胞外酶降解共代谢底物维持自身生长的物质，同时也降解了某些非微生物生长必需的物质。

微生物修复污染土壤技术发展迅速，丰富了土壤修复的研究内容，给污染土壤的修复带来了新的思路和手段，也为土壤污染的修复带来了新的希望。土壤污染的微生物修复技术主要包括原位和异位修复，原位修复有生物通风法、生物强化法、土壤耕作法等，而异位修复则包括预制床法、堆制法和泥浆生物反

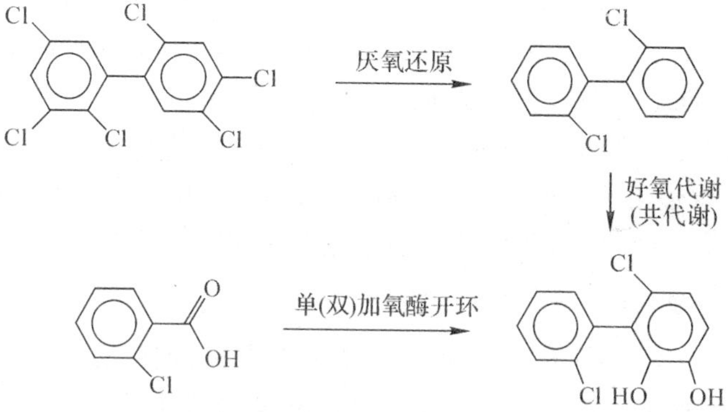

图 7-11 多氯联苯的微生物作用示意图(厌氧还原,好氧代谢)

应器法等。

(一)生物通气法

生物通风(bioventing,BV)是原位生物修复的一种方式。土壤中的有机污染物会降低土壤中的氧气浓度,增加二氧化碳浓度,进而形成抑制污染物生物降解的条件。因此,为了提高土壤中的污染物降解效果,需要排出土壤中的二氧化碳并补充氧气,生物通风系统就是为改变土壤中气体成分而设计的。生物通风是一种强迫氧化降解的方法,在需要治理的土壤中至少打两口井,安装鼓风机和抽风机,将空气(空气中加入氮、磷等营养元素,为土壤的降解菌提供营养物质)强行通入土壤中,增加污染土壤中的有机物挥发速率和生物降解速率(图 7-12)。抽风机抽出土壤中的气体,并去除挥发性毒物。

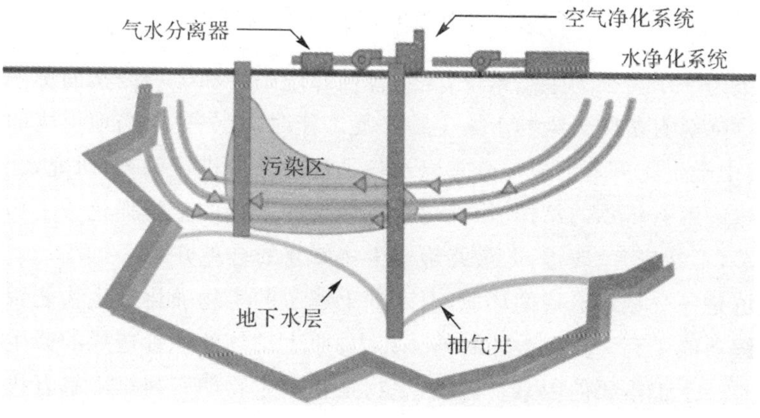

图 7-12 生物通风法示意图(WSBR)

生物通风法中,大部分低沸点、易挥发的有机物直接随空气一起抽出,而那些高沸点的重组分主要是在微生物的作用下,被彻底矿化为二氧化碳和水。在抽提过程中不断加入的氧气有助于降解残余的有机污染物,如原油中沸点高、分子量大的组分。因此,生物通风法处理对象的范围较传统的气相浸提技术法(SVE)大,不仅适用于处理小分子石油组分,而且适用于修复原油中重组分对土壤的污染,该技术还可以大大降低抽提过程中尾气的处理成本。

(二)生物强化法

生物强化技术(bioaugmentation)是指在生物处理体系中投加具有特定功能的微生物来改善土壤体系的污染物去除技术,如难降解的有机物的去除等(图 7-13)。由于石油泄露和污染物不合理处置造成了大面积的土壤受到难降解的有机物的污染,仅仅依靠土壤自身微生物群落的自净能力很难在短时间内有效地去除这类化合物,并且随着它们在土壤中存留时间的延长,将越来越难以被降解。通过生物强化技术在土壤中引入能够有效降解目标化合物的微生物,相对其他物理、化学处理方法而言,是一种简便、有效且价格合理的处理方法,已被广泛采用。

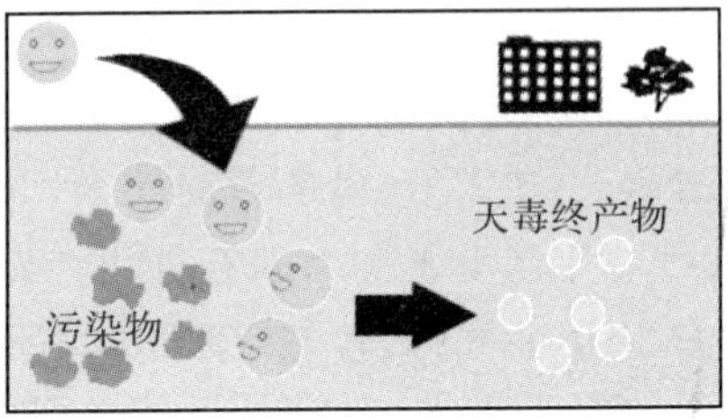

图 7-13 生物强化作用示意图(EMBL)

土壤是一个复杂的生态系统,受到各种环境条件和生物因素的影响。在进行受到难降解有机物污染的土壤生物修复工作时,首先要对当地土壤的理化特性、土壤中微生物群落组成与分布以及各种环境条件进行调查、研究,针对所需处理的难降解有机物的结构、物理化学特性选择适合的生物强化微生物进行初步的试验,不断完善、改进,并最终确定生物修复的合理方案。

土壤是一个相对贫瘠的环境,引入到土壤中的生物强化微生物能否充分发挥其降解功能受到许多因素的制约。其中,原生动物的捕食造成的微生物数量的减少是一个很重要的因素。此外,生物强化微生物能否与难降解有机物充分接触而使其降解也直接关系到生物修复工作的成效。

（三）生物冲淋法

生物冲淋法（bioflooding）又称液体供给系统（liquid delivery system），是指将含氧和营养物的水补充到土壤亚表层，促进土壤和地下水中的污染物的生物降解。生物冲淋法大多在各种石油烃类污染的治理中使用，改进后也能用于处理氯代脂肪烃溶剂，如加入甲烷和氧，促进以甲烷为营养的菌降解三氯乙烯和少量的氯乙烯。

（四）土壤耕作法

土地耕作法（land farming），是指对污染土壤进行耕犁处理，在处理过程中结合施肥、灌溉等农业措施，尽可能地为微生物提供一个良好的生存环境，使其有充分的营养、适宜的水分和 pH 值，从而使微生物的代谢活性增强，保证污染物的降解在土壤的各个层次上都能发生。土地耕作法适于不饱和层土壤的处理。

（五）预制床法

预制床法（prepared bed）是在不外泄的平台上铺以石子、沙子，将受污染土壤以 15～30cm 的厚度平铺其上，加入营养液和水分，必要时加入表面活性剂，定期翻动充氧，以满足微生物生长的需要。处理过程中流出的渗滤液回灌土层，以彻底清除污染物。在针对受污染土壤的众多生物修复方法中，预制床法由于能够将受污染物污染的土壤彻底移出，在较大程度上削减了污染土壤对附近没被污染的土壤以及植被的贡献率，减少了污染的扩散，处理效果能够达到更理想的状态，在生产和实验中得到了广泛应用。

预制床法实质上是土地耕作法的延续，在现场处理石油污染土壤的过程中，土地耕作法处理的最大缺陷是污染物可能从处理区迁移，预制床的设计可以使污染物的迁移量减至最小，因为它具有滤液收集和控制排放系统。预制床的底面为渗透性低的物质，如高密度的聚乙烯或黏土。与同一区域的其他处理技术相比，预制床处理对多环芳烃的降解率明显提高。

（六）泥浆生物反应器法

泥浆生物反应器法是将受污染的土壤挖掘起来和水混合搅拌成泥浆，在接种了微生物的反应器内进行处理，处理后的土壤与水分离后，经脱水处理再运回原地的处理方法。其工艺类似于污水生物处理方法，处理后的出水视水质情况，直接排放或循环使用。这种液—固处理法以水相为主要处理介质，污染物、微生物、溶解氧和营养物的传递速度快，各种环境条件便于控制，因此去除污染物效率高，对高浓度的污染土壤有良好的治理效果，但运行费用较高。目前国外利用生物泥浆反应器修复有机污染土壤已有大量报道，但国内对该技术的研究才刚刚起步。该方法适用于：(1)要求快速清除污染物的污染事故现场；(2)对环境质量要求较高的地区；(3)污染严重且其他生物方法难以现场修复处理的土壤环境。

第五节　固体废弃物处理与处置

一、垃圾卫生填埋

(一)生活垃圾

生活垃圾是指在日常生活或者为日常生活提供服务的活动中产生的固体废物以及法律、行政法规规定视为生活垃圾的固体废物。生活垃圾一般可分为四大类：(1)可回收垃圾，即可通过综合处理进行回收利用的垃圾，包括纸类、金属、塑料、玻璃等；(2)厨房垃圾，即居民日常生活中产生的餐厨垃圾，包括剩菜剩饭、骨头、菜根菜叶等食品类废物，此类垃圾可经生物技术就地处理进行堆肥，为农业生产所用；(3)有害垃圾，即对环境和人体健康产生威胁并需要特殊安全处理的垃圾，包括废电池、废日光灯管、废水银温度计、过期药品等；(4)其他垃圾，包括除上述几类垃圾之外的砖瓦陶瓷、渣土、卫生间废纸等难以回收的废弃物。常用的垃圾方法主要有综合利用、卫生填埋、焚烧和堆肥。

随着我国经济的快速发展和城市化进程的加快，城市生产与生活过程中产生的垃圾量也随之迅速增加，污染环境的状况以及对人们健康的影响也越加明显。城市生活垃圾的大量增加以及产生的相应环境污染等问题逐渐引起社会各界的广泛关注。我国在垃圾分类、回收、处理等方面的发展相对滞后，生活垃圾的处理成为一个非常重要的问题。

垃圾填埋场按照处理简易程度可分为三类。(1)简易填埋场，也称Ⅳ级填埋场，这种填埋场基本上没有什么工程措施，或仅有部分工程措施，对环保标准执行不严。这是我国传统沿用的填埋方式，目前全国约有50%的城市生活垃圾填埋场属于此类。Ⅳ级填埋场为衰减型填埋场，易对周围的环境造成严重污染。(2)受控填埋场，也称为半封闭型填埋场或Ⅲ级填埋场。这级填埋场虽有部分工程措施，但不齐全；或者是虽有比较齐全的工程措施，但不能满足环保标准或技术规范，如场底防渗、渗滤液处理、日常覆盖等不达标等，也会对环境造成一定影响。Ⅲ级填埋场目前在我国约占30%。(3)卫生填埋场,分为Ⅰ级和Ⅱ级填埋场,一般为封闭型或生态型。这类填埋场既有比较完善的环保措施,又能满足或大部分满足环保标准,近年来我国不少城市开始采用此类生活垃圾填埋技术。使用Ⅰ级和Ⅱ级填埋场进行的垃圾填埋,又称为垃圾卫生填埋技术。

垃圾的卫生填埋,即利用工程手段,采取有效技术措施,防止渗滤液及有害气体对水体和大气的污染,并将垃圾压实减容至最小,填埋占地面积也最小,在每天操作结束或每隔一定时间用土覆盖,使整个过程对公共卫生安全及环境均无害的一种土地处理垃圾方法。典型的垃圾填埋场建设构造如图7-14所示。

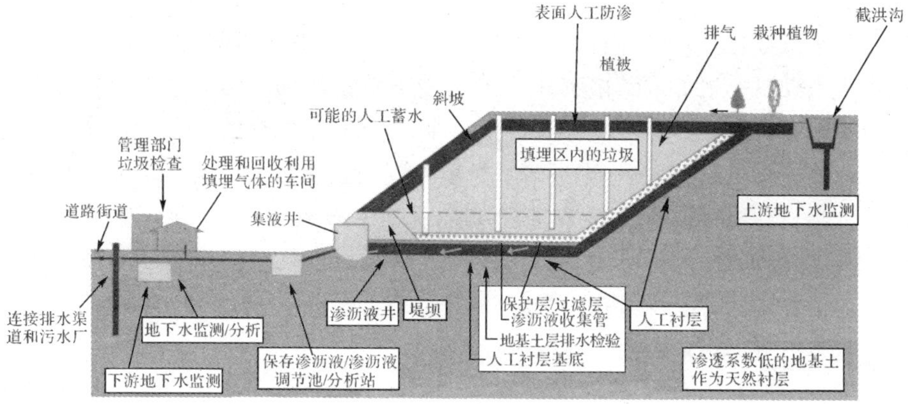

图7-14 垃圾填埋场的建设构造(Google)

我国环境保护部于2008年颁布的《生活垃圾填埋场污染物控制标准》对垃圾填埋场建设的污染标准进行了详细的规范。标准增加了可以进入生活垃圾填埋场处置的一般工业固体废物、生活污水、污泥等的入场要求;对垃圾填埋场从场址的选择、建设、运行与封场后的全过程污染控制提出了更加严格的要求;并对生活垃圾填埋场的渗滤液处理提出了新要求,规定现有和新建生活垃圾填埋场都应建有较完备的污水处理设施,渗滤液需经过处理后达到标准规定的排放限值才能直接排放,生活垃圾填埋场建设中的渗滤液处理系统是决定垃圾填埋场技术成功的关键,直接关系到对附近地表水的污染程度;该标准还对生活垃圾填埋场产生的恶臭气体提出了严格的监控措施,规定甲烷气体应综合利用和处置。

(二)危险废物

根据《中华人民共和国固体废物污染防治法》的规定,危险废物是指列入

《国家危险废物名录》或者根据国家规定的危险废物鉴别标准和鉴别方法认定的具有危险特性的废物。我国危险废物名录包含:(1)具有腐蚀性、毒性、易燃性、反应性或者感染性等一种或者几种危险特性的固体废物和液态废物;(2)不排除具有危险特性,可能对环境或者人体健康造成有害影响,需要按照危险废物进行管理的固体废物和液态废物。

危险废物的随意排放、贮存,会随雨水和地下水渗透、扩散,引起水体和土壤污染,因而减弱环境功能。同时,危险废物易引起燃烧、爆炸等危险性事件,并通过摄入、吸入、皮肤吸收、眼接触而引起潜在的致癌、致畸、致突变等人体健康危害,进而制约可持续发展。

固化稳定化技术是处理危险废物的重要手段。危险废物固定又称化学固定或化学稳定化,与传统固化有别,它是专指基于一种或几种化学反应组合,使废物成为浸出率很低或其中有害成分基本不被浸出的形态。危险废物固定处理后承载能力强,重量轻,具有白硬化特性等,有利于废物的进一步处置。

危险废物经预处理后,需进行安全填埋。安全填埋的综合目标是尽可能将危险废物与环境隔离。通常技术要求必须设置防渗层,最底层应高于地下水位,并设置渗滤液收集、处理和检测系统。安全填埋场一般由若干个填埋单元构成,单元之间采用工程措施相互隔离,隔离层通常由天然黏土构成,能有效地限制有害组分向纵向和水平方向等迁移。

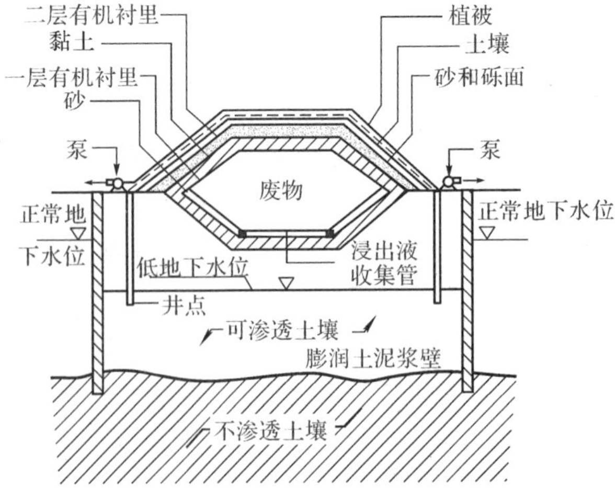

图 7-15 安全填埋场剖面图(Google)

安全填埋场一般有以下几个特点。(1)规模小,安全填埋场与生活垃圾卫生填埋场相比而言,其规模要小得多。主要原因是工业危险废物的产生量比生活垃圾圾的产生量要少得多。(2)选址方便，工业废物的产生量远远没有生活垃圾的产生量大，所以安全填埋场的选址比其他方式的填埋场要方便、灵活。(3)防渗要求高，与生活垃圾卫生填埋场相比，安全填埋场的防渗等级较高。一般情况都需采用双重防渗层系统才能满足要求。(4)填埋运行管理严格，安全填埋场的填埋运行须分单元、分块填埋，且严格控制危险废物中产生多余的有害渗滤液。

二、固体废弃物焚烧

垃圾焚烧(incineration)，或称垃圾焚化，是一种废物处理的方法，是指在高温焚烧炉内(800～1000℃)，垃圾可燃成分与空气中的氧气发生剧烈的化学反应，转化为高温的气体和性质稳定的固体残渣，放出大量热量，并缩减废物体积的过程。焚烧与其他高温垃圾处理系统一样，称为“热处理”。焚化过程将垃圾转化为灰烬、废气和热力。灰烬大多由废物中的无机物质组成，通常以固体和废气中的微粒等形式呈现；废气在排放到大气中之前，需要去除其中污染的气体和微粒；其余残余物则用于堆填。

垃圾焚化会减少原来垃圾 80%～85%的质量和 95%～96%的体积，因此，尽管焚化不能完全取代堆填，却可以大大减少垃圾量。另外，垃圾焚烧在处理某些类型的垃圾如医疗垃圾和一些有害废物时，可通过高温杀死垃圾中的病原体和毒素。垃圾焚烧在国土面积较小的国家应用较多，如日本、丹麦、瑞典等。丹麦和瑞典是焚烧垃圾发电的先驱者，2005 年，丹麦的垃圾焚化供应了国内 4.8%的电力以及 13.7%的取暖消耗。

焚化垃圾发电正成为垃圾焚烧利用的一个发展趋势。垃圾焚烧发电厂的主要工作系统包括：

(1)垃圾给料系统：垃圾经地磅称重后自动录入计算机系统，垃圾输送车经垃圾接收大厅和垃圾卸料门后将垃圾卸入垃圾坑存储，最后由垃圾抓斗送到料斗进入垃圾炉焚烧。

(2)垃圾焚烧系统：垃圾进入焚烧炉后，在 850～1100℃的高温下充分燃烧，操作室通过自动燃烧控制系统来保持。

(3)热能利用系统：垃圾在焚烧系统完全燃烧所产生的热能经余热锅炉转化为蒸气，再由汽轮机、发电机转化为电能，从而完成一系列的能量转换。

(4)烟气处理系统：垃圾燃烧后产生的烟气经烟气处理系统净化后通过烟囱排入大气。烟气处理系统采用预处理电除尘器系统和半干式烟气净化装置，半干式烟气净化装置主要由烟气净化反应塔、布袋除尘器、活性炭吸附装置以及烟气线上监测系统等组成。

(5)残渣处理系统:从焚烧炉排出的灰渣体积只有原来体积的10%左右,灰渣经传送带上部的磁性分选机分选出含铁金属,分选后的灰渣由传送带送入灰渣储坑,然后运出工厂。燃烧后的灰渣是一种密实的、不腐败的无菌物质,可以作为铺路或填海的材料。目前,已有人利用垃圾焚烧炉残渣制成水泥、混凝土等建筑材料。

垃圾焚烧过去一直被认为是二噁英的主要来源。生活垃圾中含大量的氯化钠、氯化钾等化学物质,而这些垃圾中的有机物质在含氯垃圾如石油产品、含氯塑料等的伴烧下会产生二噁英。而现有的垃圾焚烧技术,在控制炉内温度850～950℃的条件下停留3秒以上,可几乎完全避免二噁英的产生。

三、有机固废堆肥

有机固废是指有机物含量较高的固体废物。随着我国集约化农业、农产品加工业和畜牧业的迅速发展,有机固体废物产量也随之增大。农业固体废物是指农业种植和畜禽养殖生产活动中剩余的有机类物质,包括植物性废物、畜禽养殖废物和农用塑料薄膜等。狭义农业固体废物主要指农作物秸秆和畜禽粪便。过去我国对有机固废处理较粗放,大量有机物被浪费掉,如水稻、小麦、玉米、油菜等作物秸秆就地焚烧、规模化养殖后的畜禽粪便以及加工业的下脚料等随地弃置等,这不仅严重污染了环境,也极大地浪费了有机肥产品的原料。同时造成大量的养分资源(碳、氮、磷、钾、硫及微量元素)流失,明显地削弱了农畜及加工业的可持续发展的能力。自20世纪90年代中期以来,固体有机废弃物已成为我国生态环境所面临的严峻问题。

传统的农业有机固废主要以焚烧或堆弃为主。但农作物秸秆的焚烧,不但会造成土壤有机养分的流失,也会抑制土壤中的微生物生长,影响农作物养分的转化和供应,导致土壤肥力下降。大量的秸秆焚烧同时造成严重的大气污染。秸秆经不完全燃烧会产生大量氮氧化物、二氧化硫、碳氢化合物及烟尘,氮氧化物和碳氢化合物在阳光作用下还会产生二次污染物。在城市“热岛效应”的作用下,城郊四周产生的大气污染物便自然向市区流动,造成严重的大气污染。除了秸秆焚烧以外,畜禽粪便的随意堆弃成为另一个重要的有机固废问题。随着畜禽养殖业集约化、规模化、工厂化的快速发展,畜禽养殖业粪便废弃物的产生量也急剧增加,目前已成为我国农业有机固体废弃物的主要生产源。生产的高度密集,使畜禽粪便量大大超过其周围环境的处理和合理使用的能力。畜禽粪便含有大量未被消化吸收的有机物、无机物、病菌等，能造成大气、水体、土壤、生物等多方面的污染。

作物秸秆和畜禽粪便等有机固废是农牧业生产中的两把双刃剑，科学处理就会成为很好的、有利用价值的资源，处理不当就会造成环境危害。堆肥技术则是有机固废资源化的有效手段。

堆肥即将要堆腐的有机物料与填充料按一定的比例混合，在合适的水分、通气条件下，使微生物繁殖并降解有机质，从而产生高温，杀死其中的病原菌等有害微生物，使有机物达到稳定态。根据处理过程中起作用的微生物对氧气的不同要求，可以把有机废弃物堆肥处理分为好氧堆肥和厌氧堆肥。好氧堆肥堆体温度高，一般为 50～65℃，也称为高温堆肥。由于高温堆肥可以最大限度地杀灭病原菌，同时可快速降解有机质，因此被广泛采用。

（一）条垛式堆肥

条垛式堆肥是堆肥系统中最简单的一种，即以条垛状堆置堆肥物料，垛的断面可以是梯形、不规则四边形或三角形。条垛式的堆肥特点是通过定期翻堆来实现堆体中的有氧状态。翻堆可以采用人工方式或特有的机械设备，最普遍的条垛形状是 3～5m 宽，2～3m 高的梯形条垛（图 7-16）。最佳的尺寸根据气候条件、翻堆使用的设备、堆肥原料的性质而定。不管是为了便于操作和维持堆体形状，还是为了周围环境和渗漏问题，条垛式堆肥都应堆在沥青、水泥或者其他坚固的地面上。

图 7-16　条垛式堆肥（Google）

条垛式系统有许多优点。如所需设备简单、成本投资相对较低、堆肥易于干燥、填充剂易于筛分和回收利用、产品的稳定性较好等。但条垛式系统也有明显的缺点。条垛式系统一般占地面积大，堆腐周期长，需要翻动堆体进行通气，因此要有大量的翻堆机械及人力。另外，条垛式堆肥系统需要更频繁地监测，才能确保通气良好并保持温度。

（二）通气静态堆肥

通气静态堆肥系统即通气快速堆肥法，相对于条垛式系统，该法能更有效地确保达到高温而进行病原菌灭活。通气静态垛在堆肥过程中不进行物料的翻堆，而是通过鼓风机通风，使堆体保持好氧状态。在静态垛堆肥中，通气系统包括一系列管路，这些管路位于堆体下部，与鼓风机连接。在这些管路上铺一层木屑或者其他填充料以保证通气均匀，然后在这层填充料上堆放堆肥物料构成堆体，在最外层覆盖上过筛或未过筛的堆肥产品进行隔热保温。整个堆体在沥青或水泥地面上进行，以防止渗滤液对土壤的污染或对地面的腐蚀。

通气静态垛系统有许多优点，首先设备的投资相对较低，相对于条垛式系统，温度及通气条件得到更好的控制。其次，该方法稳定性好，能更有效地杀灭病原菌并控制臭味。通气静态垛系统堆腐时间相对较短，一般 2～3 周即可。再者，堆腐期相对较短、填充料的用量少，因此占地也相对较少。通气静态垛系统也有明显的缺点，如堆肥易受气候条件的影响等。

（三）发酵仓系统

发酵仓系统是使物料在部分或全部封闭的容器内，通过控制通气和水分条件，使物料进行生物降解和转化的发酵系统（图 7-17）。发酵仓系统堆肥基本步骤与其他两类系统相同，不同之处在于该堆肥法在一个或几个容器内进行，全过程高度机械化和自动化。

该系统结构简单，单位体积利用率高，因此成本相对较低。设备占地面积小，且可进行连续的进料和出料操作。废气和温度可实施动态监测，废气易于统一收集处理，减少对环境的二次污染。发酵仓系统的缺点在于由于物料在发酵仓内没有分隔，所以底部的物料有可能被压实而不利于通气，且整个发酵仓内不易达到均一的通气条件。

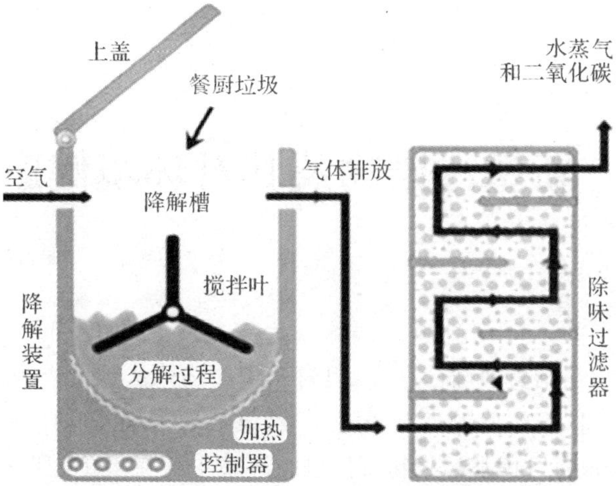

图 7-17　典型发酵仓系统工作示意图(Google)

参考文献

[1] Camesellel, C, Gouveial, S, Akretche, E D, Belhadj, B. Advances in electrokinetic remediation for the removal of organic contaminants in soils[M]//*Organic Pollutants-Monitoring, Risk and Treatment*. Rijeka, Croatia: Intech Publishing Company, 2013.

[2] Google on line. 土壤污染修复技术的发展[P/OL]. http://www.tdxfw.com/xgjs/xgjs0151.html,2015-11-24.

[3] Marley, M C, Droste, E X. Hepkins, H H, Bruel, C J. Use air spraying and vapor extraction to remediate subsurface organics[J]. *Chemical Engineering*, 1996(2):2.

[4] Stegemeier, G L, Vinegar, H J. Thermal conduction heating for in-situ thermal desorption of soils, 2001[P/OL]. http://www.terratherm.com,2015-10-19.

[5] USEPA. A citizen's guide to soil vapor extraction and air sparging[EB/OL]. http://www2.epa.gov/sites/production/files/2015-04/documents/a_citizens_guide_to_soil_vapor_extraction_and_air_sparging.pdf,2015-10-19.

[6] 陈一萍.重金属超积累植物的研究进展[J].环境科学与管理,2008(33):20—23.

[7] 张宝杰,闫立龙,迟晓德,等.典型土壤污染的生物修复理论与技术[M].北京:电子工业出版社,2014.

[8] 周启星,宋玉芳,等.污染土壤修复原理与方法[M].北京:科学出版社,2004.

[9] Boyd, E S, & Barkay, T. The mercury resistance operon: From an origin in a geothermal environment to an efficient detoxification machine. 2012[P/OL]. *Frontiers in Microbiology*. doi:10.3389/fmicb.2012.00349,2015-10-19.

[10] EMBL. Genetic bioaugmentation[EB/OL]. www.gunsch.pratt.duke.edu,2015-10-19.

[11] WSBR. Biosparging[EB/OL]. www.waterandsoilbioremediation.com,2015-10-19.

第八章　新型污染物及其对环境健康的危害

新型污染物是指目前确已存在，但尚无相关法律法规予以规定或规定不完善，危害生活和生态环境的所有在生产建设或者其他活动中产生的污染物(Field et al.,2006)。这类污染物可能已在环境中存在多年，但一直没有相应法律法规监管，在发现其具有潜在有害效应时，它们已经以各种途径进入全球范围内的土壤、水体、大气等各种环境介质中。由于新型污染物往往具有很高的稳定性，在环境中难以降解并易于在生态系统中富集，因而在全球范围内均普遍存在，对生态系统中包括人类在内的各类生物均具有潜在的危害(Richardson et al.,2007)。新型污染物的环境污染和生态毒性效应已成为全球和我国所面临的重大环境问题之一。

目前，人们关注较多的新型污染物主要有物理性污染物如光污染、噪声污染、核污染等，以及其他新型化学污染物如人造纳米材料、全氟有机化合物、人用与兽用药物、饮用水消毒副产物、汽油添加剂、溴化阻燃剂等。本章就一些重点新型污染物的生态效应及其潜在健康影响进行简要介绍。

第一节　光污染及其对环境健康的影响

我们都知道大气、水、土壤和噪声污染对人类健康的危害，却经常忽略身边潜在的另一个威胁——噪光污染。据美国一份调查报告显示，夜晚的华灯造成的光污染已使世界上五分之一的人对银河系“视而不见”。在欧美和日本，光污染的问题早已引起人们的关注；美国还成立了国际黑暗夜空协会，专门与光污染做斗争。

一、光污染的定义

光污染问题最早于20世纪30年代由国际天文界提出，作为影响光学望远镜能检测到的最暗天体极限的因素之一，通常指天文台上空的大气辉光、黄道光、银河系背景光和城市夜天光等使星空背景变亮的效应。目前，国内外对光污染的定义，多泛指影响自然环境，对人类正常生活、工作、休息和娱乐带来不利影响，损害人体视力和健康的各种光。人眼由于瞳孔的调节作用，对一定范围内的光辐射都能适应，但光辐射增至一定量时，将会对人体健康产生不良影响。从波长10nm到1mm的光辐射，包括紫外辐射、可见光和红外辐射，在不同条件下都可能成为光污染源。

二、光污染的类别及产生原因

目前国际常用的光污染分类有白亮污染、人工白昼和彩光污染三类(陈思礼，2007)。

(一)白亮污染

白亮污染(white light pollution)是指强烈光照时，城市里建筑物的玻璃幕墙、釉面砖墙、磨光大理石和各种涂料等装饰材料反射太阳光，形成明晃白亮、炫眼夺目的光污染(图8-1)。科学测定显示，一般白粉墙的光反射系数为0.69～0.80，镜面玻璃的光反射系数为0.82～0.88，特别光滑的粉墙的光反射系数高达0.9，比草地、森林或毛面装饰物面高10倍左右，大大超过了人体所能承受的生理适应范围，构成了现代社会新的污染源。

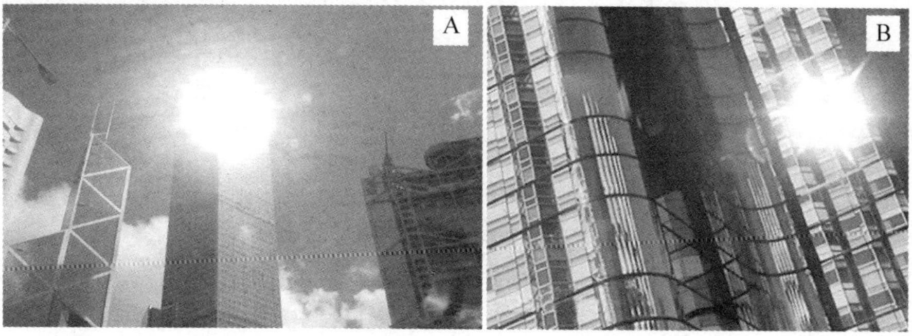

图8-1 城市建筑物的玻璃幕墙导致的白亮污染(Google)

（二）人工白昼

城市中普遍使用的各种广告灯、霓虹灯等，使得夜晚如同白天一样，形成所谓的人工白昼（sky glow，图 8-2）。2010 年 12 月，美国国家航空航天局（NASA）官方发布了一组令人吃惊的太空照片，反映了全球城市化进程中的人工白昼光污染现象。其中，国际空间站的航天员将镜头对准了中国华北地区，在图 8-2 所示照片中，北京和天津的城市夜景一览无余，道路照明轮廓十分清晰，夹在两城之间的廊坊以及东北部几个开发区也有明亮的灯光。

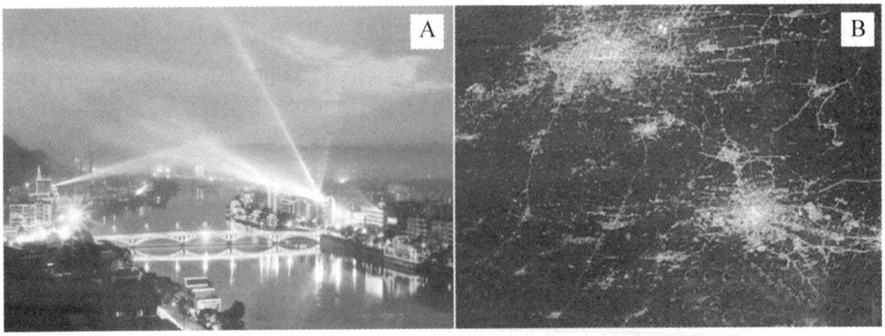

图 8-2 城市上空的人工白昼污染（A）和中国京津地区的“不夜城”（B）（Google）

（三）彩光污染

顾名思义，彩光污染指舞厅、夜总会等娱乐场所安装的黑光灯、旋转灯、荧光灯以及闪烁的彩色光源所构成的光污染。据测定，黑光灯所产生的紫外线强度大大高于太阳光中的紫外线，对人体产生有害影响且持续时间长。另外，还有激光，包括红外线和紫外线污染，是光污染的一种特殊形式。由于激光具有方向性好、能量集中、颜色纯等特点，近年来在医学、生物学、环境监测、物理学、化学、天文学以及工业等多方面的应用日益广泛，激光污染也越来越受到人们的重视。激光通过人眼晶状体的聚焦作用后，到达眼底时的光强度可增大几百至几万倍。部分激光光谱属于紫外和红外范围，会伤害眼结膜、虹膜和晶状体；功率大的甚至能危害人体深层组织和神经系统。红外线同时是一种热辐射，对人体可造成高温伤害。紫外线最早应用于消毒以及某些工艺流程。近年来紫外线的使用范围不断扩大，如用于人造卫星对地面的探测。紫外线对人体的影响主要是伤害眼角膜和皮肤。造成角膜损伤的紫外线主要为 250～305nm 部分，而其中波长为 288nm 的紫外线作用最强。

有学者还根据光污染所影响范围的大小将光污染分为室外视环境污染、室内视环境污染和局部视环境污染。其中，室外视环境污染包括建筑物外墙、室外照明等；室内视环境污染包括室内装修及其他不良的光色环境等；局部视环境污染包括书簿纸张和焊枪，或者在某些工作场所如火车站和机场以及自动化企业的中央控制室，过强和过分复杂的信号灯系统造成视觉锐度的下降等光污染现象。

图 8-3　室内环境包括娱乐场所(A)和工作环境(B)中的彩光污染(Google)

三、光污染对人体与环境健康的影响

(一)危害人体健康

1. 伤害眼睛

我国高中生近视率达 60%以上，究其原因，除了用眼习惯不良外，光污染的伤害也是重要因素。光污染对婴幼儿及儿童的影响更大。人眼有两类感光细胞，即视锥状细胞和杆状细胞，交替工作，分别适应明暗两种不同视觉环境。人体在明暗突然交替时，常有几秒钟时间看不见东西，这是两种视觉细胞在转换职责的瞬间发生的现象。在黑暗环境中时，人的瞳孔开得很大，突遇强光，瞳孔来不及闭合，大量强光线会因此进入眼内，造成眼损伤。

研究发现，长时间在光污染环境下工作和生活的人，视网膜和虹膜都会受到不同程度的损害，视力急剧下降，白内障的发病率达 45%。例如，不同波长的红外线对眼可造成如下几种伤害：波长为 750～1300nm 的红外线对眼角膜的透过率较高，可造成对眼底视网膜的伤害，尤其是 1100nm 附近的红外线，可使眼的前部介质(角膜、晶体等)不受损害而直接造成眼底视网膜烧伤；波长为

1900nm以上的红外线，几乎全部被角膜吸收，造成角膜烧伤(混浊、白斑)。紫外线对角膜的伤害作用表现为一种叫作畏光眼炎的极痛的角膜白斑伤害。除了剧痛外，还可能导致流泪、眼睑痉挛、眼结膜充血和睫状肌抽搐。

2. 扰乱生物钟

现代化社会的人工白昼不夜城，影响睡眠，扰乱了人体正常的生物钟；因此产生的倦乏无力等各种不适的感觉和症状，会导致白天工作效率低下，影响人体健康和社会发展。除此之外，经常处于光照环境中的儿童，甚至会因光刺激而性早熟。这是因为接受光照太多，会减少松果体褪黑激素的分泌，减弱对性腺发育的抑制，导致性器官的超前发育。

3. 导致各种疾病发生

人们长期生活或工作在过量的或不协调的光辐射下，会出现头晕目眩、失眠、情绪低落等神经衰弱症状，甚至出现血压升高、心悸、发热等各种不良症状和体征。这是由于缤纷的色彩光源影响了人类大脑中枢神经系统，使其功能受损。经常失眠、烦躁不安等症状，会导致人体长期处于亚健康的状态，从而引发各种疾病。

各种灯光可扰乱机体自身的自然平衡，使人体产生一种“光压力”。根据“光谱光色度效应”最新测定显示，如白色光的心理影响为100，则蓝色光为152，紫色光为155，红色光为158，黑色光为187(汤雪峰，2006)。若长期处在这种压力下，体内的生物和化学系统会发生改变，体温、心跳、脉搏、血压会变得不协调，各种疾病因此乘虚而入。人如果长期接受黑光灯等光污染照射，可诱发流鼻血、脱牙、白内障，甚至导致白血病和其他癌变。

(二)增加交通隐患

夜间照明产生的强烈眩光、公路上巨幅广告牌的铁皮、玻璃幕墙等产生的强烈反光，可能对汽车、火车甚至飞机驾驶员的视觉作业造成不良影响，降低他们的工作效率。如驾车行驶的司机出其不意地遭到反射光的袭击(侵犯光)，眼睛受到强烈刺激，可导致短暂失明，成为交通安全的一大隐患。因此，如何排除侵犯光对交通信息源的影响，成为解决光污染对水路交通影响的重点。

(三)妨碍天文观测及航空

天文观测是人类认识宇宙的基础，科学技术的进步为天文学的发展创造了空前的机遇；与此同时，现代的生活方式也给天文观测带来了负面的影响。天文学统计显示，在夜晚天空不受光污染的情况下，可以看到的星星约为7000颗，而在路灯、背景灯、景观灯乱射的大城市里，只能看到20～30颗星星。目前，世界上适合开展天文观测研究的优良台址越来越少。根据1985年国际天文学联合会(IAU)的建议，世界级的高质量天文台人为光的背景增加应少于10%，国家级的不超过20%。而1998年的一份对上海天文台佘山观测站周围光污染的测试表明，光污染比例高达591%，现在的光污染肯定比当时要严重很多。

(四)破坏生态

人工白昼往往把动物生活和休息环境照得很亮，打乱了动物昼夜生活的生物钟节律，破坏昆虫在夜间的正常繁殖过程。由于昆虫的向光性，室外夜间灯光可吸引大量的昆虫，特别是产卵期，大量昆虫集中在照明区域，虫卵很快就会变成幼虫和成虫，进而引起虫害。相反，对于益虫和鸟类，夜间过亮的室外照明，使不少益虫和益鸟直接扑向光源而丧命。长此以往，一个地区的生态平衡必将受到严重破坏。

光污染对植物的影响主要有以下两个方面。(1)破坏了植物生物钟的节律。植物和其他生物一样，日长夜息，具有明显的生长周期性。如果夜间室外灯光照射植物，就会破坏植物体内生物钟的节律，有碍其正常生长，使植物的叶或茎变色，甚至枯死。(2)对植物花芽形成影响。光对植物的影响，除光合作用外，还有植物的光周性、屈光性、趋光性和分光灵敏性等。人们把植物接受光的时间，称作日长条件。蔬菜和花卉与日长条件关系密切，长时间、大剂量的夜间灯光照射会导致植物花芽的过早形成。

(五)影响城市气候

城市照明的光污染不仅破坏了优美的夜空，也浪费了大量的电力资源。全球每年照明耗电约2万亿千瓦时，生产这些电力要排放十几亿吨二氧化碳和1000多万吨二氧化硫和二氧化氮，对城市环境造成严重的污染(Isobe & Hamamura, 2000)。从20世纪末开始日益显著的城市热岛效应，除了下垫面变化和空调取暖设备的使用外，大量照明设施排放的热量也助长了温度的上升。

第二节 噪声污染及其对环境健康的影响

产业革命以来各种机械设备的研制和使用，在给人类带来繁荣和进步的同时，也产生了越来越严重的噪声问题。噪声污染、水污染、大气污染和固体废物污染被看成是世界范围内的四个主要环境问题(毛东兴和洪宗辉,2010)。

一、噪声污染的定义、分类及主要来源

根据《中华人民共和国环境噪声污染防治法》,环境噪声是指工业生产、建筑施工、交通运输和社会生活所产生的干扰周围生活环境的声音。噪声污染指超过国家规定的环境噪声的排放标准,并干扰他人正常生活、工作和学习的现象。

噪声排放指噪声源向周围生活环境辐射噪声,按发声机理可分为机械噪声、空气动力性噪声、电磁噪声;按噪声的时间特性可分为稳态和非稳态,即瞬态噪声、周期性噪声、脉冲噪声和无规则噪声;按其对发声环境质量的影响可分为工业噪声、建筑施工噪声、交通运输噪声和社会生活噪声;按声音的频率可分为小于400Hz的低频噪声、400～1000Hz的中频噪声,以及大于1000Hz的高频噪声(Senate Public Works Committee,1972)。

交通噪声主要是指机动车辆、飞机、火车、地铁和轮船等交通工具在运行时发出的噪声。交通噪声的噪声源是流动的,干扰范围大;而且随着机动车辆数目的迅速增加,已成为城市的主要噪声源。工业噪声指工厂的各种设备产生的噪声,因其声级一般较高,对工人及周围居民有较大的影响。建筑施工噪声主要指建筑施工现场大量使用各种动力机械所产生的噪声。生活噪声包括人们在进行商业交易、体育比赛、游行集会、娱乐等各种社会活动时产生的喧闹声,以及收录机、电视机、洗衣机等各种家电的嘈杂声,这类噪声的声级虽然不高(一般在80dB以下,如洗衣机噪声为50～80dB,电风扇的噪声为30～65dB,空调和电视机为70dB),但由于和人们的日常生活联系密切,使人们在休息时得不到安静,尤为让人烦恼,极易引起邻里纠纷。

二、噪声的声学特征和传播特征

声音是声波作用于人耳所引起的感觉,由物体振动(声源)引起,以波的形式在一定的介质中进行传播,然后被受体接收感应。噪声即声音的一种,具有一切声学特性和规律,因此噪声污染属于感觉公害。不同于我们所熟悉的大气、水等化学污染或生物污染,它具有即时性(声源发声才有污染,停止发声污染即消失)、相对性(即人不能生活在全无声音的环境中)、感觉性(即噪声所引起的烦恼是感觉的、主观的)和局限性(即噪声污染只局限于一定范围,不会引

起全球性和区域性污染)。

三、噪声污染的人体与环境危害

噪声污染对人、动物、建筑物以及仪器仪表均构成危害,其危害程度主要取决于噪声的频率、强度及暴露时间。噪声愈强、频率愈高或暴露时间愈长,影响愈大。轻度的噪声污染会干扰人的正常生活,如休息和语言交流等;严重的噪声污染对人体的危害包括听力损失,对心血管系统、消化系统和神经系统等的生理影响,以及烦恼、激动、易怒等心理影响。同时,噪声的影响也与受体敏感性有关。噪声敏感集中区域通常指医疗区、文教科研区和机关或者居民住宅等需要保持安静的区域。

(一)对人体的影响

1. 对听觉系统的干扰

噪声对人体最直接的危害是听力损伤,其中可以恢复听力的损失称为暂时性听阈偏移(或听觉疲劳);长期在强噪声环境下工作,听觉疲劳不能及时得到恢复,且内耳器官发生了器质性病变,就会形成永久性听阈偏移(又称噪声性耳聋)。如若突然暴露于极其强烈的噪声环境中,听觉器官会发生急剧外伤,引起鼓膜破裂出血,螺旋器从基底膜急性剥离,可使人耳完全失去听力,出现爆震性耳聋。研究显示,长期承受 80dB 以上的噪声就可能引起听力下降;在大于 85dB 的声环境中工作 20 年,将有 10%的人出现耳聋;在大于 90dB 的声环境中工作 20 年,耳聋患者的比例将超过 20%(潘仲麟和翟国庆,2008)。日常生活中的噪声是造成老年性耳聋的重要因素。

2. 对神经系统的干扰

噪声通过听觉器官作用于大脑中枢神经系统,会产生头痛、脑涨、耳鸣、失眠、疲劳以及记忆力减退等神经衰弱症状。实验表明,当人受到一次突然而至的噪声干扰,就要丧失 4 秒钟的思想集中。由此可见,噪声会分散人的注意力,导致反应迟钝,工作效率下降,差错率上升。因此,古代教会用钟声惩处异教徒;二战法西斯用噪声折磨战俘;1984 年德国制成噪声弹,曾用于制服劫机者(Kryter,2013)。

3. 对心血管系统的影响

噪声会导致脉搏和心率改变,血压升高,心律不齐,传导阻滞,外周血流变化等心血管系统疾病。研究显示,一个地区的噪声每上升一分贝,高血压发病率就增加 3%。长期在高噪声环境下工作的人与低噪声环境下的相比,高血压、动脉硬化和冠心病的发病率要高 2～3 倍(BBC News,2009)。

4. 对消化和内分泌系统的影响

噪声也可导致消化系统功能紊乱,引起消化不良、食欲不振、恶心呕吐,使肠胃病和溃疡病发病率升高。孕妇长期处在超过 50dB 的噪音环境中,会使内分泌腺体功能紊乱,并出现精神紧张和内分泌系统失调。严重的会使血压升高,胎儿缺氧缺血,导致胎儿畸形甚至流产。而高分贝噪音能损坏胎儿的听觉器官,致使部分区域受到影响,影响大脑的发育,导致儿童智力低下。

(二)对动物的影响

噪声能对动物的听觉器官、视觉器官、内脏器官及中枢神经系统造成病理性变化,可使动物失去行为控制能力,出现烦躁不安、失去常态等现象,强噪声会引起动物死亡。鸟类在噪声中会出现羽毛脱落,影响产卵率等。实验证明,动物在噪声场中会失去行为控制能力,不但烦躁不安,而且失去常态。如在 165dB 噪声场中,大白鼠会疯狂蹿跳、互相撕咬和抽搐,然后就僵直地躺倒(一种称为声致痉挛的生理性癫痫)。豚鼠在强噪声场中体温会升高,心电图和脑电图明显异常。心电图有类似心力衰竭现象。在强噪声场中,脏器严重损伤的豚鼠在死亡前记录的脑电图表现为波律变慢,波幅趋于低平。

(三)特强噪声对仪器设备和建筑结构的影响

实验研究表明,特强噪声会损伤仪器设备,影响程度与噪声强度、频率以及仪器设备本身的结构与安装方式等因素有关,严重时甚至使之失效。比如,当噪声级超过 150dB 时,会严重损坏设备中的电阻、电容、晶体管等元件;另外,当特强噪声作用于火箭、宇航器等机械结构时,由于受声频交变负载的反复作用,会使材料产生声疲劳而断裂(毛东兴和洪宗辉,2010)。

噪声超过 140dB 时,对轻型建筑开始有破坏作用。如当超声速飞机在低空掠过时,会产生一种 N 形冲击波,传到地面时听起来像爆炸声,这种特殊的噪声叫作轰声。在轰声的作用下,建筑物会出现门窗损伤、玻璃破碎、墙壁开裂、抹灰震落、烟囱倒塌等不同程度的破坏现象。而且由于轰声衰减较慢,因此传播较远,影响范围较广。此外,在建筑物附近使用空气锤、打桩或爆破,其噪声也会导致建筑物的损伤。

四、噪声污染现状及趋势分析

我国早在 1996 年就制定和颁布了《中华人民共和国环境噪声污染防治

法》，该法规定："地方各级人民政府在制定城乡建设规划时，应当充分考虑建设项目和区域开发、改造所产生的噪声对周围生活环境的影响，统筹规划，合理安排功能区和建设布局，防止或者减轻环境噪声污染。"但由于法律中并没有明确具体的噪音污染认定标准和赔偿标准，导致其在实际执行中不尽如人意。根据我国声环境质量标准，虽然目前声环境状况总体较好。2007 年，全国 72％的城市区域声环境质量处于好或较好水平，其中环境保护重点城市区域声环境质量处于好或较好水平达 75.2％；全国 58.6％的城市道路交通声环境质量为好；城市各类功能区昼间达标率为 84.7％，夜间达标率为 64.1％。随着工业化和城市化的持续快速发展，环境噪声控制形势依然严峻，集中表现在：(1)高速交通，包括高速公路、高速铁路以及城市高架、轻轨、快速路的迅速发展，使交通噪声的污染日趋严重，并由城市蔓延到乡村；(2)第三产业的快速发展，使得社会生活噪声的污染日益严重(毛东兴和洪宗辉，2010)。

噪声污染在国外大城市也较为突出。比如，根据世界卫生组织驻欧洲部分的一份研究报告，目前在欧洲各大城市普遍存在噪声污染问题，其中大约 40％的污染来自于交通噪声，音量超过 55dB；约有 20％的地区白天噪声超过 65dB，超过 30％的地区夜间噪声超过 55dB(Fritschi et al，2011)。

五、国内外噪声防治及利用现状

目前，国内外对声源的发生机理、发生部位和特性，以及振动体和声场的分析计算，在理论方法和实验技术方面都取得了重大发展；声品质、声景观和低频声对人体的生理和心理效应等领域的环境声学基础研究正在不断深入。声景观把个别声音的组合作为一个整体的声环境进行捕捉；而声环境更是整体环境的一个组成要素。从声景观的角度出发，声音不仅有物理学意义，还有社会性和环境性意义，并根据个体差异，附加有不同文化和价值的含义。

在降低现有噪声的手段方面，空心加气混凝土砌块在国外已广泛应用。在我国，微穿孔板在消声管道中已逐渐推广，有源降噪的技术也较受关注。电子技术的不断发展，为很多降噪技术提供了方便。比如，在英国的一个大型加油站，由于加了一个反声(即大小相近、相位相反的声音)，其噪声降低了 11dB；而在头盔内使用有源降噪技术，可把噪声降低 15～20dB，且成本较低(毛东兴和洪宗辉，2010)。

近年来，一种具有周期性复合结构的新型声学功能材料——声子晶体引起各国研究机构的关注。声子晶体能够抑制或禁止一定频率范围的弹性波的传播，当声子晶体中存在点或线缺失时，弹性波会被局限于点缺失处，或是沿着线缺失方向传播。基于这种特性，声子晶体比传统隔声材料具有明显的优势，在新型隔声降噪材料、弹性波滤波器等方面都有广阔的应用前景（毛东兴和洪宗辉，2010）。

第三节　核污染及其对环境健康的影响

近半个世纪以来，许多国家为了增强自己国家的世界地位，相继进行核武器试验；与此同时，为了解决能源问题，也建立了许多核电站。这些生产和科研活动产生的核废料，以及核泄漏事故，对当地生态环境和人体健康造成了巨大危害，因此环境核污染问题也成了当今世界最严重的环境问题之一。

一、核污染的定义与来源途径

核污染（nuclear contamination or radioactive contamination）是“放射性核素污染”的简称，指天然放射性核同位素以及人工合成核同位素在环境中扩散的过程。其对环境的破坏主要包括核物质泄露后的遗留物，包括核辐射、原子尘埃等本身引起的污染，以及这些物质破坏环境后带来的次生污染，比如被核物质污染的水源对人畜的伤害等两大类。

核污染的来源主要有核武器爆炸、核反应堆的核产物及核废料、医学及科研和工业料位计及探伤机生产及应用四种。

（1）核武器爆炸是核污染最大的来源。核武器爆炸的过程中产生大量放射性物质并迅速扩散到周围的环境中，而这些放射性物质的巨变和裂变产生的辐射又会使其周围物质活化为放射性物质。原子弹是核武器之一，利用核反应的光热辐射、冲击波和放射性，造成杀伤和破坏作用以及大面积放射性污染。原子弹爆炸时，在周围形成极高的温度，并压缩周围空气使之急速膨胀，产生高压冲击波，在地面和空中核爆炸，还会在周围空气中形成火球，发出很强的光射辐（图 8-4）。约三分之一的原子弹爆炸产生的能量以光的形式释放，相当于把一小块太阳在地球上搁置几分之一秒的时间。美国国家核安全局记录的一组原子弹爆炸模拟实验摧毁邻近建筑物的过程显示：爆炸发生后，其产生的强烈光照首先辐射到目标建筑物上，留下长长的影子；随着火球在天空上升，影子逐渐变短；同时，在爆炸产生的强大热辐射的影响下，建筑物开始燃烧。随后，爆炸

图 8-4 太平洋氢弹试验产生的蘑菇云照片(www. boingboing. net)

冲击波击中建筑物,就像打雷后的闪电一样。在光热和气流的共同作用下,建筑物彻底爆碎。

(2)核电站及其他反应堆会产生大量核废物。原则上核电站及其他反应堆在运行过程中都是完全封闭的,只有在停堆换燃料时才把这些废料取出,然后对这些废料进行综合处理。上述操作过程的任何泄露都会成为核污染物的来源,其中最著名的核电站泄漏事件就是苏联的切尔诺贝利核电站事故。

(3)医学上分别有一类放射性核素用于检查和治疗人体疾病。这些核素在操作过程中可能会对环境造成核污染。另外,科研中会使用放射性核素来做同位素示踪,整个过程中都存在核污染的可能性。

(4)工业料位计的正常运行主要依靠同位素源向探测器发送 Y 射线,而在探伤机的工作过程中会产生 X 射线。虽然生产和使用料位计和探伤机的放射源密封性均较好,但在放射源的装换、运输、废源处理等方面都存在造成核污染的可能性。另外,目前工业废料中天然放射性物质的富集并未引起人们足够的重视,这也是一个重要的核污染来源。例如在石油开采和燃煤电站中,排出的废渣中放射性物质逐渐累积,如不加强管理并采取一定措施,也会对环境造成伤害。

二、核污染的特征及环境危害

(一)核污染特征

核污染的特点主要有持续性、稳定性、累积性、公众无感知性。与其他物理性污染不同,核污染不会随着爆炸结束和反应堆的停堆而结束。放射性核素都有其固有的半衰期,不同核素的半衰期从几分钟到几千年不等。它们一旦产生,短期内就不会消失,遵循不同核素内在的固定衰减速率。另一方面,核污染物无法在自然环境中被降解或者与其他化学物质反应从而降低其毒性。人类目前还无法通过物理手段消除核污染物的毒性。核污染对人类及生物的影响还具有其他污染所不具有的累积性，如果人的身边或者体内长期接触很少剂量的核污染，极可能因为核污染物的累积效应产生危害。

（二）核污染危害

核污染主要通过两种途径：体外的电离辐射照射人体造成的损伤，称为外照射；一定量放射性物质进入人体后，既具有生物化学毒性，又能以其辐射作用造成人体损伤，这种作用称为内照射。辐射损伤是各种电离辐射作用于人体所引起的各种生物效应的总称。这是由于各种电离辐射（如 X 射线或 γ 射线、β 射线、α 射线和中子束等）引起电离、激发等作用而把能量传递给机体，造成各组织器官的病理变化。

原子弹和贫铀弹等核武器的使用，除了在爆炸地方对生态系统产生最直接的破坏外，所产生的含铀粉尘和气溶胶会随空气飘动对更多更远的地方造成大气、水体和土壤污染，并通过食物链和饮水链影响生态系统。这些放射性沉降物通过食物链进入人体，在体内达到一定剂量时就会产生有害作用。一开始表现为头晕、头疼、食欲不振，发展下去会出现白细胞和血小板减少等症状。如果超剂量的放射性物质长期作用于人体，就会使细胞器官组织受到损伤，破坏人体 DNA 分子结构，有时甚至会导致癌症，或者造成下一代遗传上的缺陷。即使在核爆炸中幸存的人，一旦遭遇核辐射，也会得原子病，失明、脱发、肌体萎缩，最后痛苦地死去。而且，受辐射的人结婚后出生的婴儿很可能智力迟钝，甚至出现畸形。侥幸大难不死的人，也有无尽的痛苦与他们终生为伴。以日本原子弹爆炸引起的人种基因变异为例，研究显示，核污染有明显的远期躯体效应和遗传效应，具体体现为：

1. 致癌效应

白血病：广岛原子弹爆炸几十年后，幸存者中白血病发病率仍比普通人高，这是全身照射后诱发的最重要的远期效应。其特点是：发病率高于其他实体肿瘤，且与受照剂量成明显线性关系；以急性白血病多见，且死亡率较高；若受照时年龄小，则发病较早且危险性较大。

甲状腺癌：这是电离辐射外照射和内照射在人体诱发的重要远期效应之一。其特点是：潜伏期长，且随受照年龄的增加而延长，一般为 13～26 年；发病率女性高于男性，受照年龄小者高于年龄大者；发病率与照射剂量基本呈线性关系。

其他癌症：幸存者患上一种罕见的脑瘤的可能性比普通人要高 40%，研究人员调查了80160名原子弹轰炸中的日本幸存者的病史，发现了55例许特尔氏细胞瘤患者。另外，吸入含放射性烟尘会诱发肺癌；其他如乳腺癌、胃癌、结肠癌、多发性骨髓瘤、卵巢癌等也较多发生。

2. 白内障

广岛原子弹爆炸后，辐射对眼损伤主要表现为晶体混浊，形成白内障。出现白内障的时间从受照后数月至数年不等。年龄越小者潜伏期也越短。

3. 生长发育障碍

核辐射的孕妇所生的儿童，常发生畸形和发育障碍，小状症、迟钝、脑积水等智力发育不全，脊柱裂、斜视、先天盲等异常症状；另外，智力低下的发生率随受照剂量的增加而增高。

4. 影响生死功能

性腺对辐射很敏感，广岛男性全身或睾丸局部受辐射后，精子数减少，活动度降低且畸形精子增加，从而影响生育能力。受辐射的广岛妇女则月经不调甚至绝经。

三、典型核污染事故

(一)切尔诺贝利事件

1986年4月26日凌晨，在有世界优秀运行记录并一直被称为苏联红旗电站的切尔诺贝利核电厂，发生了世界核电史上最严重的事故。反应堆堆芯及部分反应堆和汽轮机厂房被摧毁，大量放射性物质外泄，致使31名工作人员当场死亡；核电站周围30km范围被划为隔离区，附近13.5万居民被疏散，周围7000m内的树木都逐渐死亡，庄稼被全部掩埋。此后10年内100km范围内被禁止生产牛奶，在长达半个世纪的时间里，10km范围以内不能耕作、放牧(图8 5A)。

至1992年，已有7000多人死于这次事故的核污染。在参加医疗救援的工作人员中，有40%的人患了精神疾病或永久性记忆丧失。事故造成的放射性污染遍及苏联15万km^2的地区及居住于此的694.5万居民。时至今日，已有5.5万人丧生，7万人成为残疾，30多万人受放射伤害去世。不仅如此，由于放射性烟尘的扩散，整个欧洲也都被笼罩在核污染的阴霾中(图8-5B)。邻近国家如瑞典、芬兰、波兰等国检测到超常的放射性尘埃，致使粮食、蔬菜、奶制品的生产都遭受了巨大的损失。核污染给人们带来的精神上、心理上的不安和恐惧更是无法统计。切尔诺贝利核泄漏事件因此成为引起世界震动的一次核事故。

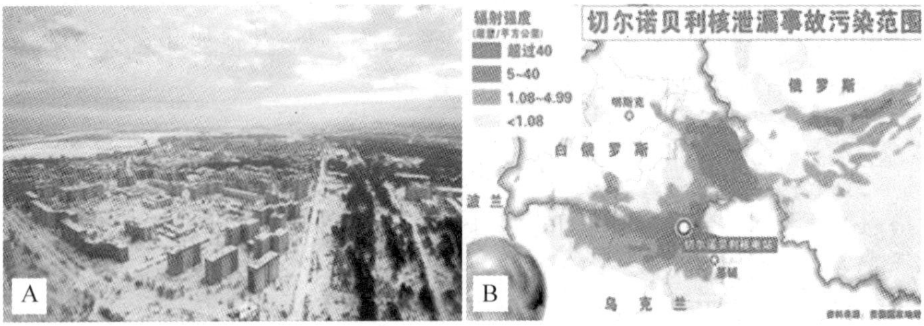

图 8-5 因切尔诺贝利核泄漏事件而废弃的城市景象(A)
和切尔诺贝利事件核污染涉及范围(B)(Google)

(二)广岛、长崎原子弹爆炸

二战中广岛、长崎原子弹爆炸导致广岛 24.5 万人中死伤、失踪的超过 20 万人;长崎 23 万人中死伤、失踪的有近 15 万人;两个城市毁坏的程度达 60%~80%(图 8-6)。由于遭受原子弹爆炸后的大量放射性核污染影响,日本九州长崎等地的劫后余生者变成了没有生育能力、形象怪异、智力低下的“昆虫人”。日本至今还存在着地球上独此一家的特别医疗中心——广岛原子弹医院,一直在收治大量的“原子弹”复合症,诸如智力迟钝的痴呆、癌症(含白血病),以及其他罕见的血液病等慢性病变的患者。

图 8-6 日本广岛原子弹爆炸后城市和民众受损情景(Google)

同样,贫铀弹的使用也带来了严重的灾害。据不完全统计,共有 10 多万名参加过海湾战争的士兵遭受“海湾战争综合征”的困扰;同样,参加巴尔干维和行动的士兵也饱受“巴尔干战争综合征”的困扰，严重的甚至失去生命。在伊拉克，儿童患白血病、成人患癌症的比例剧增，其患病人数相比海湾战争前增加了约 10 倍。

四、国内外核电站利用现状及污染防治措施

20 世纪，核电使人们企盼清洁、安全、高效、经济的能源的梦想得以实现。截至 2012 年 5 月月底，全世界共有 30 个国家拥有 436 台核电机组，其发电量占全球电力供应的 16%。在美国，超过 100 个核反应堆提供了全国约 20%的电力。我国核工业创建于 1955 年，20 世纪 50 年代后期至 70 年代主要服务于国防，在此期间建立了相应的科研、设计、建造、教育和核燃料循环工业体系，为核工业的发展奠定了基础。自 1978 年实行改革开放政策后，核工业重点转向为经济建设和人民生活服务；80 年代初，国务院决定建造秦山核电厂和大亚湾核电厂，开始发展核电工业。目前，我国共有 15 台核电机组运营，分别位于大亚湾、秦山、田湾三个核电基地。根据国家能源局的统计，2012 年，我国核电发电量占总发电量的 1.85%，远低于国际平均水平。“安全、稳步、规模发展核电”是我国治理大气污染、应对气候变化的一个理性选择。图 8-7 描述了中国工程院对于我国到 2050 年能源结构的愿景预测。

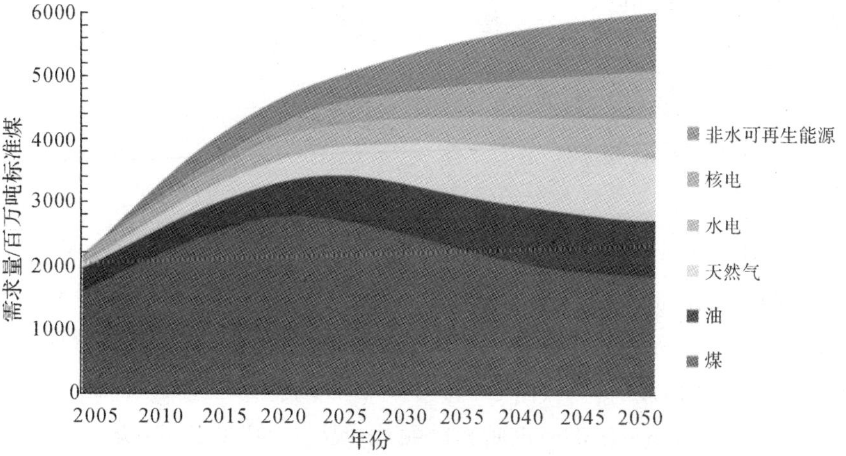

图 8-7　2050 年前中国能源结构的变化情景图(杜祥琬，2014)

核电站中，核原料通过“裂变”或“聚变”产生大量的能量，以生产电力。这个过程同时还会产生一些有害的副产物，其中可能存在的放射性物质如浓缩

铀、低放射性废物和废核燃料被包含在燃料包壳、反应堆容器和厚的混凝土以及钢壁的封闭结构内(图 8-8)。

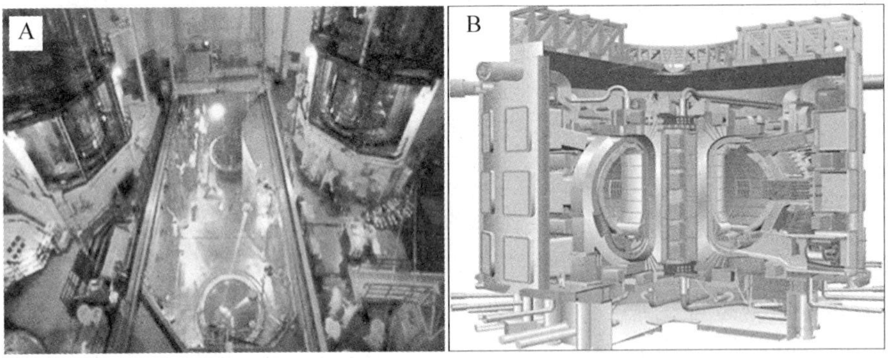

图 8-8 广州大亚湾核电站反应堆实景图(A)和核聚变装置(ITER)示意图(B)(中新网图)

2011 年日本福岛核事故后,我国对所有在运和在建核电机组进行了全面的安全检查,并在 2012 年 6 月公布了核安全检查报告。报告认为,我国核电站在选址中对地震、海啸、洪水等外部事件进行了充分论证,核电厂在设计、制造、建设、调试和运行等各环节均进行了有效管理,总体质量受控。

第四节 其他新型污染物及其对环境健康的影响

一、人造纳米材料

(一)纳米材料的定义和特性

纳米材料(nanometer material)是一种在三维空间中至少有一维处于纳米尺度范围(1～100nm,$1nm=10^{-3}\mu m=10^{-6}mm=10^{-9}m$)或由它们作为基本单元(即纳米)粒子构成的材料(图 8-9)。

纳米粒子(nano particle)也叫超微颗粒,尺寸一般在 1～100nm;处在原子簇和宏观物体交界的过渡区域。当物质小到 10^{-9}～10^{-7}m 时,由于量子效应和巨大的表面和界面效应,性能发生质变,呈现出许多既不同于宏观物体也不同于单个孤立原子的独特的物理、化学和生物学等特性。(1)表面效应。纳米超微粒子的表面原子数与总原子数之比随着纳米粒子尺寸的减小而大幅度增加,

图 8-9　纳米材料大小对比示意图

粒子的表面能及表面张力也随之增加，从而引起纳米粒子性能的变化。(2)小尺寸效应。当超微颗粒尺寸不断减小，在一定条件下会引起材料宏观物理、化学性质的变化，如特殊的光学、热学、磁学和力学性质；超微颗粒的小尺寸效应还表现在超导电性、介电性能、声学特性以及化学性能等方面。举例来说，纳米粒子在化学和物理上出现的奇异特性包括：熔点降低，如表 8-1 所示，纳米金属的熔点比其常规金属低将近一个量级；表面积增大，表面能增大，如纳米铜的表面积和表面能随粒径减小呈线性增长(表 8-2)；化学活性高，与普通催化剂相比，催化活性提高到几十倍到上百倍。(3)量子尺寸效应。当粒子尺寸下降到某一值时，金属费米能级附近的电子能由准连续变为离散，即纳米半导体微粒存在不连续的被占据的最高分子轨道的能级，并且存在未被占据的最低的分子轨道能级，同时能系变宽。这一效应的直观表现为样品颜色的变化。(4)宏观量子隧道效应。隧道效应是基本的量子现象之一，即当微观粒子的总能量小于势垒高度时，该粒子仍能穿越这一势垒。近年来，人们发现一些宏观量如微颗粒的磁化强度、量子相干器件中的磁通量及电荷也具有隧道效应，他们可以穿越宏观系统的势阱而产生变化，故称之为宏观量子隧道效应。

表 8-1　纳米金属与常规金属的熔点比较

材料	Au	2nm Au	Cu	20nm Cu	Ag	纳米 Ag
熔点	1064℃	327℃	327℃	39℃	900℃	100℃

表 8-2　纳米铜的表面积与表面能随粒径变化情况

粒径	表面积/$m^2 \cdot g^{-1}$	表面能/$J \cdot mol^{-1}$
100nm	6.6	590
10nm	66	5900
1nm	660	59000

（二）纳米材料的科技发展简史和应用现状

纳米技术的灵感，来自于已故诺贝尔物理学奖得主 Richard Feynman 于 1959 年所做的一次题为“There's Plenty of Room at the Bottom”的演讲。这位当时在加州理工大学任教的教授提出：从石器时代开始，人类从磨尖箭头到光刻芯片的所有技术，都与一次性地削去或者融合数以亿计的原子以便把物质做成有用的形态有关，为什么我们不可以从另外一个角度出发，从单个的分子甚至原子开始进行组装，逐个地排列原子，制造产品？20 世纪 70 年代，科学家开始从不同角度提出有关纳米科技的构想。1974 年，科学家 Norio Taniguchi 首次使用“纳米技术”一词描述精密机械加工。1982 年，科学家发明研究纳米的重要工具——扫描隧道显微镜，为我们揭示了一个可见的原子、分子世界，对纳米科技的发展产生了积极促进作用。1985 年，Richard E. Smalley 发现了著名的巴克球（C_{60}，fullerene），并因此获得 1996 年诺贝尔化学奖。1990 年，第一届国际纳米科学技术会议在美国巴尔的摩举办，标志着纳米科学技术的正式诞生。1991 年，碳纳米管被发现，它的质量是相同体积钢的六分之一，强度却是钢的 10 倍，成为纳米技术研究的热点。Smalley 教授认为，碳纳米管将是未来最佳纤维的首选材料，也将被广泛用于超微导线、超微开关以及纳米级电子线路。

21 世纪，纳米技术得到飞速发展。美国政府认为，当今的纳米技术就如同 20 世纪 50 年代的晶体管，其科研和产业化将促进美国经济的持续发展，增强国家科技竞争力，节约资源和能源；纳米技术是开发未来微型武器的技术基础，是国防工业的未来。2001 年 1 月，克林顿总统宣布了国家纳米技术倡议（National Nanotechnology Initiative，NNI），并在 2001 财年中增加 26 亿美元作为相应科研经费。法国投资 8 亿法郎建立微米/纳米技术发明中心，配备最先进的仪器设备，扶植建立创新企业和申请专利。英国制订了包括机械、光学、电子学等领域的 8 个项目的纳米技术研究计划。日本早在 20 世纪 80 年代初就投入巨资，并在 1991 年设立了为期 10 年、耗资 2.25 亿美元的纳米技术研究计划；目前，每年投资 2 亿美元推动新的研究中心建设和国家级研究计划。我国“八五”至“十一五”期间，科技部、自然科学基金、中科院等相继在“863”“973”计划中设立重点、重大专项项目；中科院于 2000 年宣布成立纳米科技中心，从事纳米技术及相关研究，并于 2003 年 12 月联合教育部、北京大学和清华大学共同成立了国家纳米科学中心。

纳米材料可广泛地应用于电子、医药、化工、军事、航空航天等众多领域。

目前已在美国纳米技术项目①上自由登记的纳米产品就有1600多种，涵盖健康与保健、家居与园艺、电子产品与电脑、食品与饮料、切割、汽车、家用电器和儿童用品等八大类，美国总统每年下拨给NNI的科研预算从2001年的4.6亿美元增长到2016年的15亿美元。

（三）纳米材料的分类与环境纳米材料

纳米材料按化学组成一般分为：碳纳米材料，如碳纳米管和富勒烯（C_{60}）等；金属及氧化物纳米材料，如纳米铁和银、纳米ZnO和TiO_2；纳米金属盐类，如纳米硅酸盐、陶瓷等；量子点，如CdSe、CdTe等；纳米聚合物，如聚苯乙烯等。广义的纳米技术包括纳米材料及纳米加工技术、纳米测量技术、纳米应用技术等方面。其中纳米材料技术着重于纳米功能性材料的生产，性能检测技术侧重于分析材料化学组成、微结构、表面形态以及物理、化学、电学、磁学、热学、光学等性能；纳米加工技术包含精密加工技术（能量束加工等）及扫描探针技术；纳米应用技术包括环境纳米技术（ENT），即运用纳米技术和各种高效纳米材料，进行环境污染防治、处理和修复，如吸附、絮凝、催化与降解等。

由于纳米材料的界面原子可达到15%～50%，这种特殊的结构使纳米材料具有特殊的表面效应和很强的吸附能力，在大气、水和土壤中可吸附NO_2、SO_2等有毒气体，铜、铅、汞、镉等有毒重金属，以及多环芳烃、农药等难降解有机物，另外还可吸附环境中的微生物、蛋白质、核苷酸等生物活性物质。纳米材料的环境应用包括污染物去除材料，如碳纳米管等吸附材料（图8-10），各种高聚物纳滤膜、CNT膜等纳米过滤材料，纳米TiO_2光催化降解、纳米Fe^0还原有机和无机污染物、纳米Ag杀菌等污染物降解材料，以及传感器、探针等环境监测、分析材料。

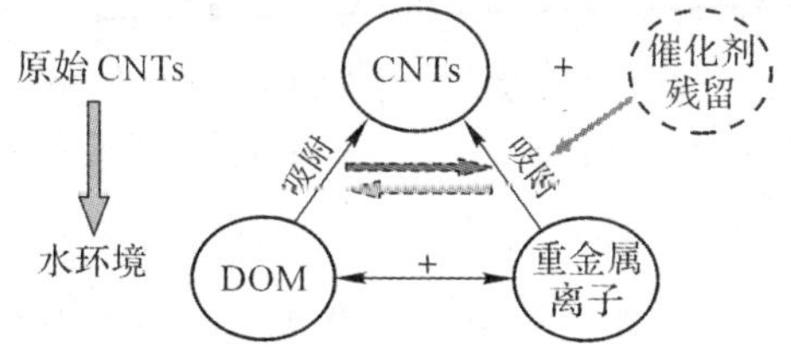

图8-10　碳纳米管对水环境中可溶性有机质和重金属的吸附作用示意图

（四）纳米材料的环境效应与致毒机理

纳米材料在生产、使用、废弃过程中，以各种途径进入环境，造成一定的生

① http://www.nanotechproject.org/cpi/,2015-02-04.

态效应和人群暴露。研究表明，含纳米银的织物在洗涤过程中会释放出其所含的纳米银，建筑物外墙涂料中的 TiO_2 纳米颗粒会被雨水冲刷进入水体，废弃锂电池所含的纳米颗粒可能会在回收过程中被释放(林道辉等，2009)。类似其他环境污染物，纳米材料进入环境后也会在大气圈、水圈、土壤圈和生命系统中进行复杂的迁移、转化：纳米材料会通过人类活动向大气排放，通过大气干、湿沉降等在地表与大气之间交换；大气中的纳米材料还可能随大气环流等进行长距离的迁移扩散；进入土壤的纳米材料可能发生迁移、转化行为，如渗滤到地下水层，通过地表、地下径流等进入水体，或被陆生生物吸收积累而迁出土壤；进入水体的纳米材料会发生复杂的水环境行为，可能在水中分散并稳定悬浮，也可能团聚而沉降到底泥中；底泥中的纳米材料会因扰动等原因再次悬浮；水体中的纳米材料可能会因物理、化学、生物等作用而转化、降解(图 8-11)。

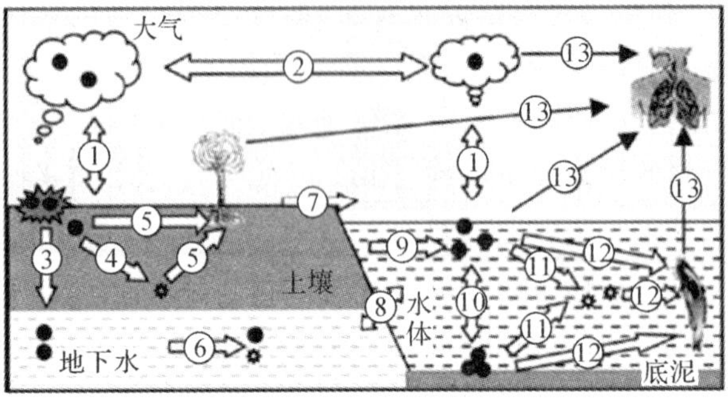

图 8-11 纳米材料的环境行为示意图(Google)

纳米污染物是指制造或使用纳米材料过程中产生的有害物质的通称。它体积小，能飘浮在空中，容易渗入动植物细胞中，与蛋白质、细菌和病毒发生相互作用，引起未知效应。2000 年以来，纳米材料在很多领域得到了广泛应用。

目前一个亟待解决的问题是，原来没有毒性的化学物质到了纳米尺度后是否会给环境安全带来新的风险。现有的对纳米材料环境与健康效应的研究远远赶不上纳米技术生产和应用本身的迅速进展。关于纳米材料的尺寸、形貌，与其他物质的相互作用，以及外界环境如温场、光场、pH 值对暴露在环境中的纳米粒子可能带来的安全风险等方面的研究都非常少；同时，在纳米产品改性升级中，对纳米材料引起环境安全风险的研究，也才刚刚引起人们的注意。纳米材料改性后，产品功能升级，提高了使用效率，但是无机纳米粒子和有机修饰的纳米粒子，以及纳米尺度的有机金属离子的络合物却直接暴露在空气、水和土壤中，给环境安全带来了潜在风险，应予以高度重视。其中最值得注意的是化工产品，如农药、化肥、杀虫剂，因为这些产品与食品安全关系密切。另一方面，各项研究结论之间也存在较大争议。下面举例介绍几种典型纳米材料的环境毒性。

1. C_{60}

C_{60}又称富勒烯(fullerene)，是一种碳的同素异形体，是由60个碳原子组成的12个五元环和20个六元环的球形32面体(图8-12A)，于1985年在激光气化蒸发石墨实验中首次制得。C_{60}粒径约1nm，密度为1.7g/cm^3，硬度大于钻石；导电性优于铜，而重量约为铜的1/6；可作为超级润滑剂和超导材料。越来越多的针对细胞、微生物、水生和陆生动物的研究发现了C_{60}的毒性，例如，0.2mg/L的C_{60}就可以使斑马鱼的胚胎产生畸形水肿，增加死亡率；C_{60}能进入人类巨噬细胞的细胞质、溶酶体和细胞核，破坏人类淋巴细胞的DNA，具有遗传毒性。但也有相反的研究结果，如少量研究表明，C_{60}对小鼠毒性不明显，目前，还未见C_{60}对植物毒性效应的相关报道，对其毒性机理也尚存争论。

2. 碳纳米管

碳纳米管(carbon nanotubes，CNTs)于1991年首次合成，其结构类似石墨烯片卷成的长若干微米、直径1～100nm的空心管(图8-12B)。按石墨烯片的层数可分为单壁碳纳米管(SWCNTs)和多壁碳纳米管(MWCNTs)。碳纳米管硬度与金刚石相当，密度是其1/6，且柔韧性好，可以拉伸，可制成“超级纤维”；良好的韧性，可制成轻薄弹簧等减震装置；导电性随原子排列结构变化，可由绝缘体转变为半导体，由半导体变为金属。CNTs能够进入细胞，因此作为药物载体被广泛关注，但也因此引起很多科学家关注其潜在的生物毒性效应。研究显示，MWCNTs能富集在老鼠胚胎干细胞中，损伤DNA，从而可能具有遗传毒性。CNTs对细菌的损伤可能是通过直接与细胞接触，导致细胞膜损伤，代谢能力下降并引起核酸的外泄，并且SWCNTs对大肠杆菌的毒性效应强于MWCNTs。

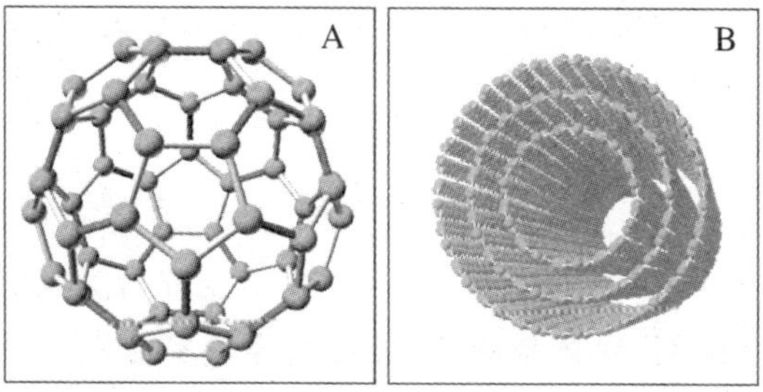

图8-12 富勒烯(A)及多壁碳纳米管(MWCNTs)(B)示意图(Google)

3.金属及氧化物纳米材料

金属及氧化物纳米材料在食品、材料、环保、化学和生物医学等方面有较高的应用价值，因而广泛存在于环境中。金属及氧化物纳米材料一般都具有细胞毒性，毒性大小取决于材料的浓度、形状、表面电荷性质等。研究显示，纳米 TiO_2 能显著降低人类淋巴细胞的存活率；0.5mg/L 和 5mg/L 浓度的 SiO_2 纳米管能显著抑制细胞生长，且氨基硅烷化的纳米管比裸露的毒性更强（Nan et al.,2008）。

4.量子点和其他纳米材料

量子点具有独特的光学、电学、磁学性质和生物相容性等特点，已经大量应用于医学成像、太阳能电池、光子学、长途通信等领域（Klaine et al.,2008）。粒径小于 5nm 的量子点能够直接进入大肠杆菌和枯草芽孢杆菌的细胞内，并产生毒性效应。动物实验显示，量子点对小鼠的毒性不明显，但长期暴露能引起局部器官细胞病变，肝、肾、脾和淋巴节点等是量子点的主要累积部位（林道辉等，2009）。

纳米材料存在潜在的环境与健康风险，对环境来说，纳米科技可能是柄双刃剑（图 8-13）。

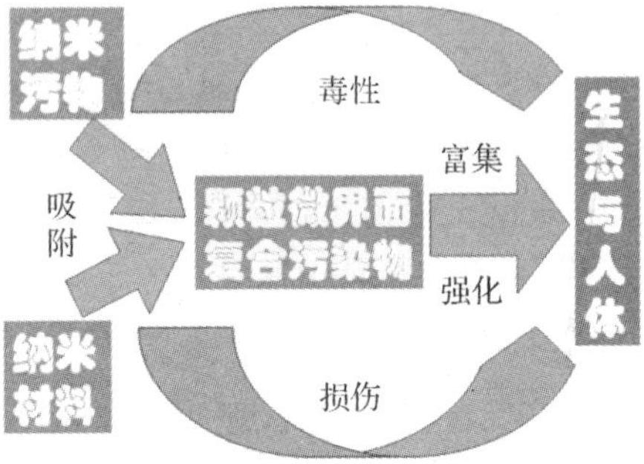

图 8-13 纳米材料环境毒性示意图

二、全氟有机化合物

全氟有机化合物（perfluorocarboxylates）于 1951 年首次合成，其代表性化合物全氟辛烷磺酸（PFOS）和全氟辛酸（PFOA）及其盐类大量用于化工、纺织、涂料、皮革、合成洗涤剂、炊具制造、包装材料等诸多与人们日常生活息息相关的产品生产和消费中。同时，全氟有机化合物具有化学性质稳定、不易分解和代谢、可生物浓缩和食物链转移等特性，因而在全球范围内普遍存在（Prevedouros et al.，2006）。目前，在世界范围内的海水、地表水和饮用水中均检测到了 PFOS 和 PFOA 污染（Yamashita et al.，2005）。此外，包括北极圈在内的全球生态系统及其野生动物体（包括人类）血清、乳汁中也广泛存在，且出现逐年上升趋势（Tomy et al.，2004）。我国是全氟有机化合物生产和使用的大国，研究表明，我国人体 PFOS 污染水平较高，在水体中也有一定程度的污染，如对长江三峡库区水样采集检测显示，长江三峡库区和武汉地区地面水中均广泛存在 PFOS 和 PFOA 污染（杨红莲等，2009）。

动物实验表明，全氟有机化合物暴露可能与乳腺、睾丸、胰和肝肿瘤有关。PFOS 对哺乳动物和两栖动物具有生殖、发育和神经等多重毒性效应，对职业性暴露人群存在潜在致癌性（Kennedy et al.，2004；刘青坡等，2008）。PFOA 能够诱发啮齿类动物能量代谢紊乱，产生肾脏毒性（Han et al.，2005），还可对免疫系统产生抑制作用，损伤肝细胞。目前一些国际组织已提出了限制使用 PFOS、PFOA 的导则。例如，美国国家环保局（EPA）已将 PFOA 列为人类可能致癌物，包括杜邦公司在内的 8 家美国企业在 2007 年与 EPA 签订了减排协议，同意分阶段停止使用 PFOA，并于 2015 年前在所有产品中全面禁用。同年，瑞典政府全面禁止进口含 PFOS 或可降解为 PFOS 的产品。我国虽然目前尚没有环境中全氟有机化合物的检测标准以及生产企业的排放限量标准，但是由于全氟有机化合物污染问题的全球性，其引发的环境安全性问题开始受到科学研究的日益关注。

三、消毒副产物

饮用水消毒是 20 世纪最有效的公共健康措施之一，为预防饮水流行病提供了有效保障。然而，饮用水消毒杀菌的同时伴随着消毒剂与源水中含有的一些天然有机物和环境有机污染物以及溴或碘化物的化学反应，从而产生多种消毒副产物（disinfection byproducts，DBPs），对人体健康构成了潜在的威胁。饮用水氯化消毒的安全性问题，尤其是氯化消毒副产物（CDBPs）对人体健康的影响，是当前极受关注的研究领域。

饮用水消毒副产物种类繁多，它随着消毒剂、消毒技术以及源水化学组成的变化而不尽相同；至今，人约 600 多种消毒副产物已被相继报道，包括三卤甲烷（THMs）、卤乙酸（HAAs）、卤氧化物等，其中 THMs 和 HAAs 占全部 CDBPs 的 80％以上。众多研究表明，THMs 主要通过非遗传毒性作用诱导动物产生肿瘤，饮用水中 THMs 的浓度与膀胱癌、结肠癌、直肠癌、乳腺癌有关(Krasner et al.,2006)。除此之外，DBPs 还可导致出生体重低、自然流产、子宫发育迟缓等潜在的生殖和发育方面的负面影响。相应地，世界卫生组织以及各国相关部门制定了饮用水 DBPs 的限量标准。

为了减少饮用水氯化消毒过程中 THMs 和 HAAs 等副产物的生成，许多供水企业尝试使用多种新型消毒剂取代氯化消毒或作为附加消毒剂，如采用臭氧消毒、二氧化氯或氯胺消毒、臭氧和紫外线联用消毒等。尽管这些新的消毒方法减少了 THMs 和 HAAs 等副产物的生成，却产生了溴化和碘化 DBPs 等一些新的消毒副产物，其中最受关注的是溴硝基甲烷、碘代三氯甲烷、碘酸、亚硝基二甲胺(NDMA)等。研究显示，溴化 DBPs 比其氯化同系物的细胞毒性、遗传毒性更强，而碘化 DBPs 比溴化同系物的毒性更强。流行病学调查结果也发现，溴化 DBPs 暴露可能导致不同于氯化 DBPs 引起的生殖发育异常和癌变。

饮用水 DBPs 的流行病学研究与毒性研究结果不一致，导致其环境健康效应的研究面临着巨大挑战。前者研究结果显示，氯化消毒饮用水消耗量与膀胱癌患病风险之间存在潜在相关性；然而，迄今为止，从单个 DBPs 化合物的动物实验结果来看，膀胱癌风险的根本原因仍然未知。另外，近几年饮用水 DBPs 的生殖、发育毒性成为流行病学研究关注的另一个热点问题。同样地，增加氯化饮用水的消耗量有可能增大生殖发育缺陷的风险。但是，究竟是饮用水中的哪种或哪些化合物在起作用却不清楚。究其原因可能为：DBPs 化合物的毒性分析数据是基于单个化合物的动物毒性实验获得的，与实际情况中由上百种 DBPs化合物通过饮用水途径同时暴露对人体健康造成的综合风险存在很大差异，而且基因差异也会影响 DBPs 毒性效应。另一个可能的原因为：到目前为止，只有一部分饮用水 DBPs 被确认，还有很多 DBPs 尤其是非卤代化合物都被忽略，那些未知的 DBPs 可能是造成膀胱癌或生殖发育缺陷的主要原因(赵玉丽和李杏放，2011)。

四、药物及个人护肤品

环境中的药物残留物经过长期富集后会达到一定浓度，会对生物体造成毒性胁迫，进而对生态系统健康构成不良影响。近年来，随着药物用量的提高，加上化合物痕量检测技术的不断改进，环境尤其是水体中的人用和兽用药物越来越多地被检测出来，因此，药物残留物作为一类新型污染物备受国内外关注(Fent et al.,2006)。

目前,全世界注册用于人用药的活性化合物已超过3000种,英国、德国、澳大利亚等国家一些常用药物(如抗生素类、镇痛消炎、神经系统类、降血脂类、β-受体阻断类、激素类等)的年使用量高达几百吨。这些药物通过人们正常使用后的排泄以及随意丢弃等排放到城市生活废水、医院和制药厂废水、垃圾掩埋场中,不易降解的药物残留物随污水处理厂废水排放或暴雨径流进入江海湖泊,造成地下水和饮用水污染。此外,污水处理厂含有药物的污泥用于农业肥料后,可造成土壤和地表水的再次污染,并通过食物链影响微生物、植物和动物的正常生命活动,最终影响人类健康。国外关于人用药物在水环境中的污染状况已有一定研究(Thomas & Hilton,2004),而我国相关研究还很少,系统、全面的数据基本未见报道。

兽用药物主要指用于畜禽、宠物、野生和水产动物等的各种抗菌药、抗寄生虫药、激素及其他促生长添加剂等药物。随着集约化畜牧业的发展,动物的疾病越来越复杂,兽药和饲料添加剂的使用量也日渐增加。其中部分药物以原型化合物或代谢产物的形式随排泄物进入环境,给土壤、水体等带来不良影响。目前兽药对生态环境和生物的影响已成为国内外研究的热点,特别是在药物饲料添加剂所产生的细菌耐药性及其机理,以及动物食品中残留的抗菌药对人体健康的影响等方面取得了显著成果(Sarmah et al.,2006)。

药物是针对人和动物特定的代谢途径和分子通路发挥活性作用而被设计出来的,在其发挥药效作用的同时,也会对人和动物产生一定的副作用。药物制剂进入环境后,若环境中的非靶标生物具有与靶标生物相同的活性作用器官、组织、细胞和活性分子,药物制剂就会对这些生物产生毒性效应;若药物制剂对靶标生物的作用靶点与对其他生物的靶点不同,则可能通过其他途径对生物产生负面效应(Fent et al.,2006)。目前,国内外针对药物急性毒性效应的研究比较多,而对药物低剂量长期暴露的毒性效应研究相对较少。而现实环境中,大部分药物制剂的浓度很低,不易引发急性毒性效应;而当生物的整个生命周期都暴露在这些污染物中时,其长期低剂量效应不容忽视。环境中有些种群数量的减少甚至濒临灭绝,很可能与食物链中的某个物种长期暴露在药物污染物中有关(杨红莲等,2009),因而急需开展长期低剂量暴露研究,才能确切地反映药物的生态毒理效应。

参考文献

[1] Fent K, Weston A A, Caminada D. Ecotoxicology of human pharmaceuticals[J].

Aquatic Toxicology, 2006(76): 122-159.

[2] Field J A, Johnson C A, Rose J B. What is "emerging"[J]. *Environmental Science & Technology*, 2006(40): 7105-7105.

[3] Han X, Kemper R A, Jepson G W. Subcellular distribution and protein binding of perfluorooctanoic acid in rat liver and kidney[J]. *Drug and Chemical Toxicology*, 2005(28): 197-209.

[4] Isobe S, Hamamura S. Light pollution and its energy loss[J]. *Astrophysics and Space Science*, 2000(273): 289-294.

[5] Kryter K D. *The Effects of Noise on Man*[M]. Burlington: Elsevier Academic Press, 2013.

[6] Klaine S J, Alvarez P J J, Batley G E, et al. Nanomaterials in the environment: Behavior, fate, bioavailability and effects[J]. *Environ Toxicol Chem*, 2008(27): 1825-1851.

[7] Kennedy G L Jr, Butenhoff J L, Olsen G W, et al. The toxicology of perfluorooctanoate[J]. *Critical Reviews in Toxicology*, 2004(34): 351-384.

[8] Krasner S W, Weinberg H S, Richardson S D, et al. Occurrence of a new generation of disinfection byproducts[J]. *Environmental Science & Technology*, 2006(40): 7175-7185.

[9] Lin D H, Xing B S. Adsorption of phenolic compounds by carbon nanotubes: Role of aromaticity and substitution of hydroxyl groups[J]. *Environmental Science & Technology*, 2008(42): 7254-7259.

[10] Milius, S. High volume, low fidelity: Birds are less faithful as sounds blare[J]. *Science News* , 2007(172): 116-116.

[11] Nan A, Bai X, Son S J, et al. Cellular uptake and cytotoxicity of silica nanotubes [J]. *Nano Letters*, 2008(8): 2150-2154.

[12] Nel A, Xia T, Madler L, et al. Toxic potential of materials at the nanolevel[J]. *Science*, 2006(311): 622-627.

[13] Prevedouros K, Cousins I T, Buck R C, Korzeniowski S H. Sources, fate and transport of perfluorocarboxylates[J]. *Environmental Science & Technology*, 2006(40): 32-44.

[14] Richardson S D. Water analysis: Emerging contaminants and current issues[J]. *Analytical Chemistry*, 2007(79): 4295-4323.

[15] The Environmental Protection Agency. Summary of noise pollution and abatement act of 1972[EB/OL]. http://www2.epa.gov/laws-regulations/summary-noise-control-act. 2015-11-24.

[16] Sarmah A K, Meyer M T, Boxall A B A. A global perspective on the use, sales, exposure pathways, occurrence, fate and effects of veterinary antibiotics (VAs), in the envi-

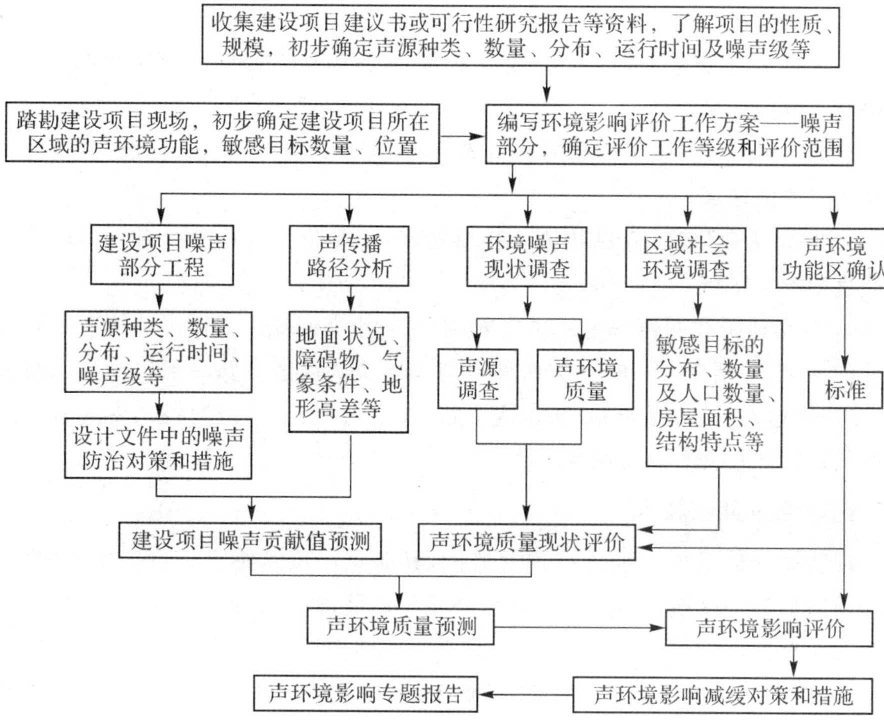

图 9-2 声环境影响评价工作程序

监测资料;三级评价以收集资料为主(毛东兴和洪宗辉,2010)。

(二)声控制标准

声环境质量标准(GB 3096—2008)规定将声环境划分为如表 9-2 所示的五大声功能区。其适用区域分别为:

表 9-2 各类声环境功能区环境噪声限值(毛东兴和洪宗辉,2010)

声环境功能区类别		时段	
		昼间	夜间
0 类		50	40
1 类		55	45
2 类		60	50
3 类		65	55
4 类	4a 类	70	55
	4b 类	70	60

0类:康复疗养区等特别需要安静的区域。

1类:以居民住宅、医疗卫生、文化教育、科研设计、行政办公为主要功能,需要保持安静的区域。

2类:以商业金融、集市贸易为主要功能,或者居住、商业、工业混杂,需要维护住宅安静的区域。

3类:以工业生产、仓储物流为主要功能,需要防止工业噪声对周围环境产生严重影响的区域。

4类:交通干线两侧一定距离之内,需要防止交通噪声对周围环境产生严重影响的区域,包括4a类和4b类两种类型。4a类为高速公路、一级公路、二级公路、城市快速路、城市主干路、城市次干路、城市轨道交通(地面段)、内河航道两侧区域;4b类为铁路干线两侧区域。

(三)噪声监测技术

现状调查的基础上要进行现状监测,其布点应覆盖整个评价区域,包括场界和敏感目标。比如当需要了解城市环境噪声随时间的变化时,应选择具有代表性的测点进行长期监测(图9-3)。测点一般不少于7个,分别布置在:繁华市区1点,典型居民区1点,交通干线两侧2点,工厂区1点,商住混合区2点。测点位置必须保持长年不变,对同一测点每次测量的时间必须保持一致。

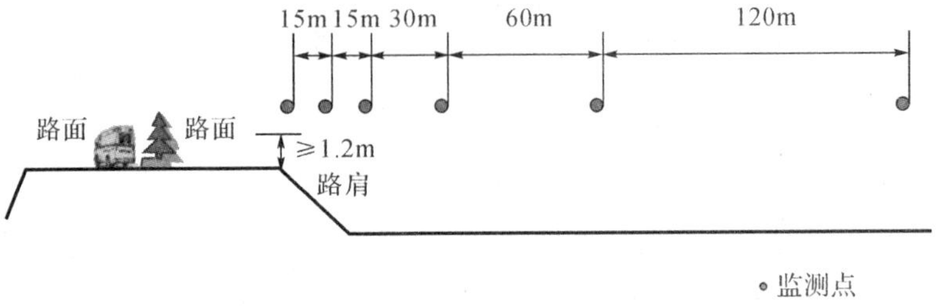

图9-3 水平方向噪声监测断面示意图

测量时段应兼顾三个方面:(1)应在声源正常运行的条件下测量;(2)每一测点,应分别进行昼、夜间的测量;(3)对于噪声起伏较大的声源,如道路交通噪声,应根据情况增加测量次数,必要时进行全天24小时监测。衡量噪声的参数是噪声级,可以用声级计、滤波器和频谱分析仪等仪器测量。按照国际电工委员会的标准(IEC651)规定,声级计按精度分为4种类型(表9-3)。

表 9-3　声级计类型、精度及其适应范围

类型	精度声级计		普通声级计	
	0 型	Ⅰ型	Ⅱ型	Ⅲ型
精度	±0.4dB(A)	±0.7dB(A)	±1dB(A)	±1.5dB(A)
用途	实验室标准仪器	声学研究	现场测量	监测、普查

（四）声环境影响预测

噪声预测必须掌握如下基础信息：建设项目的声源资料和影响声传播的各种外界因素，如建筑布局、室外声传播条件和气象参数等。预测工作的基本步骤包括：(1)建立一个坐标系，确定各噪声源位置和预测点位置(即坐标)；根据预测点与声源之间的距离，把噪声源简化成点声源、线声源或面声源。(2)根据已获得的噪声源噪声级数据和声波从声源到预测点的传播条件，计算出噪声从各声源传播到预测点的声衰减量，由此计算出各声源单独作用时在预测点产生的声级 LAi。(3)计算各个噪声源在预测点的影响值，然后按评价工作等级要求绘制等声级线图。

二、隔声原理、装置和技术应用

当声波传播到某个区域形成噪声影响时，往往在传播途径上设置阻挡传播的材料或结构，使之不能顺利穿透或在透过时损失很多的能量，从而达到降低噪声影响的目的。这种降噪方式称为隔声，根据声波传播方式的不同，可分为空气声隔声和固体声隔声(毛东兴和洪宗辉，2010)。

飞机噪声、汽车喇叭声等通过空气传播的声音称为空气声，可利用墙、门窗或屏障等隔离其在空气中的传播。在建筑物中，为了减小噪声而采取的措施主要是隔声和吸声。在马路两旁种树，对两侧住宅就可以起到隔声作用。在建筑物中将多层密实材料用多孔材料分隔而做成的夹层结构，也会起到很好的隔声效果。降音隔噪的装修材料，比如硅藻泥，因其天然的多孔性，使其立体多孔结构有效隔离噪音，具备很好的室内噪音污染消除效果。因机械振动，如楼板上物件拖动声或行走的脚步声、开关门窗的碰撞声等，称为撞击声或固体声，可利用弹性阻尼材料进行隔振或减震来隔离。

隔声技术中，通常把板状或墙状的隔声构件称为隔板或隔墙。仅有一层隔板的称为单层墙；有两层或多层，层间充有空气或其他材料的，称为双层墙或多层墙。单层均质密实墙的隔声性能与入射波的频率有关，频率特性取决于其本

身的面密度、刚度、材料的内阻尼及墙的边界条件等因素。由质量定律可知，增加墙的厚度从而增加其面密度，可以增加隔声量。但是，仅仅依靠增加厚度来提高隔声量并不经济。通常的做法是把单层墙一分为二做成双层墙，中间保留一个空气层，这样墙的总质量没有变化，但隔声量却比单层墙大大提高了。空气层可以看作是连接两层墙板的“弹簧”，当声波入射到第一层墙体、透射到空气层时，后者发生弹性形变，具有减振作用，传递给第二层墙体的振动就大为减弱了。

在噪声控制工程中，另一类常用的隔声结构为轻质多层复合板，通常有几层面密度或性质不同的金属或非金属的坚实薄板构成护面层，内部再覆盖阻尼材料、填入多孔性的吸声材料或空气层等组成。多层复合结构的隔声性能较同质同料的单层或双层结构有明显的改善，其主要原因在于：(1)分层结构的阻抗各不相同，使声波在各层界面产生多重反射，阻抗相差越大，反射声能量越多，透射声能量就越少；(2)分层材料的阻尼和吸声作用致使声能量衰减，并减弱共振与吻合效应；(3)使用材质和厚度不同的多层结构，可以错开共振频率与吻合效应的临界频率，改善共振区和吻合区的隔声低谷，从而大大提高总的隔声性能。

在高噪声环境下，如汽轮发电机房内，或者是需要一个相对安静的环境，如耳科临床诊断室等，都需要一个具有良好隔声性能的控制室，能有效防止声源的传出或传人，减少噪声对操作人员的干扰。另外，当声源太多致使单一噪声控制措施不易奏效，或采用多种治理措施成本太高时，可以把声源围屏在局部空间内，以降低其对周围环境的影响。所有这些有隔声构件组成的封闭式的具有良好隔声性能的房间，统称为隔声间或隔声室。隔声间通常是包括隔声、吸声、消声、阻尼和减振等几种噪声控制技术在内的综合治理装置，是多声学构件的组合。

对于空压机、鼓风机等体积小、形状比较规则的高噪声源，可以采用隔声罩将声源封闭在罩内，以减小其影响。隔声罩技术措施简单，效果好，在噪声控制工程中广为应用。设计和选用时应注意以下几点：

(1)罩壁应有足够的隔声量，同时为了便于制造、安装和维修，宜采用0.5～2mm的钢板或铝板等材料；

(2)钢或铝板罩壁外需要加筋，涂贴阻尼层，以抑制共振和吻合效应；

(3)罩体与声源设备之间不能有刚性接触，以免形成“声桥”导致隔声量降低。另外，隔声罩与地面之间应进行隔振，以降低固体声传播；

(4)罩内要加吸声处理，使用多孔松散材料时，应有较牢固的护面层。

声屏障是一种专门设计的立于噪声源和受声点之间的声学障板，是控制交通噪声污染的一种重要措施。一些发达国家从 20 世纪 60 年代末就开始了声屏障的研究和应用；我国近年来在一些高速公路、铁路边也相继建造了如图 9-4 所示的声屏障。现实生活中常常可以看到的中空玻璃窗、三层玻璃窗、真空玻璃窗、隔音密封条等，都属于上述隔声构件中的某一种。在建筑物中安装声屏障，可将外来噪音减低一半，特别是临街的写字楼和家庭，效果比较理想。钢门对隔音亦有一定的帮助，如镀锌钢门中层隔有空气的设计，使得无论室内或室外的声音均较难传送开去。此外，钢门附有胶边，与门身碰合时并不会发出噪音。

图 9-4　道路交通声屏障

三、吸声原理、装置和技术应用

声波在传播过程中声能量的衰减现象称为吸声。在空气中传播时，由于空气质点振动产生的摩擦作用，声能量转化为热能，从而引起的衰减现象称为空气吸声。当声波入射到材料表面时，部分声能量被材料吸收而引起的声能量损耗，称为材料吸声。任何材料或结构都有一定的吸声能力，而具有较好吸声效果的材料或结构称为吸声材料或结构。

通过吸声材料或结构将声能量吸收，从而降低噪声影响是噪声控制的重要途径之一。随着技术的不断进步，吸声材料或结构的类型可谓已多种多样。如果按其吸声原理，可分为多孔性吸声材料和共振吸声结构两大类。共振吸声结构对中、低频噪声有很好的吸声性能，而多孔性吸声材料的吸声频率主要集中在中高频。因此，在进行噪声控制设计时，综合利用两者，可以获得宽频带的吸声效果。

多孔性吸声材料,顾名思义就是有很多孔隙的能吸收声能量的材料,主要构造特征是材料从表面到内部均有相互连通的孔隙。多孔性吸声材料的吸声原理如下:当声波入射到材料表面时,激发了其孔隙内的空气振动;空气与固体筋络间产生摩擦作用,在孔隙内产生黏性阻力,从而使声能量不断转化为热能而衰减。同时,在空气的绝热压缩过程中,与孔壁间不断发生热交换,产生热传导,进一步加快了声能的衰减。因此,影响多孔性吸声材料性能的主要因素有空气流阻、孔隙率和材料密度、厚度等结构因素。良好的多孔性吸声材料必须具备下列三个条件:(1)材料内部有大量细小且分布均匀的孔隙;(2)孔隙必须是向外敞开,通到材料的表面,这样声波才能很容易地进入材料内部;(3)材料内部的孔隙是相互连通的。

最初的多孔性吸声材料以棉、麻、棕丝、毛发、甘蔗渣等天然动植物纤维为主,目前应用更多的是超细玻璃棉、矿棉、泡沫及颗粒材料等。另外,建筑物周围的草坪、树木等也都是很好的吸声材料。

物体和结构都有各自的固有频率,共振吸声结构的工作原理在于:当声波频率与共振吸声结构的固有频率相同时,发生共振,使吸声结构的振幅和振动速度都达到最大值。振动的物体或结构由于摩擦作用,会把部分声能转化为热能而消耗掉。根据能量守恒定律,这部分消耗的热能必定由激发起振动的声能量补偿;振动最大时引起的声能量损耗也最多,从而达到吸声的目的。共振吸声结构主要有薄板共振吸声结构、赫姆霍兹共振吸声结构、穿孔和微穿孔共振吸声结构等。一些常用的普通装修材料,按照一定的构造安装后,也可以具有良好的吸声性能。

当噪声源辐射噪声时,若房间内壁是由对声音具有较强反射作用的材料制成,如混凝土天花板、光滑的墙面和水泥地面,受声点除了接收噪声源发出的直达声外,还能接收到经房间内壁多次反射形成的混响声。两种声音的叠加,使得房间内的噪声级比在无反射环境条件下的噪声级要高得多,混响声的大小取决于房间内表面的吸声性能。吸声降噪就是在房间内各个壁面及顶棚上安装一些具有强吸声性能的材料或结构,或在房间内悬挂一些空间吸声体,吸收混响声能量,从而降低房间内的噪声。其基本原理如图 9-5 所示。

根据声学原理和噪音成因的分析,从界面的反射和吸收入手,降低表面反射率,增加散射面积,增强界面材料对噪音的吸收、衰减,具体而言有以下几种方法。(1)为改变影音房的形状和空间位置,通过空间的分隔、顶部的塑形和设施的摆放增加散射面,消除反射和聚集,改善声场质量;(2)选择声学结构,对不同频率的噪音选用不同的吸音结构;(3)选择吸声材料,主要依据装饰效果、吸

图 9-5　声乐设施中吸声材料的综合应用案例

声系数、实用性等因素综合考虑，因地制宜，灵活掌握。

四、消声原理、装置和技术应用

消声器是一种既能允许气流通过，又能有效衰减声能量的一种装置，在噪声控制中也有广泛应用。一个设计合理的消声器可降低管道噪声 20～40dB。消声器的种类和结构形式多样，按其消声原理和结构的不同，大致可分为阻性消声器、抗性消声器、微穿孔板消声器、扩散消声器和有源消声器等五类；按其不同应用分类，有空压机消声器、内燃机消声器、凿岩机消声器、风机消声器、空调消声器等（毛东兴和洪宗辉，2010）。

阻性消声器是一种吸收型消声器，在管壁上铺设多孔性吸声材料或其他吸声结构；其工作原理是利用声波传播过程中因摩擦将声能转化为热能而消耗，达到消声的目的。阻性消声器的声能传递损耗与吸声材料的声学性能、通道周长、横截面面积和管道长度等因素有关；一般而言，阻性消声器对中高频噪声的消声性能较好，对于低频的噪声消声性能相对较差。随着频率的提高，声波在消声器通道中传播的方向性越来越强；当频率高到一定程度时，入射声波会形成“声束”，再难进入铺设在管壁上的吸声材料，消声性能明显下降，这种现象称为高频失效。阻性消声器按通道的几何形状还可分为直管式、片式、蜂窝式、折板式、声流式、盘式、百叶式等。

与阻性消声器不同，抗性消声器的工作原理主要依靠声传播过程中管道截面的突变或旁接共振腔，通过声波的反射、干涉等来降低向外辐射的声能量。

以最基本的单节扩张式消声器为例，扩张式消声器由截面积不同的管和室连接组成。当声波在消声器中传播时，由于截面积的突变会在界面处产生反射，从而降低声能量的传播。抗性消声器的频率选择性很强，适用于消除窄带噪声或中低频噪声。常用的抗性消声器有扩张式、插入管式、共振式和阻—抗复合式等。

复合式消声器指组合阻性及抗性等不同的消声原理设计而成的一类消声器。阻性消声器具有优良的中、高频消声性能，但在低频消声性能较差；而抗性和共振消声器具有良好的中、低频消声性能，而在高频消声性能一般。两者结合就能极大地拓宽频率范围，以满足工程要求。

五、噪声利用技术

虽然噪声是环境公害之一，但它还是有用处的，比如噪声除草。科学家研究发现，不同的植物对不同的噪声敏感程度不一样，并根据这个机理研制出噪声除草器。这种噪声除草器发出的噪声能使杂草的种子提前萌发，这样就可以在作物生长之前用药物除掉杂草，用“欲擒故纵”的妙策，保证作物的顺利生长。

噪声的另一个应用是用一种由光源、噪声发生器和电脑测试器三部分组成的激光听力诊断装置来诊病。微型噪声发生器能产生微弱短促的噪声，振动耳膜，然后微型电脑就会根据回声，把耳膜功能的数据显示出来，供医生诊断。它测试迅速，不会损伤耳膜，没有痛感，特别适合儿童使用。

此外，耶鲁大学的研究人员用中间隔有一段氧化铝的两层铝制成了一种噪声测温法来探测人体的病灶。当施以电压时，仪器会产生电子穿过中间的隔层，从而形成了电流。电压磁场和噪音量之间的关系（或者说磁差），在电流中随温度改变，因此，只要知道所加的电压，这个被称为采集噪音温度（SNT）的仪器就能够测出温度。研究人员称，SNT 在－272.15℃时能精确到千分之一，精确度是用于测量接近绝对零度的温度计的 5 倍。这个新设计最大的优势在于，它是一个原始温度计，不需要外部校准，且准确测温范围还比其他温度计大得多。

噪声的一个重要特性是它对另一声音听阈的干扰，当某种噪声很响而影响人们听不清楚其他声音时，我们就说后者被噪声掩蔽了；噪声的存在，降低了人耳对另外一种声音听觉的灵敏度，使听阈发生偏移，这种现象称为噪声掩蔽。

第三节　核污染修复技术进展

鉴于核污染的特性，科学防治核污染最重要的是加强综合管理，从源头上削减核污染。首先要加强各国之间的合作，营造一个和谐稳定的国际环境，避免各国为了增强自己国家的世界地位而研发核武器；各国要遵守《不扩散核武器条约》，核武器大国要削减其核武器储备。其次，要合理地设计核电站，在建造和运行过程中要采取最严密的密封措施，从设备和措施上提供多层次的重叠保护，确保放射性核污染物的有效密封，不发生泄露；即使发生意外状况或者自然灾害也如此。另外，核电站废料处理设施应与主体工程同时设计、同时施工、同时投产，在尽量回收的原则下把排放量降到最小，不给人类和生态环境带来危害。对管理放射性核素生产、运输、使用、保管的人员进行专业的培训，提高其素质和技术水平。

对于核电厂等放射性物质泄漏事故的应急处理，可分成内照射防护和外照射防护。防护的基本原则是尽可能地隔断放射性物质进入人体的各种途径，采取的基本措施有空气过滤、除尘、换气稀释和密闭操作等方法，从而防止放射性物质经呼吸道进入人体内。同时，建立内照射监测系统，对工作环境和周围环境中的空气、水源和有代表性的农牧产品进行常规监测，以便及时发现问题，改进防护措施。

与此同时，对于已有核污染，可加强现有处理技术的联用，以及微生物处理等新技术的研发。人体因核辐射污染而产生病变，通常是因为吸入放射性物质污染的空气，饮用放射性物质污染的水，吃了放射性物质污染的食物，或者放射性物质从皮肤、伤口进入体内。种类、毒性不同的核素，带来的危险程度也不同；根据放射性核素摄入体内产生危害作用的大小和在空气中的最大容许浓度，可分成极毒、高毒、中毒和低毒四组。操作不同毒性的核素时，对操作设备和建筑物的设置地点等都有不同的要求。现有的核设施的污染处理技术有物理法、化学法、电化学法、微生物清除、焚烧处理以及这些方法的联用；对于土壤核污染的治理大多采用铲土去污、深翻客土、可剥离膜法等方法。下面简单介绍其中几种代表性的处理技术。

一、隔离技术

隔离技术是最常用的核污染处理技术之一，如将被核物质污染的土壤（一般是表层土）铲走运至专门的核处置场地进行处理和处置，可从根本上杜绝放射性元素进一步扩散和进入食物链。但这类技术劳动强度大，操作人员易遭受核辐射，且大量的铲土会增加处理和处置成本。另外，表层土中还含有可供作物生长的大量有机物质，全部铲走会进一步加剧土地危机。

深翻客土或覆盖客土是另一种土壤核污染的隔离处理技术。前者指将下层未受核污染的土壤翻至表面，后者指直接从外界运来未受污染的土壤，将污染土壤覆盖。两者都能在一定程度上防治核污染物进入食物链对人体形成内照射。客土的覆盖厚度与作物根系有着直接关系，根系深的作物的覆盖厚度相对根系浅的作物要大。研究表明，作物中的放射性比活度与客土的覆盖深度呈显著性负相关；但随着时间的推移，底部的放射性核素会扩散到客土或深层土壤中，或转移至水相，造成二次污染（史建君和孙志明，2002）。

二、膜处理技术

膜处理技术利用喷洒机械将含有多种官能团的高分子化合物去污液快速喷洒在核污染物表面，形成可剥离膜覆盖，可以迅速固定核污染物，达到在最短时间内控制污染源的转移和扩散的目的。材料凝固成膜后，表面的核污染物在剥离黏附的作用下迅速集结成型，利用机械或人工对成型的膜体进行回收清除，从而达到对现场自然环境的恢复和净化。这种技术的表面去污系数能达到100％，经济成本相对较低；缺点是对已渗入土壤内部的核污染物质基本没有去除作用。

三、森林修复法

森林能够富集大量的放射性核素，还能阻止放射性核素向周边地区扩散，控制其流动传播。研究显示，核泄漏事故后，在不同地表放射性核素的持有量中，森林中放射性核素是耕地的两倍，且混交林比纯林多。利用森林植物如生长周期短的柳林对放射性物质的吸收，一方面可修复污染土壤，另一方面还可发展工业原料林、薪炭林，可谓一举两得。这项技术的限制因素在于污染土壤核素浓度不能太高。

四、现场玻璃化技术

现场玻璃化(in situ vitrification,ISV)技术是一种整治放射性土壤的热处理技术,运用玻璃熔融技术的“焦耳加热法”,把容易浸出的受污染土壤转变成玻璃状抗浸出的结晶单体。ISV技术通过热解作用破坏有机成分,大部分半挥发性物质都留在了玻璃体内,没有被封住的那一小部分也能被俘获并处理。该技术适合于各种土壤类型和条件,且允许土壤中含有大比例的杂质,即适合于处理有任何放射性、危险性、混合废物的污染物。但是ISV技术也有一些局限性,其处理深度受到一定的条件限制,但是ISV热处理技术在实际应用中也存在一定的局限性。比如处理的土壤存在热传导性能差的岩石或砾石层,或者土壤的熔点远高于上一层物质时,处理效果就受抑制。另外,从放射性污染物处理角度,ISV限制了将来进一步处理废物的可能,没有给技术发展留有一定的余地。

五、微生物处理技术

研究显示,许多微生物在经过一定的处理后对放射性核素有很好的吸附性。比如用氢氧化钠、甲醇、乙醇预处理后的丹宝利和安琪酒精酵母对溶液中铀的吸附率分别达到96%和91%以上;硫杆菌属、假单胞菌属、啤酒酵母、青霉菌属及壳聚糖等对水体的铀具有广谱的富集和还原能力(黄民生等,2002)。因此,可以将一些核污染物转移为液相,利用微生物进行富集浓缩处理;或者通过基因工程研发出具有高度富集放射性核素性能的微生物,从而清除放射性核污染物。

另外,已有研究表明,菠菜、青菜、芥菜等植物可以富集环境中的铀、铯等反射性物质;同时,柠檬酸、苹果酸等酶还能进一步加速核素在这些植物上的富集,如柠檬酸对植物中铀的富集作用可达到正常条件下的上百倍。因此,可以利用基因工程、酶工程技术开发针对不同环境介质的植物,改进其代谢途径,提高这些植物对放射性物质的吸收和富集;然后,视放射性物质含量的高低,对这些植物进行回收处理和再利用。

第四节 其他污染修复技术进展

一、人造纳米材料的污染控制技术

人造纳米材料的环境和生物安全性问题直到21世纪初才引起世界范围的广泛关注(Richardson et al.,2007)。迄今对纳米材料的排放源、排放规律等仍然缺乏足够的案例研究,加上缺乏检测手段和标准,环境中还较难检测出人造纳米材料,因此难以制定科学有效的污染源防治措施。目前国际社会对于纳米材料污染控制的几点共识包括:

(一)制定纳米技术标准

加强研究纳米材料产品生产过程、使用过程及废弃处置过程中纳米材料的排放特征,加快制定典型纳米材料及产品的行业标准、排放标准等,促进纳米科技的持续健康发展。

(二)提高纳米技术发展的严谨性

目前,由于纳米技术的安全标准和评价系统尚未完全建立,为了避免纳米技术的负面效应,每一步的发展都要尽量使纳米技术的负面效应降到最低,这就需要提高纳米技术发展的严谨性。首先,要把握好纳米技术的源头关,在生产应用纳米材料的各个工业环节上防止纳米材料的泄露;研发监控纳米材料泄露的装置和相关技术;确定安全风险的最低含量,制定安全操作规范和保存与运输的方法。其次,在发展纳米技术时,特别要考虑纳米材料的生产过程,废料的回收、处理和再利用过程,做到循环使用。针对有毒的纳米材料,要发展相应的材料处理技术,以防止对环境造成二次污染。最后,就生命科学的发展而言,在运用纳米技术提高生态安全效应和医学治疗技术的同时,要确保运用纳米材料时的环保性和对身体无毒副作用性,保障对生态和身体健康不造成威胁。

(三)发展降低纳米材料附带风险的相关技术

一种新技术的发明与应用,在为人类创造价值的同时也必然会附带相应的风险,纳米技术亦如此。因此,需要发展相关的技术去尽量降低纳米材料的潜在风险;对纳米技术的综合运用而生产出的纳米材料就可以将这些技术的优势充分发挥出来,以此抵消纳米技术的潜在危害。

(四)加强纳米材料的科学研究

从总体上看,当前对纳米材料环境行为的认识还非常贫乏,急需对纳米材料在水体、土壤、大气等环境介质中的化学转化、生物降解、溶解、表面钝化等转化与归趋行为,以及环境中纳米材料的生物可利用性及随食物链的迁移积累等多方面的科学研究。近10年的科学研究使我们对纳米材料的生物毒性数据已有一定的积累,对其致毒机理的讨论也达成了一些共识,但由于毒性实验所选取的材料规格、实验设计、实验条件等不同,获得的实验结果亦不尽相同,毒性机理也还有争议。为此,需要建立一套相对完整、科学的纳米材料毒性测试的标准方法,包括纳米材料物理化学性质表征、模型生物选取、暴露方法、毒性效应指标等。此外,还需要关注纳米材料的长期低剂量暴露及其毒性效应、在生物体内的归趋和遗传性等,使得研究结果更加贴近真实环境的情况;也需要加强研究纳米材料在环境中与其他污染物可能产生的复合污染及其生态效应(林道辉等,2009)。

二、全氟有机化合物的污染修复技术

考虑到全氟化合物(PFCs)的持久性、稳定性及生物累积性,尽管目前饮用水中的PFCs仅以痕量水平检测到,目前世界各国对全氟化合物的污染情况及其对人体和生物的潜在健康威胁已经达成共识。然而,由于对PFCs的环境和毒理学研究方面的资料还远远不足,目前在饮用水中还没有全氟化合物相关浓度的控制标准,只有美国部分州对PFOS和PFOA有推荐使用的安全浓度。如明尼苏达州卫生部门推荐的饮用水中PFOS和PFOA的安全浓度分别为1ng/L和7ng/L。进一步的成熟的控制标准仍需要对其环境行为和毒理学等进一步研究才能确定。

现有的饮用水中PFCs的控制方法包括活性炭及离子交换树脂对PFCs的吸附控制、高级氧化工艺控制、纳滤和反渗透工艺控制三大类(田富箱等,2010)。研究结果表明,活性炭处理工艺及经常更换活性炭可有效去除PFOS和PFOA。活性炭每年更新1～2次的自来水厂,对PFCs的去除率大于99%;而无活性炭处理单元的自来水厂,对PFCs的去除效果较差,甚至在某个季节还会出现PFCs浓度比原水高的现象。这可能是由于在水处理过程中,PFOS和PFOA的某些前体化合物的分解所致。Lampert等(2007)和Yu(2009)研究了离子交换树脂法、颗粒活性炭(GAC)、粉末活性炭(PAC)、氟化钙沉淀物、蒸发及液液萃取等不同方法对污水中PFOS和PFOA的去除情况。结果表明,GAC对其有中等程度的吸附,吸附容量低于PAC和阴离子交换法;而离子交换吸附是较为经济实用的技术。

PFCs的高级氧化降解技术包括直接光解作用、光催化氧化作用、光化学氧化作用、光化学还原作用、热致还原作用和超声波化学作用等。最佳的处理技术主要取决于全氟化合物的浓度、背景有机物及金属离子的浓度和适宜的降解时间(田富箱等,2010)。美国斯坦福大学 Darling 和 Martin(2008)研究了不同类型的纳滤膜对多种 PFCs 的去除情况,发现去除率几乎都能达到 95%以上。目前市售的反渗透膜在进水浓度为 0.5～1600mg/L 的宽泛范围内,99%或者以上的 PFOS 都能被去除,且随着 PFOS 浓度的增加,膜通量逐渐降低(田富箱等,2010)。从饮用水中 PFCs 的低浓度特性来看,活性炭吸附与膜处理技术是今后饮用水中 PFCs 控制的主要研究方向。

三、消毒副产物的污染控制技术

氯化消毒副产物主要是氯与水中的有机物或无机物作用形成的,去除前体物是减少消毒副产物的有效途径之一。相对于常规工艺,强化混凝、活性炭吸附和膜过滤都可以实现对前体物的去除(Sadiq & Rodriguez,2004);一些新的技术,如 Ru/AC 催化臭氧降解、磁性离子交换树脂(MIEX)、MIEX 与混凝沉淀联用等也有被研究和应用,后者可去除 88%的三卤甲烷前体物和 87%的三卤乙酸的前体物(陈卫等,2009)。

对于水体中已经形成的氯化消毒副产物,可采用空气吹脱、光催化和高级氧化等技术。空气吹脱法是一种操作简单、高效,且费用较低的 THMs 去除工艺,当条件适宜时,THMs 的去除率可达 90%以上,即使吹脱塔在自然通风的条件下,去除率也可以达到 25%～66%。另外,紫外线也可以短时间内有效降解氯化消毒副产物,对某些特定化合物在 5min 内的降解率可达 99%(Xu et al.,2009)。

为了控制饮用水氯消毒过程所产生的消毒副产物,实现安全消毒,可以通过去除消毒副产物前体物和直接去除消毒副产物,也可以通过使用替代氯的消毒剂,如氯胺、臭氧、二氧化氯和紫外线等技术予以实现。研究表明,替代氯的消毒剂在消毒过程中也会产生消毒副产物,氯胺消毒产生的碘乙酸是迄今为止毒性最大的消毒副产物,臭氧消毒会产生溴酸盐和甲醛等致癌副产物,而且这些消毒技术无法保证管网中水的余氯,维持水的生物稳定性。基于此,应该扬长避短,使替代消毒剂与氯组合,实现对消毒副产物的全程控制。替代消毒剂主要是在预氧化过程使用,以消除氯消毒副产物前体物;另一方面,可减少后续消毒过程中氯的投加量，进一步降低消毒副产物的形成。另外，在预氧化后，增加活性炭过滤等工艺去除预氧化过程形成的副产物，从而全过程控制消毒副产物，使进入管网中的水质达标。臭氧+氯（氯胺）或臭氧+紫外线+氯（氯胺）是多级组合工艺的典型代表。两种工艺在我国的上海世博园临江水厂、天津开发区净水厂和深圳市南山水厂等企业已得到应用，效果良好，在国外也有应用的实例（朱晓辉等，2008）。

参考文献

[1] Darling E S, Martin R. Nanofiltration for trace organic contaminant removal: Structure, solution, and membrane fouling effects on the rejection of perfluo-rochemicals[J]. *Environmental Science & Technology*, 2008(42): 5292-5297.

[2] Richardson S D. Water analysis: Emerging contaminants and current issues[J]. *Analytical Chemistry*, 2007(79): 4295-4323.

[3] Sadiq R, Rodriguez M J. Disinfection by products in drinking water and predictive models for their occurrences: A review[J]. *Science of Total Environment*, 2004(321): 21-46.

[4] Xu B, Chen Z, Qi F, et al. Rapid degradation of new disinfection byproducts in drinking water by UV irradiation: N-Nitrosopyrrolidine and N-nitrosopiperidine[J]. *Separation and Purificatio-Technology*, 2009(69): 126-133.

[5] Yu Q, Zhang R, Deng S, et al. Sorption of perfluorooctane sulfonate and perfluorooctanoate on activated carbons and resin: Kinetic and isotherm study[J]. *Water Research*, 2009(43): 1150-1158.

[6] 毕晓萍. 对光污染防治措施的机理研究[J]. 资源节约与环保，2013(6)：113—113.

[7] 陈卫，韩志刚，刘成，等. 磁性离子交换树脂对原水中有机物去除效能的研究[J]. 中国环境科学，2009(29)：707—712.

[8] 戴婕，周云，孙坚伟，等. 上海世博园优质安全供水技术研究[J]. 给水排水，2008(35)：9—11.

[9] 郝影，李文君，张朋，等. 国内外光污染研究现状综述[J]. 中国人口、资源与环境，2014(24)：273—275.

[10] 胡玲，陈红，李盈盈，等. 玻璃幕墙有害反射光评价标准探讨[J]. 硅谷，2008(22)：86—86.

[11] 黄民生，郑乐平，朱锦良. 微生物对水中铀的富集和还原[J]. 核技术，2002(2)：123—131.

[12] 李积权. 人居光环境与城市光污染防治——基于建筑表皮的城市光污染防治技术

[J]. 福建工程学院学报，2007，5(6)：625—629.

[13] 林道辉，冀静，田小利，等. 纳米材料的环境行为与生物毒性[J]. 科学通报，2009，54(23)：3590—3604.

[14] 毛东兴，洪宗辉. 环境噪声控制工程(第二版)[M]. 北京：高等教育出版社，2010.

[15] Maynard A D. Safe handling of nanotechnology[J]. *Nature*，2006(444)：267-269.

[16] 谯华，周从直，等. 核污染的危害及其去除方法[J]. 后勤工程学院学报，2007，23(1)：66—69.

[17] 史建君，孙志明. 客土覆盖对降低放射性锶在作物中积累的效应[J]. 环境科学，2002，23(4)：126—128.

[18] 田富箱，徐斌，夏圣骥，等. 饮用水中全氟化合物(PFCs)的控制研究进展[J]. 中国给水排水，2010，26(12)：28—32.

[19] 王伟武，周贤宾. 城市光污染防控与减缓的综合对策体系[J]. 城市问题，2008(10)：71—74.

[20] 王亚军. 光污染及其防治[J]. 安全与环境学报，2004，4(1)：56—58.

[21] 吴方同，苏秋霞，吴淑娟. 空气吹脱法去除饮用水中的三卤甲烷[J]. 给水排水，2009(35)：26—30.

[22] 吴静. 浅谈城市环境中的光污染[J]. 环境卫生工程，2003(2)：104—105.

[23] 许伟，徐金华，王育良，等. 不同光环境下哈萨克族人视力调查[J]. 国际眼科杂志，2009，9(5)：944—946.

[24] 杨春宇，刘炜，陈仲林. 城市生态与光污染控制[J]. 城市问题，2002(2)：53—55.

[25] 朱晓辉，郄燕秋，刘文君，等. 新《生活饮用水卫生标准》揭示饮用水安全消毒的重要性[J]. 给水排水，2008(34)：24—26.

[26] 朱海波，苏少林，李宏志，等. 饮用水氯消毒副产物控制技术研究进展[J]. 实用技术，2010，31(1)：51—53.